西北工业大学精品学术著作培育项目成果

数字交互体验创新
跨界融合与深度构建

刘韬 著

中国国际广播出版社

图书在版编目（CIP）数据

数字交互体验创新：跨界融合与深度构建 / 刘韬著.
北京：中国国际广播出版社，2025.6. -- ISBN 978-7
-5078-5849-5

Ⅰ.TP11

中国国家版本馆CIP数据核字第2025Q7S271号

数字交互体验创新：跨界融合与深度构建

著　　者	刘　韬
责任编辑	张晓梅
校　　对	张　娜
版式设计	邢秀娟
封面设计	韩万霞

出版发行	中国国际广播出版社有限公司［010-89508207（传真）］
社　　址	北京市丰台区榴乡路88号石榴中心1号楼2001
	邮编：100079
印　　刷	北京联兴盛业印刷股份有限公司

开　　本	710×1000　1/16
字　　数	310千字
印　　张	20.5
版　　次	2025年6月 北京第一版
印　　次	2025年6月 第一次印刷
定　　价	78.00元

版权所有　盗版必究

序 言

在当今这个日新月异的数字时代,技术的飞速发展正以前所未有的力量重塑着我们的生活方式、工作模式乃至教育形态。数字交互体验作为连接技术与人性的桥梁,正逐步成为推动社会进步与创新的关键力量。在此背景下,我的学生刘韬博士以其深厚的学术功底和敏锐的洞察力,完成了这部题为《数字交互体验创新:跨界融合与深度构建》的著作,我深感欣慰并荣幸能为之作序。

刘韬在攻读博士学位期间,便对数字交互体验领域展现出了浓厚的兴趣。她的博士论文深入探讨了数字交互体验在智慧学习中的应用与创新,为相关领域的研究提供了宝贵的视角和思路。而今,这部著作在博士论文的基础上进行了全面的扩充与完善,不仅系统地梳理了数字交互体验创新的理论基础与发展脉络,还通过丰富的实践案例展现了其在教育领域中的广泛应用与深远影响。

书中,刘韬从跨界融合的角度出发,深入剖析了数字交互体验在教育领域中的创新应用。她指出,智慧学习社区的兴起正是数字技术与教育理念的深度融合,通过构建虚拟映射场域实现了学习体验的个性化与智能化。同时,她还强调了深度构建在数字交互体验创新中的重要性,即要在跨界融合的基础上进一步挖掘用户需求,优化交互流程,提升用户体验的细腻度与满意度。

尤为值得一提的是，刘韬在书中不仅关注技术层面的创新，更将视角延伸至用户体验与心理需求的层面。她通过引入元认知体验的概念，深入探讨了交互设计如何影响学习者的认知过程与情感体验，为数字交互体验的设计提供了更为全面和深入的指导。此外，她还结合了认知心理学、社会学、传播学等多学科的理论与方法，为数字交互体验的创新研究构建了跨学科的框架。

在阅读这部著作的过程中，我深刻感受到了刘韬对学术研究的热情与执着。她不仅具备扎实的专业知识，还有着敏锐的学术直觉和创新的思维方式。她能够将复杂的理论问题阐述得清晰明了，将枯燥的数据分析转化为生动的实践案例，使得这部著作既具有理论深度，又具备实践指导意义。

我相信，《数字交互体验创新：跨界融合与深度构建》这部著作的出版，将为相关领域的研究者、从业者及政策制定者提供有价值的参考与启示。它不仅有助于推动数字交互体验领域的理论创新与实践应用，还将为智慧学习的发展贡献重要的力量。

廖祥忠

2025年4月6日

引　言

在 21 世纪的科技浪潮中，数字技术的飞速发展正以前所未有的力量重塑着我们的生活方式、工作模式乃至教育形态。其中，数字交互体验作为连接技术与人性的桥梁，正逐步成为推动社会进步与创新的关键力量。在此背景下，撰写《数字交互体验创新：跨界融合与深度构建》这一专著，旨在深入探讨数字交互体验在跨界融合与深度构建方面的最新进展、理论框架与实践应用，以期为相关领域的研究者、从业者及政策制定者提供有价值的参考与启示。

数字交互体验作为人机交互领域的前沿阵地，其核心在于通过设计思维与技术手段，创造出既符合人类认知习惯又富有创新性的交互方式。这一过程不仅要求设计者具备深厚的专业知识，还要具备跨学科的视野与跨界融合的能力。本书正是基于这一认识，从跨界融合的角度出发，探讨了数字交互体验在教育领域中的创新应用，以及如何通过深度构建来提升用户体验的层次与深度。

跨界融合是数字交互体验创新的重要驱动力。它打破了传统行业的界限，促进了不同领域知识与技术的相互渗透和融合，从而催生出了一系列全新的应用场景与模式。在教育领域，智慧学习社区的兴起正是数字技术与教育理念的深度融合，通过构建虚拟映射场域，实现了学习体验的个性化与智能化，虚拟现实（VR）、增强现实（AR）等技术的应用，则为学习者带来了前所未有的沉浸式体验。

而深度构建则是数字交互体验创新的内在要求。它强调在跨界融合的基础上进一步挖掘用户需求，优化交互流程，提升用户体验的细腻度与满意度。这要求设计者不仅要关注技术的先进性，更要关注用户的情感体验与心理需求，通过设计细节的打磨，使数字产品更加贴近人心，成为用户学习中不可或缺的一部分。

本书通过系统梳理数字交互体验创新的理论基础、发展脉络与实践案例，旨在为读者呈现一个全面、深入且具前瞻性的数字交互体验创新图景。我们相信，随着技术的不断进步与应用的持续深化，数字交互体验将在更多领域展现出其独特的魅力与价值，为推动社会进步与发展贡献更大的力量。

最后，感谢参与本著作部分章节撰写工作的郑海昊副教授的辛苦付出。

目录
CONTENTS

第一章　问题背景与研究框架 　　　　　　　　　　　　001
　　第一节　对在线教育现状与困境的深刻剖析　　　001
　　第二节　国内外研究现状综述　　　　　　　　　025
　　第三节　研究内容概述　　　　　　　　　　　　038
　　第四节　研究意义阐释　　　　　　　　　　　　041

第二章　交互对智慧学习者元认知体验的影响探究 　044
　　第一节　智慧学习交互机制的理论探索　　　　　044
　　第二节　智慧学习者元认知体验的解构　　　　　065
　　第三节　交互对元认知体验的多维度冲击　　　　069
　　本章小结　　　　　　　　　　　　　　　　　　071

第三章　智慧学习交互体验的实证研究与边界拓展 　073
　　第一节　主观视角下的交互设计对元认知体验影响调查　073
　　第二节　真我–共我–新我：交互体验边界的创新构建　092
　　第三节　突破交互体验边界的逻辑路径与策略　　095
　　本章小结　　　　　　　　　　　　　　　　　　097

第四章　交互技术对智慧学习场域的逻辑重塑　　098
- 第一节　扩展现实技术与教育"在场性"的逻辑关联　　099
- 第二节　扩展现实技术对智慧学习场域的重构　　104
- 第三节　扩展现实技术环境下智慧学习"在场性"的创新　　111
- 本章小结　　121

第五章　交互设计：突破V&R边界，实现元认知真我体验　　123
- 第一节　社会存在理论概述及其在教育中的应用　　124
- 第二节　社会网络分析法视角下的智慧学习交互分析　　129
- 第三节　交互设计与社会存在感的互动关系　　139
- 第四节　V&R边界突破：心流交互设计下的真我体验　　146
- 第五节　社会存在感理论基础上线上自主学习能力的发展策略　　164
- 本章小结　　177

第六章　交互设计：突破E&O边界，实现元认知共我体验　　179
- 第一节　移情理论与交互设计中的移情模型　　180
- 第二节　移情模型与元认知体验的内在联系　　187
- 第三节　共我体验：交互设计的元认知新境界　　191
- 本章小结　　202

第七章　交互设计：跨越N&A边界，塑造元认知新我体验　　204
- 第一节　自我图式理论概览　　205
- 第二节　交互与自我图式的动态关系　　207
- 第三节　新我体验：交互设计的元认知未来　　212
- 本章小结　　224

第八章　数字交互体验设计模式探索　　226

　　第一节　数字交互体验设计标准与理念　　226
　　第二节　数字交互体验设计的关键要素　　232
　　第三节　数字交互体验设计模式的构建与实践　　244
　　本章小结　　246

第九章　技术赋能：智慧学习社区体验价值的深度剖析　　247

　　第一节　智慧学习社区的技术生态概览　　248
　　第二节　技术拓展下的智慧学习社区体验场域特性　　251
　　第三节　技术赋能智慧学习社区的多层次体验激发　　254
　　第四节　技术赋能下的智慧学习社区多重体验价值　　257
　　本章小结　　261

第十章　智慧化教育在教育扶贫中的创新实践　　263

　　第一节　智慧化教育：教育扶贫的价值内涵与实现路径　　264
　　第二节　智慧化教育：教育扶贫创新的内生动力　　267
　　第三节　智慧化教育在教育扶贫中的模式创新探索　　271
　　第四节　智慧化教育在教育扶贫创新中的具体应用　　275
　　本章小结　　279

结　语　　280

附录1　社会网络平均距离　　282

附录2　特征向量中心度   285

附录3　接近中心势   288

附录4　调查问卷   290

第一章
问题背景与研究框架

第一节　对在线教育现状与困境的深刻剖析

一、数字化进程的迅猛与困境

纵观中国教育发展历程,印刷术的发明和电影电视的革命完成了从教育内容的普及到教育载体的视听化[①]。自互联网诞生后,中国教育历经数十载,一直探索着与互联网融合发展的新途径。20世纪90年代,网络学习(E-Learning,或称数字学习、在线学习,现行概念中一般是指一种基于网络的学习行为,其与网络培训概念相似)逐渐成为互联网环境下师生使用的一种新兴教与学的方式。这种教学方式突破了传统教学中对于时间、空间的限制,在最大程度上拓展了教育的包容性、公平性、个性化、高效性与灵活互动性等,从本质上颠覆着传统教育。

然而,在线教育的发展并不像看上去那么风生水起,诸多因素成为其发展的障碍,甚至影响在线教育的生存。

---

① 汤敏.慕课革命:互联网如何变革教育?[M].北京:中信出版社,2015:55.

（一）数字化进程过快的挑战

互联网的普及、数字技术的飞速发展，使得人们在"如何学习"这个问题上有了更多的选择。比起单一的纸质书籍，人们更倾向于打开电脑，通过大屏幕来感知"纸墨书香"外的个性化体验；比起禁锢在课堂中，人们更希望能够驰骋在学习进度自控的弹性空间。正是基于数字技术的种种优势，中国乃至世界很多国家纷纷进军在线教育，并在全世界范围内不断扩张，引起了教育界的"数字海啸"[①]。

从 2001 年麻省理工学院在网上共享教育资源开展免费公开课程项目到 2007 年犹他州州立大学的大卫·怀利将自己教授的课程开放到网络平台上，再到 2008 年戴夫·科米尔（Dave Cormier）和布莱恩·亚历山大（Bryan Alexander）正式提出 MOOC 的概念，时至今日，在线教育不断挖掘巨大的市场潜力，并且向移动互联网扩张，MobiMOOC 覆盖的范围已从北美、欧洲扩展到南美、亚洲、非洲及大洋洲。据统计，截至 2022 年，世界上已出现了 32 个慕课平台，其中美国 14 个，英国、德国、西班牙、爱尔兰、澳大利亚、日本、印度、巴西等国各有 1—3 个[②]。截至 2023 年 12 月底，Coursera 共与中国、中国香港、中国台湾、丹麦、以色列、俄罗斯、加拿大、南非、印度、哥伦比亚、土耳其、墨西哥、巴西、德国、意大利、新加坡、日本、智利、比利时、法国、澳大利亚、瑞典、瑞士、美国、英国、荷兰、西班牙、韩国 28 个国家和地区的 140 个机构进行合作。平台上开放了涵盖艺术与人文、商务、计算机科学、数据科学、生命科学、数学和逻辑、个人发展、物理科学与工程、社会科学等领域的 1553 门课程，共有 16 722 243 名学习者注册学习。edX 平台开放了包括英语、中文、法语、

---

① 数字海啸：2012 年，斯坦福大学校长约翰·轩尼斯公开宣称，MOOCs 的发展是一场"数字海啸""数字海啸将会把传统大学教育扫荡殆尽"。
② 汤敏."慕课"：一场教育革命［J］.内蒙古教育，2015（13）：34-35.

葡萄牙语、意大利语等 9 种语言的 807 门课程，有 1700 多名教师和工作人员提供学习支持服务，注册学习者共获得了 58 万余课程证书[①]。

中国利用电视和视频开展远程教育的历史悠久，所以慕课与其说是一种新现象，不如说是这种远程教育的延伸。中国 MOOCs 的发展十分活跃，不仅其实践形式更为多元、丰富，而且其研究也在不断深入：由最初的介绍国外 MOOCs 的发展转向了探寻中国特色的 MOOCs 发展之路，并关注 MOOCs 影响中国教育综合改革的可能性和巨大价值。

"人们正在受到越来越多的数字化刺激。恺撒家庭基金会（Kaiser Family Foundation）近期的一项研究表明，除了上课时间，孩子们平均每天会花 8 个小时在数字化媒体上，而这就意味着每星期数十小时的时间。"[②] 后疫情时代，由于政策支持的积极影响和互联网技术的发展，我国在线教育市场进一步扩大，迎来发展机遇。根据中国互联网络信息中心第 45 次《中国互联网络发展状况统计报告》的数据：截至 2020 年 3 月，在线教育用户规模达 4.23 亿，较三年前增长了 163.83%。截至 2020 年 6 月，我国网民规模已达到 93 984 万人，互联网普及率达到 67.0%。预计到 2025 年中国在线教育市场规模会突破 8000 亿元，2020 年到 2025 年复合增长率达 11.4%[③]。自 20 世纪 70 年代以来，世界各地开始基于互联网开办多媒体教育，在线教育逐步取得了巨大的发展。几十年间，在媒体类型的多样化、教学过程的个性化和政策机构的扶持化等方面进行了彻底且全面的检验，由此所建立的开放、大型的教育体蓬勃发展，尤其是在亚洲。维基百科预计，规模名列前 10 的开放大学在校生达 1400 万。然而在这些庞大的数字

---

① 郑勤华，陈丽，林世员. 互联网＋教育：中国 MOOCs 建设与发展［M］. 北京：电子工业出版社，2016：8.
② 布拉斯科维奇，拜伦森. 虚拟现实：从阿凡达到永生［M］. 辛江，译. 北京：科学出版社，2015：56.
③ 2025 年中国在线教育市场规模预计突破 8000 亿元［EB/OL］.（2021-01-08）［2024-11-12］. https://www.sohu.com/a/443287113_100252934.

群体背后，却也无法避免质量不均衡、同质化高、信息孤岛等现实困境。

首先，在线教育平台中设计的质量参差不齐，发展不均衡。基于用户体验的在线教育平台的设计比其他类型平台的设计应更突出其界面的痛点设计、交互体验的设置及教学过程吸引力的控制等因素。在有限的屏幕空间里，高质量的平台设计应将界面视觉元素有机、有序地整合；将信息通过交互设置系统高效地传达；将优秀的师资与学生通过严谨有趣的教学过程联系在一处。然而，快速的数字化进程，导致大量的在线教育平台急于上线，匆匆赶制，甚至复制其他平台的设计要素草草发布，既没有实现感官上"美"的享受，也没有实现感知上"技"的体验。本研究选取 11 个受众较广的在线教育平台，分别从界面设计、交互设计、教学过程设计、教学反馈、特色等几个方面进行对比，综观当下在线教育中设计的质量情况（见表 1-1-1）。

表1-1-1　各在线教育平台学习者视角质量检测表

序号	平台名称	界面设计	交互设计	教学过程设计	教学反馈	特点
1	Share-course		语音；影像；电子白板；文字分享；文字信息	会员选课；视频教学；虚拟讨论室；同侪互评	统计数据；课程数据；统计图表；同学评分信任度	SPOCs（小规模私有在线课程，Small Private Online Courses）
2	智慧树		影像；文字分享；文字信息；直播	会员选课；课程直播（混合模式）；见面课学习；我的笔记；章测试；讨论区；社团；评价	统计数据；课程数据	与手机App联通

续表

序号	平台名称	界面设计	交互设计	教学过程设计	教学反馈	特点
3	网易云课堂		影像；文字分享；文字信息	会员选课；视频教学；测试/考察；论坛提问	统计数据；课程数据；学习进度数据	学习知识图谱；与手机App联通；题库
4	顶你学堂		影像；文字分享；文字信息	会员选课；视频教学；测试；学习社区；同学	统计数据；课程数据；学习进度数据	中国高等教育数字图书馆（CALIS）MOOC资源库；与手机App联通
5	学堂在线		影像；文字分享；文字信息；社交网络；图像数据；PPT与视频实时交互	会员选课；视频教学；测试；讨论区	统计数据；课程数据；学习进度数据；课程测试数据	Wiki；社交网络；微学位；与手机App联通；学堂云；雨课堂
6	Ewant		影像；文字分享；文字信息；社交网络	会员选课；视频教学；测试；讨论区	课程数据；问卷数据	微课程；获得交大学习认证
7	开课吧		影像；文字分享；文字信息	会员选课；视频教学；线下测试；评论	统计数据；课程数据	专注IT课程；影视级、高清、现场感的教学视频；与手机App联通

续表

序号	平台名称	界面设计	交互设计	教学过程设计	教学反馈	特点
8	好大学在线		影像；文字分享；文字信息	会员选课；视频教学；线下测试；课内讨论	统计数据；课程数据；问卷	与手机App联通；证书认证
9	优课联盟		影像；文字分享；文字信息	会员选课；视频教学；线下测试；学习小组	统计数据；课程数据	与手机App联通；闯关教学模式
10	华文慕课		影像；文字分享；文字信息	会员选课；视频教学；课程社区；综合考试	统计数据；课程数据	与手机App联通

其次，在线教育平台中教学内容同质化高，资源重复、冗余度高（见图1-1-1）。除了"开课吧"等个别专注于某类教育所设立的在线平台，大部分在线教育平台并没有特别设置教学内容的范围，一般都是根据教师所提供的课程进行"自下而上"的类别划分。对比表1-1-1的11个在线教育平台，由国内构建的平台几乎无一例外地将课程内容的固定搜索方式设置为"学科分类"，特色并不明显。同一门课程在多个平台上出现的情况屡见不鲜。由于同一门课程的主讲人隶属于不同的机构或学校，甚至同一所知名高校会被多个平台合作签约，因此会造成学生在选择时需要在不同的平台上花费相当长的时间进行对比与取舍。就基本内容而言，大多数课程都

包含文本资料和视频资料，然而文本资料的内容十分陈旧，视频资料的内容又千篇一律、死板压抑。就附加内容而言，几乎很少有课程包含交互性资料，相关性的资料在拓展性方面又十分欠缺。

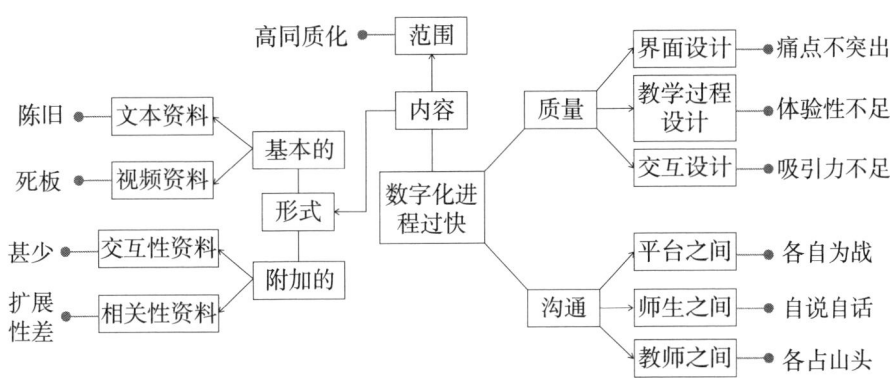

图 1-1-1　在线教育生存困境 1：数字化进程过快

最后，在线教育平台沟通甚少，各自为战，彼此隔离。沟通分为平台之间的沟通、教师之间的沟通、师生之间的沟通。由于平台之间的利益争夺，优质教学资源又相对有限，因此各大在线教育平台各自为战，在匆忙中推出网络课程，而很多课程因其孤立、重复、无法及时更新而导致无人问津，逐渐沦为"信息孤岛"，对教师资源、教学资源、服务资源等都造成极大的浪费。教师之间存在竞争关系，期望自己的理论与课程能够在网络上成为一枝独秀，因此教师们多各占山头，鲜有团队出征或强强联手打造精品课程的情况出现。师生之间存在相互依存的关系，教师需要一定数量的学生维持开课，学生需要学分毕业，但是由于在线教育平台目前所能够提供的交互工具和应用相对贫乏，不能很好地将师生联系在一起，教学效果反馈不及时，只能自说自话。

（二）数字化黏性不足的问题

所谓数字化黏性，指的是在线学习者对于该在线教育平台或在线课程的忠诚、信任与良性体验等结合起来形成的依赖感和再消费期望值。依赖感越强,黏性越高;再消费期望值越高,黏性越高。根据清华大学虞鑫主持的国家社会科学基金项目资助"大型开放式网络课程条件下思想政治教育模式创新研究"(项目编号:14BKS097)[①]的部分研究成果,本书将在线教育生存困境之数字化黏性分为四个因素:互动性、友好度、活跃度、满意度。结合上述研究的数据分析,可以得到四个因素的细化指标及相关数据支撑,即获得图 1-1-2 在线教育生存困境 2:数字化黏性低。

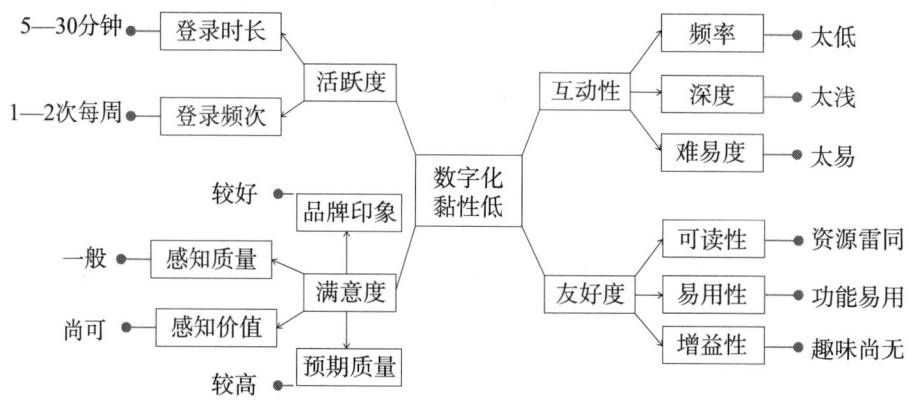

图 1-1-2　在线教育生存困境 2:数字化黏性低

首先,在线教育平台的互动性差。可从三个方面对其进行论述。一是在线学习者对平台交互功能的使用频率太低,即大多数平台并没有提供更多的交互功能,故而在线学习者难以寻得连续使用的切合点。经常使用在线教育的学习者较少,大部分学习者都是偶尔使用。二是在线教育平台所设计的交互功能深度太浅,即在线学习者难以获取继续使用的热点。三是在线教育平台设计的交互难易程度太低,即在线学习者难以激发期盼使用的好奇点。

---

① 虞鑫,陆洪磊.学习者采用 MOOC 的影响因素研究:基于清华大学"学堂在线"的用户调查[J].现代远距离教育,2014(5):3-8.

其次，在线教育平台的友好度一般。一是就教学资源的可读性而言，大多数在线教育平台提供的教学资源十分有限，且多局限于雷同的文本资料与视频资料，鲜有生动有趣、引人入胜的资源分享。二是就功能的易用性而言，因其教学过程设计单一且结构简单，对于在线学习者来说十分容易理解与操作，即易用性尚可。三是就趣味的增益性而言，除了 SHARECOURSE、学堂在线等推出各种线上线下多维互动的平台，无论是基于行为主义学习理论的 xMOOC，还是基于关联主义学习理论的 cMOOC，大多数平台都很难将趣味性添加到在线学习中，多是较为刻板的学习流程，即视频教学、讨论区、考试测评。

再次，在线学习者在教育平台上的活跃度欠佳。活跃度可以通过用户登录时长与登录频次两项指标进行衡量。对于大多数用户而言，登录的时长多基于教学视频的时间，鉴于目前大多数教学视频的单集时间控制在 5—25 分钟，再加上一段讨论的时间，单次登录时长一般为 5—30 分钟。登录的频次与教学计划有关，多数课程都遵循一周一次的录播或直播的运行周期，再将完成作业与复习等环节统计其中，登录的频次多为 1—2 次。对于一个应用型的网络平台而言，这样的活跃度表现是不尽如人意的。

最后，在线学习者对在线教育平台的满意度尚可。目前在线教育平台的关键使用群体为在校学生，因其决策的独立性较强、对于数字媒介使用的活跃性高等因素，故而对在线课程的体验过程中，其对品牌印象、预期质量、感知质量和感知价值[①]等都有较为明确的概念，直接影响其对于平台与课程的理解和灵活掌握，因此满意度较高。相比之下，决策独立性较低的低学历用户、不擅长使用数字媒介的高龄用户对于在线教育平台的满意

---

① 源自 TCSI 满意度研究模型。该模型把消费体验过程分成四个部分——品牌印象、预期质量、感知质量与感知价值为满意度的前提变量，是影响满意度的原因；用户抱怨与忠诚度是满意度的结果变量，提高满意度，可减少抱怨，提高忠诚度。

度则会降低很多。

(三) 数字化与教育深度融合的难题

"融合"是颠覆的前奏，向前融合是传承，向后融合是开拓。作为一种出现时间较长、发展代际少的教育形式，在线教育虽然根植于互联网，但这种融合性强的特性并非与生俱来，反而使其在成长的过程屡遭挫折。综合来看，融合难可以从三个维度进行梳理（见图 1-1-3）。

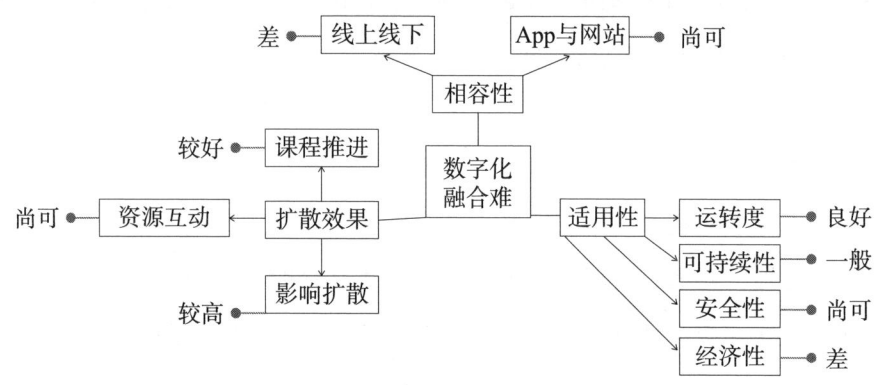

图 1-1-3　在线教育生存困境 3：数字化融合难

首先，在线教育的相容性难以突破。相容性既指线上与线下（O2O）的相容，也指互联网与移动互联网的相容。在线教育一直以线上线下结合为卖点，但实则并没有忠实于此。线上的内容几乎与线下的内容一致，仅仅是将传统教学的模式搬到了虚拟世界中，以全数字化的形式呈现。而所谓的线上线下融合，不过是线上学习、线下考试测评而已。真正的 O2O 融合应该实现教学过程继承性、教学内容拓展性、教学掌控实时性。而互联网与移动互联网的融合则相对向好。随着智能手机的普及和移动互联网的发展，在线教育逐渐开始向移动端平移。根据 CNNIC 的数据，截至 2020年 12 月，手机在线教育用户规模达 3.41 亿，占手机网民的 34.6%。相较于PC 端的应用，移动端在线教育 App 能够让用户充分利用碎片化时间，应用更加灵活便捷。然而，在线教育移动 App 的使用更趋向于低龄化，主要原因是中小学为网生代，以及其对在线产品的刚需。对于大学生和成人所开设的在线教育 App 却表现较差。

其次，在线教育的适用性不尽如人意。一是运转度，即在线教育平台能够按照既定功能正常运行的程度。二是可持续性，即在线教育平台的教学流程机制能否持续适用且符合用户期望。三是安全性，即在线教育平台对于个人、团体、组织等各级别的用户与师资是否能够保障信息不外泄、知识产权规范化等安全性问题。四是经济性，即在线教育平台的设计、使用等各方面所付出或所消耗成本的程度，也包含其可获得经济利益的程度，即投入与产出的效益能力[1]。整体而言，当下在线教育的运转度基本能够实现其预设功能，即运转度良好；教学流程机制与用户期望的符合度一般，即可持续性一般[2]；由于其教学内容的明确指向性，且大多数在线课程仍处于免费阶段，故而安全性问题尚未成为迫切需要解决的问题；而在线课程质量没有统一规范，质量差的课程难以获得经济利益，质量精良的课程又需要投入相当大的成本，因而经济性差。

最后，在线教育的扩散效果尚可。一是影响力方面，其社会认知度已逐渐攀升至一个较高的水平。在线教育平台凭借社交媒体和移动 App 等多元化的渠道，使得更多人有机会接触并尝试使用这一新兴的教育形式。无论是中小学的题库类教育、大学的专业课通识课教育，还是成人的技能型与服务型教育，在线教育都能够在各自的目标受众群体中实现品牌的有效渗透和认知。二是在课程推进方面，在线教育同样展现出了良好的态势。相关统计数据显示，目前在线课程的开课时间呈现出多样化的特点，其中

---

[1] 孙秋高，刘亚梅. 物流法规［M］. 3 版. 大连：大连理工大学出版社，2014：56.
[2] 施润周. 微课、慕课适用性评价研究［J］. 成都师范学院学报，2017，33（1）：19-25.

1—2个星期的占 20.3%，一个月的占 38.2%，1—2 个月的占 16.5%，两个月以上的占 4.7%①。这种灵活且紧凑的课程安排，结合课后习题考核的形式，使得在线学习者能够紧跟课程节奏，高效地完成学习任务。三是在资源互动层面，在线教育平台也展现出了不俗的实力。它们提供了丰富多样的教学资源共享功能，使得文档、图片、音频、视频、动画等数字化资源能够在师生、生生之间实现频繁的传递和分享。这种资源互动的方式，不仅丰富了学习者的学习体验，也促进了学习者之间的交流与合作，从而进一步提升了在线教育的整体效果。

在"互联网+"的时代浪潮下，在线教育规模正以前所未有的速度扩展，而移动互联网的蓬勃发展更是为其插上了腾飞的翅膀，使其发展势头愈发强劲。然而，不容忽视的是，在线教育在数字化进程、数字化黏性及数字化融合等方面仍面临着诸多挑战。它更像是一个"互联网+"教育时代的过渡阶段，虽然便捷但交互体验上难以给学习者带来真实、丰富、沉浸式的感受，教学效果也往往难以达到人们的预期。

换句话说，现阶段的智慧学习并未完全展现出其应有的"智慧"。尽管国内众多学者已经对智慧学习的理念和环境架构展开了深入的探讨，如北京、上海、苏州、宁波等一线城市也积极投身于智慧学习环境的构建之中，同时众多IT企业也纷纷提出各种智慧学习的解决方案。然而，智慧学习所遭遇的发展瓶颈依然十分明显，亟待我们进一步突破和解决。智慧学习的"智慧"亟须引爆②。

---

① 王娟，胡苗苗. MOOCs扩散共享的调查分析与策略研究［J］. 电化教育研究，2015，36（12）：45-51.
② 陈耀华，杨现民. 国际智慧教育发展战略及其对我国的启示［J］. 现代教育技术，2014，24（10）：5-11.

二、智慧学习与终身学习的时代呼唤

（一）智慧学习认可度的持续提升

智慧学习是学习者在智慧环境中按需获取学习资源，灵活自如开展学习活动，快速构建知识网络和人际网络的学习过程[①]。2015年9月北京师范大学智慧学习研究院发布了《2015中国智慧学习环境白皮书》，书中对智慧学习环境的表述为：在智慧学习环境中，人们能够在任意时间（Any Time）、任意地点（Any Where），以任意方式（Any Way）和任意步调（Any Pace）（简称4A）进行学习，这类学习环境能够支持学习者轻松地（Easy Learning）、投入地（Engaged Learning）和有效地（Effective Learning）学习（简称3E）[②]。在"和谐与公平"这一现代教育制度的指引下，智慧学习正以其更加人性化的新型教学模式，逐步改变着教育的面貌。通过深度应用数字技术最大化利用数字资源，智慧学习不仅推动了学习理念的深刻变革，更以大数据融入教育的新形式，实现了教育与学生之间的精准适配。这种适配让每一个学生都能充分感知到学习的乐趣，使教育变得更加个性化、高效化和有趣化。智慧学习正以其独特的魅力，引领着现代教育走向更加美好的未来。

"智慧地球"战略是由IBM（国际商业机器公司）于2008年首次提出，该战略一经提出就得到了全世界的关注，关于智慧学习的研究正式拉开了序幕，并且逐渐向更深更广的领域演进。以CNKI中国学术期刊网作为数据源，截止到2023年12月30日，限定搜索数据库范围为中国学术期刊网络出版总库、特色期刊、中国优秀硕士学位论文全文数据库、国际会议论

---

① 祝智庭，贺斌. 智慧教育：教育信息化的新境界［J］. 电化教育研究，2012，33（12）：5-13.

② 参见《2015中国智慧学习环境白皮书》。

文全文数据库、中国重要报纸全文数据库，通过主题高级搜索方式，即以"智慧学习"为关键词进行检索，共检索到2916篇期刊论文。

根据数据统计，近20年有关智慧学习的相关期刊论文的出版时间分布情况如图1-1-4所示。从图中可以清楚地发现，关于智慧学习的相关研究从2009年开始，直至2012年以前相关研究数量一直较低，而以2012年国家发改委等七部门研究制定的《关于下一代互联网"十二五"发展建设的意见》为契合点，相关研究从数量到质量都出现了大幅度提升。这说明随着互联网与移动互联网的普及、政府相关政策的出台，我国智慧学习互联网意识逐步觉醒，智慧学习作为一种符合市场发展规律的教育方式越来越受到人们的关注和认可。

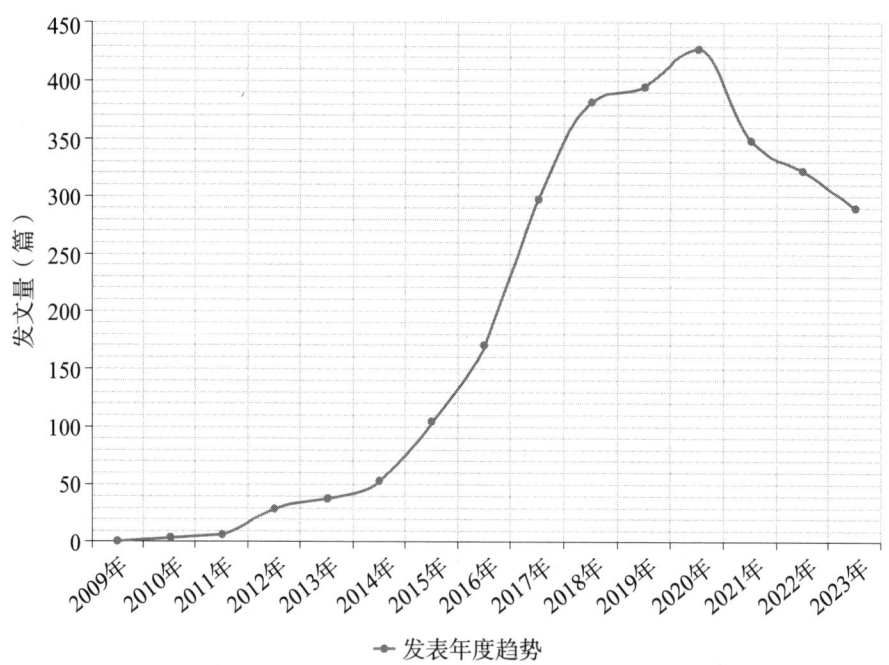

图1-1-4　以"智慧学习"为主题的论文发表时间与数量图

通过Tableau数据可视化软件对相关论文的作者其所在研究机构的数据进行统计、处理与分析，能够提取出研究机构所在的省份，并以此为计量要素，勾勒出全国各地高校及地区对于智慧学习的重视程度与发展速度的整体情况。除了北京，江苏、广东、上海、重庆、陕西等中国教育大省（市），都对智慧学习进行了相对深入且广泛的研究。一方面，作为教育大省（市），教学资源丰富，教学理念先进，因而相对其他省份更易于接受新兴的教育理念与教育技术。另一方面，这些省市处于沿海或多省交界的重要地理位置，如华北、华东地区，相关的配套资源较为完善，人的思维活跃，因而寻求发展与创新的热情相对高涨，对于新兴事物颇具敏锐度。

除了理论层面的深入研究，各国政府也积极将智慧学习纳入国家层面的政策与发展战略之中。

2015年12月，美国正式颁布了《2016国家教育技术规划》（2016NETP，简称"规划"），该规划以"为未来而学习：重新构想技术在教育中的角色"为主题，旨在引领教育技术的新发展。作为美国教育技术发展的纲领性文件，该规划的核心内容涵盖了学习、教学、领导力、评估和基础设施等多个方面。该规划明确提出，要在所有教育机构中实施通用设计原则，以提升教育的普适性和包容性；同时，强调提升技术职能的评估水平，使评估能够深度嵌入数字化教学活动和资源中，为学习者提供实时反馈，助力其精准提升；此外，规划还强调建立健全基础设施，以满足当前及未来的联通目标，为智慧学习的广泛推广和深入应用提供有力支撑。在欧盟第七框架计划（FP7）中，信息技术在教育领域的应用被置于重要地位，并被提升为全球性研究的核心议题。

为了继承和深化EP7计划的成果，欧盟在2014年初推出了全新的地平线2020（即FP8），该计划以三大精神主轴为引领，涵盖了包括未来网络、自动化及机器人技术等在内的12项重点研究领域。这一战略旨在推动信息技术在学习与文化资源获取中的引领和驱动作用，满足学习者日益增长的个性化学习需求，进而全面提升欧盟教育的智慧化水平，引领全球教育进入一个新的发展阶段。

韩国教育科学技术部（MEST）在2011年10月郑重发布了《推进智慧教育战略施行计划》，将智慧学习置于国家信息化建设的核心位置，予以优先部署和重点推进。该计划致力于引领一场智慧学习的深刻变革，通过改造传统课堂，提升技术支持下的学习效果，进而培养出一批批能够适应未来信息社会的创新型国际人才。MEST的这项战略计划，无疑为韩国教育的未来发展注入了强大的动力，展现了其对于智慧教育的坚定决心和前瞻视野。

日本政府通过e-Japan、u-Japan和i-Japan三大国家信息化发展战略连续推进，逐步夯实了国家的信息化基石，不仅完善了基础设施的建设，还广泛普及了信息化应用，其影响范围之广、覆盖区域之宽，均彰显了日本政府对教育信息化的高度重视与顶层设计的有效实施。这一系列战略的实施不仅提升了日本的信息化实力，也为教育信息化的发展奠定了坚实的基础。

新加坡政府于2006年6月郑重宣布了"智慧国家2015"（Intelligent Nation 2015）。该计划由新加坡资讯通信管理发展局（IDA）主导，旨在通过未来十年的努力，将新加坡打造成一个充满活力、与时俱进的信息通信生态系统。为了实现这一目标，政府计划投资上百亿新元，旨在构建一个以信息通信产业为核心，信息技术深度融入社会各个层面的智慧国家和全球化城市。通过这一计划的实施，新加坡将进一步提升经济竞争力和创新能力，为国家的长远发展奠定坚实基础。

中国不仅在政策层面大力扶持"智慧教育"的开拓与发展，还通过中国教育学会这一教育部直属单位，每年举办盛大的中国国际智慧教育展览会（简称SmartShow）。这一展览会汇集了教育信息化领域的尖端企业，展示了最前沿的教育科技成果和创新应用。同时，展览会也吸引了来自教育主管部门、地方院校及相关研究单位的万余名观众，他们共同聚焦智慧教育的未来发展，探讨教育信息化的新趋势和新机遇。SmartShow不仅为各方提供了一个交流与合作的平台，还在推动中国智慧教育的快速发展中发挥了重要作用。

祝智庭教授所带领的团队无疑是中国智慧学习研究领域的佼佼者。他们深入调研了全国教育信息化示范区校，经过精心筛选与汇总，从江苏、上海、浙江、北京、河南、湖北、陕西、四川、云南等9个省市中挑选出35个具有代表性的区域和54所学校，获取了丰富的智慧学习相关数据（见图1-1-5）。经过深入研究，他们发现，在数字交互设计的深刻影响下，智慧课堂教育生态正经历着从"内容为王"到"体验与实践并重"的显著转变。这一转变中，涌现出众多具有强烈体验性的智慧学习模式，如创客课程、智慧实验室、基于体感技术的课程及虚拟课堂等。这些模式不仅为学生提供了更为丰富和多样的学习体验，也极大地激发了他们的学习兴趣和创造力。随着这些创新模式的不断涌现和普及，智慧学习在中国教育领域正逐渐被广泛认可、深入应用并持续发展，为培养具有创新精神和实践能力的新时代人才奠定了坚实基础。

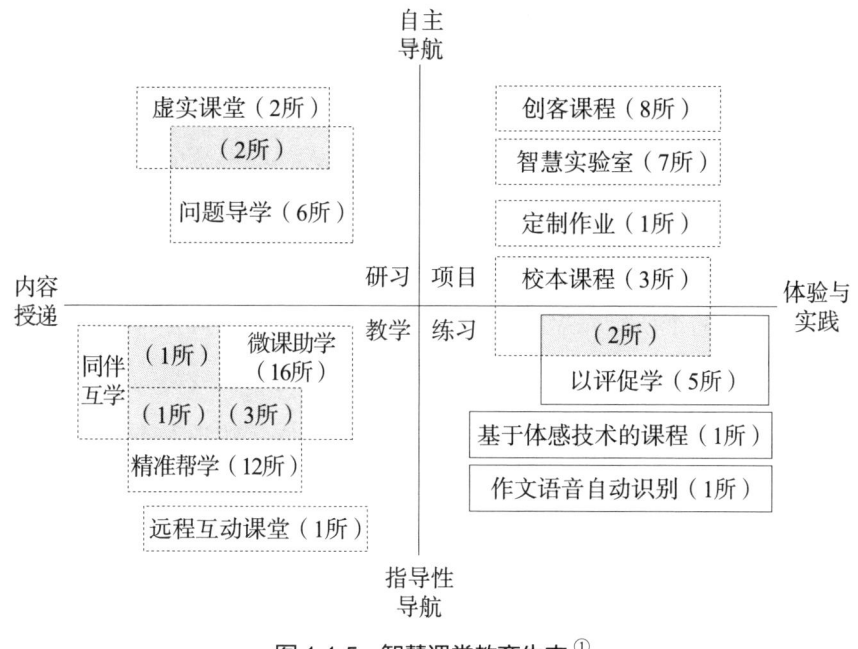

图1-1-5　智慧课堂教育生态[①]

[①] 李文昊，肖佳裔，祝智庭. 全国教育信息化示范区校特征分析：智慧教育发展的视角[J]. 中国电化教育，2017（11）：13-19.

（二）终身学习模式的创新再造

早在1972年，联合国教科文组织国际教育发展委员会在《学会生存——教育世界的今天和明天》(Learning to Be: The World of Education Today and Tomorrow)这一报告中，前瞻性地提出了教育的普遍性原则，并大力倡导教育民主与教育平等的理念，致力于革新教育体系，使其更加适应时代的需求。报告明确指出，教育不应只是人生某一阶段的任务，而应伴随人的一生，成为每个人不断成长和进步的基石[①]。历经近半个世纪的探索与发展，人们对于教育的认识不断深化。2015年，联合国可持续发展峰会上发布的《可持续发展目标》再次强调了终身学习的重要性，呼吁各国加强教育体系建设，推动教育的普及和公平。

在我国，《国家中长期教育改革和发展规划纲要（2010—2020年）》也明确提出了教育现代化的宏伟目标。根据规划，到2020年，我国基本实现教育现代化，构建起一个充满活力和创新的学习型社会。这一学习型社会的核心内涵便是全民学习、终身学习，让每个人都能够享受到优质的教育资源，不断提升自身的综合素质和能力水平。

随着数字技术与互联网的蓬勃发展，教育资源的形式发生了翻天覆地的变化。传统的纸质媒介逐渐被数字媒介所替代，这种转化不仅极大地提升了资源的分享与传播效率，而且使得教育资源的获取变得前所未有的便捷。与此同时，教育场所的界限也被彻底打破，固定的教室不再是唯一的教学场所，虚拟课堂的出现使得教育的时间和空间得到了极大的拓展，学习不再受限于特定的地点和时段。

在数字技术的推动下，教育过程的设计也实现了从递进式串联到交互式并联的跨越式转变。这种转变使得学习与生活更加紧密地融合在一

---

① 何齐宗.全球视野的教育理念：联合国教科文组织教育文献研究［M］.广州：广东高等教育出版社，2010：5.

起，为学习者提供了更加灵活、个性化的学习体验。由此，终身学习的模式发生了深刻的变化，人们可以随时随地进行学习，不断提升自我。在这样的背景下，在线教育、智慧学习等理念和技术手段应运而生，它们为终身教育的落实和发展提供了有力的支持。通过运用这些先进的技术手段，可以更好地满足人们多样化的学习需求，推动教育事业的持续进步。

终身教育无疑是教育发展的必然趋势与理想选择。其内涵丰富而深远，主要包括两大方面：一方面，它依赖社会组织的广泛参与，通过构建多样化的教育机构，打造多元化的教育平台，为学习者提供丰富的学习资源和机会。这一模式的建立，旨在最大限度地保障学习条件，确保人们在不同的人生阶段都能满足多样化的学习需求，全面保障个人成长。另一方面，终身教育也致力于激发和推动个人的终身学习热情。毕竟兴趣是最佳的导师，对知识的渴望与追求，其根本动力源于人内心的渴望与需求。在当前的时代背景下，"互联网＋教育"无疑是实现终身教育的最佳模式，它既高效又便捷，还能有效节约社会资源与成本。

开放大学作为终身学习思潮下的重要产物，其技术因素无疑为终身学习的模式注入了新的活力。在全球新科技革命的浪潮下，以云计算技术为核心的网络学习、新媒体移动装置学习（M-learning）共同构建了泛在学习（U-learning）的新模式。这种模式能够将优质的教育资源传播至世界的每一个角落，实现物理空间与虚拟空间的完美结合，为学习者打造一个个性化、智能化的学习环境，提供前所未有的学习便利。

在浸媒体时代，以3G、4G通信技术、移动通信技术、云计算技术、互联网技术及多种新媒体技术为代表，学习者的学习工具、资源模式、途径方法都正在经历一场深刻而广泛的变革。这不仅为终身教育的实现提供了强大的技术支持，也为广大学习者带来了更为丰富、多元的学习体验。

三、元认知关注与个性化学习需求

（一）元认知体验重要性凸显

元认知体验与认知活动紧密相连，其深度与广度受到时间、环境等多重因素的影响。在学习的过程中，学习者的表现与状态，无不与元认知体验息息相关。更值得一提的是，学习者的动机与态度，学生与老师及其他学生之间的微妙关系，乃至学习者自身的情绪变化与自我效能感，都与元认知体验有着千丝万缕的联系。元认知体验，正是用户体验（UX, user experience）的一个重要组成部分，它涵盖了用户在日常生活中与计算机交互时所积累的所有知识、记忆和感受，为深入理解学习过程与用户体验提供了宝贵的视角。

借助数字媒介技术的不断革新、思维与平台的深度共建，得以充分利用交互技术和手段，有效疏通人－机－人的互动模式，从而精心打造出在线学习的丰富体验形式。这样的体验形式旨在提升在线学习的认知获取效率，为用户提供无与伦比的体验。元认知体验正是包含了这种最佳体验，它体现在用户身上，具体表现为以下特征：一旦用户开始特定的学习体验，他们便渴望能够持续享受这种体验，仿佛置身于一个令人陶醉的境地，不愿抽身。在体验的过程中，用户会全身心地投入，忘却周围的一切，将全部注意力聚焦于当前的状态。而当他们获得了这种最佳体验后，会对提供这种体验的产品或服务产生浓厚的兴趣，时刻关注其动态。更为重要的是，拥有最佳体验的用户会深深地喜欢并享受整个经历的过程，他们会在其中感受到欢乐与乐趣，这正是提供最佳体验的重要因素[①]。因此，在线学习不

---

① 金振宇. 人机交互：用户体验创新的原理 [M]. 北京：清华大学出版社，2014：8.

再仅仅是知识的获取,更是一次愉悦的精神之旅,让用户在欢乐与乐趣中不断成长和进步。

电影作为一种备受欢迎的娱乐形式,其成功的秘诀在于为用户提供无与伦比的观影体验。观众通过购买电影门票踏入影院这一特定空间,期待在短短的两个小时内沉浸于电影的世界。电影产业始终在探寻如何在这有限的时间和空间内为观众打造最佳体验。在电影评论领域,乔恩·布尔斯廷(Jon Booestin)曾指出,一部成功的电影必须满足三个关键要素。首先,在理性思考层面(rational thinking level),电影需将所传达的信息精准地呈现给观众。无论是令人捧腹的喜剧片,还是催人泪下的悲剧片,电影都应触动观众的情感,使其产生共鸣。若观众在观影后仍对电影意图感到迷茫,那么这样的作品难以称为佳作。其次,在行动层面(action implementation level),电影的节奏把控至关重要,既不能因剧情推进过快而使观众感到茫然,也不能因节奏拖沓而让观众失去兴趣。一部好的电影应让观众在紧张刺激的情节中紧跟剧情发展,即使在观影途中短暂离开,也能迅速融入剧情,不会感到脱节。最后,感性层面(emotional engagement level)上的体验同样重要。电影通过视觉、听觉等感官刺激,与观众产生情感共鸣。以经典科幻电影《银翼杀手》为例,其深沉且华丽的视觉风格与电影主题相得益彰,为观众带来了深刻的感官体验。在产品设计领域,唐纳德·诺曼(Donald Norman)提出的反思性设计、行为性设计和本能性设计理念同样具有指导意义。这些理念强调在设计数字产品或服务时,需在本能、行为和反思三个层面上实现和谐统一。本能性设计关注用户的感官需求,行为性设计强调产品的易用性,而反思性设计则注重产品与用户之间的情感联系。为了真正满足用户的需求,设计师需要在这些层面上进行深入研究和探索,创造出能够触动用户心灵的产品或服务。这样的设计才能真正赢得用户的喜爱,为他们带来愉悦的使用体验。

"心境影响记忆和判断","情绪影响认知过程"[①],菲斯克和泰勒在《社会认知——人怎样认识自己和他人》一书中这样描述情绪对于认知的重要影响。近年来,随着数字技术的迅猛发展和人工智能研究的不断深入,教育中关于人-机-人交互问题的讨论日益激烈。作为感性与理性的结合体,人类如何与冰冷的虚拟机器进行互动,并在这一过程中获得愉悦的情绪与沉浸式的体验——元认知体验,已成为教育界乃至技术界持续热议的话题。人们不断探索着如何在与机器的交互中实现情感的共鸣与认知的深化,为教育带来全新的可能性。

(二)学习者个性化需求的迫切性

在以数字制造技术、互联网技术和再生性能源技术的交互融合为标志的"人类第二次进化"的引领下,教育也"从规模化走向生态化、分散化、网络化、生命化的个性化教育"[②]。Facebook的创始人马克·扎克伯格(Mark Zuckerberg)及其妻子普莉希拉·陈(Priscilla Chan)在迎来新生女儿之后,郑重宣布将捐出他们所持Facebook股份的99%,用以支持慈善事业,其中个性化学习(personalized learning)的推广成为他们关注的重点。自古以来,中国便深受孔子"因材施教"教育理念的熏陶,由此可见,个性化教育无疑是全球学习者和教育者心中的理想教育。随着互联网的蓬勃发展,开放的教育资源、公平的学习机会层出不穷,这些都极大地激发了学习者的多元需求(见图1-1-6)。与此同时,传统的标准化产品生产方式也面临着巨大的挑战,其终结的迹象愈发明显。在这样的背景下,学习者的需求正逐渐由统一化向个性化转变。他们渴望得到更符合自身特点和兴

---

① 菲斯克,泰勒.社会认知:人怎样认识自己和他人[M].张庆林,陈兴强,等译.贵阳:贵州人民出版社,1994:319.
② 周洪宇,鲍成中.扑面而来的第三次教育革命[N].中国教育报,2014-05-02(12).

趣的学习体验，而个性化教育正是实现这一目标的关键。

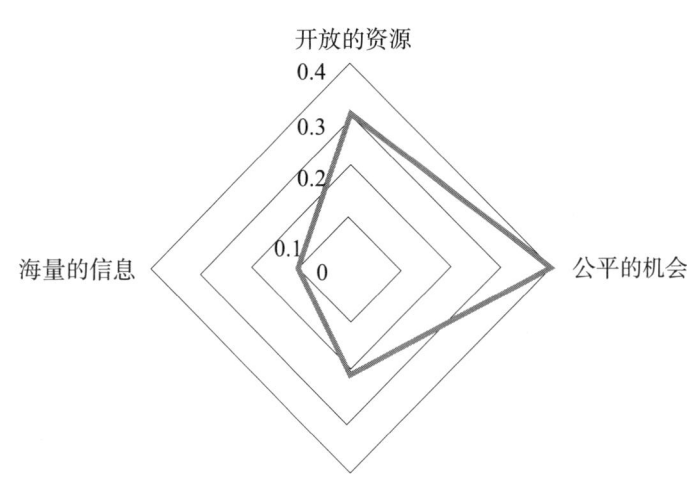

图 1-1-6　需求个性化产生的原因

四、数字交互设计的桥梁作用

（一）提升元认知体验的路径

依据查尔斯·魏德迈的独立学习理论，独立学习的全面实现离不开对"教育时空障碍"的持续克服，并且这一过程离不开技术媒体的有力支持。智慧学习正是通过独立学习的方式，逐步迈向学习的个性化，使每个学习者都能获得与其自身特点相契合的学习体验。换言之，智慧学习的发展与进步，离不开数字交互设计的不断创新与提升。这种设计不仅为学习者提供了更为丰富多样的学习资源和工具，还使得学习过程更加灵活、高效和有趣。

（二）实现高效学习的载体

在 2015 年 9 月 23 日，卡内基梅隆大学的研究团队对 MOOC 课堂上的互动活动进行了深入研究，并对比分析了学习视频与文本这两种教学资源的效能。经过深入探究，他们发现，与仅通过观看视频课程学习的学生相比，那些积极参与MOOC交互活动的学生取得了更为显著的学习效果。这一发现为教育界提供了新的启示，强调了在在线学习中互动活动的重要性。

佐治亚理工学院创新性地将网络教学与传统课堂教学结合，通过实践探索两者的差异。其中，该校引入的心理学科学导论网络课程，为一部分学生提供了视频学习资源，而另一部分学生则利用校内开放学习中心的交互学习材料进行学习。研究人员对学生的学习效果进行了持续跟踪，通过对比学生每周一次的测试结果及期末考试成绩，发现仅通过视频学习的学生，其期末成绩普遍低于利用交互学习材料的学生，差距近10个百分点。在当前MOOC的普及背景下，学生选课的保留率问题引起了广泛关注。研究人员以"退出率"和"保留率"为关键指标，发现参与交互式教学活动的学生在网络课程学习中的保留率，显著高于仅观看视频的学生。这显示出交互式教学在维持学生学习动力和提高学习效果方面的重要作用。卡内基梅隆大学的研究人员也指出，尽管许多网络课程都设置了线上线下的问题与作业环节，但要想通过丰富和有效的交互活动帮助学生提高成绩，仍然面临着不小的挑战。这提示我们，在推动网络教育发展的同时，需要更加注重教学方式的创新和学生参与度的提升。以上研究表明，简单的视频课程在提高学生学习效果的价值上仍然是有限的，通过提供更多的交互来提高学习效果才能更好地实现教学目标[1]。

根据约翰·M.凯勒（John M. Keller, 2010）提出的学习动机理论[2]，元

---

[1] 王俊.卡内基梅隆大学研究：交互式慕课更能提高学生学习效果[J].世界教育信息，2015（21）：78.

[2] KELLER J M. Motivational design for learning and performance: the ARCS model approach [M]. New York: Springer, 2010: 78.

认知体验包括专注、兴趣、信息和满意（见表1-1-2）。作为提升元认知体验的重要载体，数字交互技术（包括网络技术、移动互联技术、学习情景识别与环境感知技术、数字资源的组织与共享技术、学习分析技术等）能够更好地提高学习者的注意力、充分体现教学内容、促进学习者的学习热情与动力、最大限度地实现学习者的自我认知与认可度。

表1-1-2　学习动机理论下的元认知体验构成

元认知体验构成	含义
专注	学习者的注意力被学习内容所吸引的程度
兴趣	学习者的学习目标和需求与学习过程中所涉及的内容相符合的程度
信息	学习者相信自己能在学习过程中表现出色或达到预期目标的程度
满意	学习者对学习过程感到满足的程度

第二节　国内外研究现状综述

一、智慧学习研究的国际视野

伴随着"互联网+"与人们生活的进一步融合，以及数字交互技术的转型与更迭，对于智慧学习的研究逐年升温。从2007年伊始，该研究的"忽如一夜春风来"，随即便呈现出"千树万树梨花开"的态势。作为一个被世界关注的教育话题，智慧学习的研究内容较为广泛，也较为深入。

需要强调的是，所谓的"智慧学习"是从IBM提出的"Smart Education"翻译过来，这里的"智慧"并不是我们通常认为的人的智慧化①，而是感知、联通和智能化相融合的教育②，是仿照"智慧地球"的概念而来的，也应用于本书对于"智慧学习"的界定，具体的定义为：智慧学习是指具有学习资源去中心化、以学习者为中心、由交互技术进行共同体协作、在虚拟环境中构筑学习体验等特征的知识构建活动③。智慧学习是一个五位一体的"教育连续体"（Educational Continuum），包括技术浸入（Technology Immersion）、个性学习（Personal Learning Path）、知识技能（Knowledge Skills）、全球整合（Global Integration）和经济协作（Economic Alignment），并具有以学生为中心（Student-Centered）、多层次学习（Multi-level Learning）、无所不在（Anytime Anywhere）、资源获取（Resource Available）和技术嵌入（Technology Integrated）五大特征④。

本书以"intelligent/smart/wisdom learning"为关键词在外文期刊数据库中进行检索，对研究的内容与相关信息进行数据分析。数据表明，国外对于智慧学习相关的研究从1998年开始，2013年达到最热化，其中涵盖了计算机科学与技术、教育学、互联网技术、心理学等相关领域（见图1-2-1）。研究的主要问题集中在机器学习、智慧教师系统、人工智能、强化学习、神经式网络等与数字交互技术相关的领域（见图1-2-2）。

---

① 陈琳，孙梦梦，刘雪飞.智慧教育渊源论［J］.电化教育研究，2017（2）：13-18.
② 陈琳，李佩佩，华璐璐.论智慧校园的八大外部关系［J］.现代远距离教育，2016（5）：3-8.
③ 钟志贤，张琦.论分布式学习［J］.外国教育研究，2005（7）：28-33.
④ 张奕华.智慧教育与智慧学校理念［J］.中国信息技术教育，2013（6）：15-17.

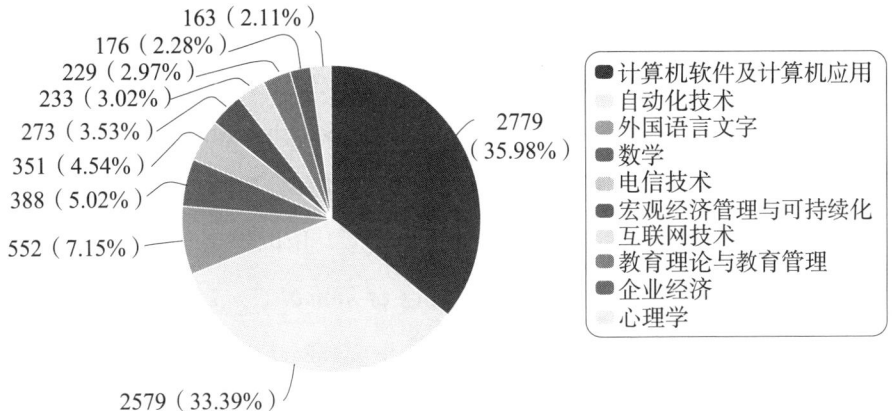

图 1-2-1　学科分布

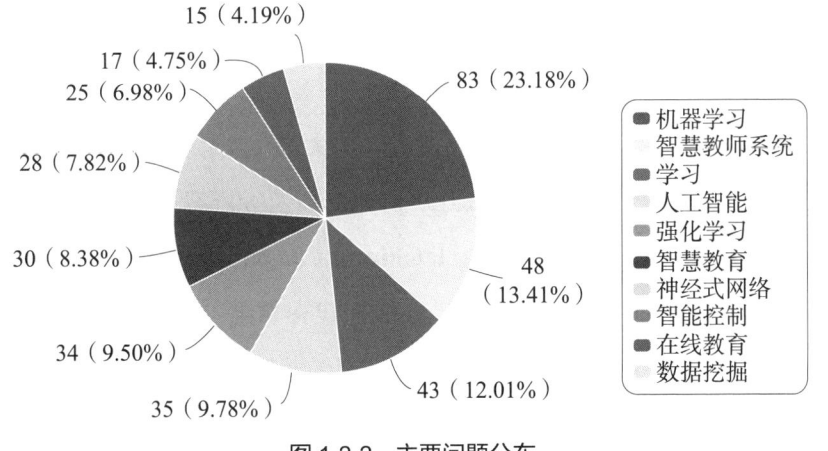

图 1-2-2　主要问题分布

（一）研究焦点：中高等教育

对国外发表的相关文献引用量进行排序，选取引用量高的前 200 篇论文使用内容分析法进行分析，发现大多数研究将视野聚焦在中、高等教育阶段。温斯洛·伯勒森（Winslow Burleson）和罗莎琳德·W. 皮卡德（Rosalind W. Picard）在 *IEEE Intelligent Systems* 上发表的论文 "Gender-Specific Approaches to Developing Emotionally Intelligent Learning

Companions",研究大学生与虚拟学习同伴进行互动的智能教学系统[1]。亚瑟·C. 格雷泽（Arthur C. Graesser）等人在 *IEEE Transactions on Education* 上发表"AutoTutor: An Intelligent Tutoring System with Mixed-Initiative Dialogue"研究大学生通过智慧导师构架模拟人类导师与学习者进行对话，并且增加了动画对话机制与三维交互模型，用以提高学习者的参与和学习的深度。中岛义人等人在 *Proceedings of Annual Conference of Japanese Society for Engineering Education* 上发表的论文"P-11 Project Learning about Local Contribution by Smart School Cooperated Between High School and University Graduate School"汇总了当地对智慧学习与高中和大学合作的项目与具体情况。

（二）研究方法：实验研究法为主

通过对目标论文应用内容分析法统计，大部分文章使用了 2 种以上的研究方法，其中使用实验研究法开展研究的涉及 80 篇论文。如内拉图鲁（Nelaturu）等人在论文"Building Intelligent Campus Environment Utilizing Ubiquitous Learning"中以实验研究法构建智慧学习环境，以虚拟现实技术实现无缝学习。66 篇论文涉及了比较法，如罗伯特·J. 斯特恩伯格（Robert J. Sternberg）在"WICS: A Model of Positive Educational Leadership Comparising Wisdom, Intelligence, and Creativity Synthesized"一文中使用比较法探讨了智慧教育的领导力问题。40 篇文章涉及了探讨方法，同时还有 20 余篇文章中涉及定量研究、观察等方法，另有少数文章中还涉及了定性、测验、问卷等方法（见图 1-2-3）。这表明对智慧学习的研究更倾向于使用实验研究法与探讨思辨的方法，这也符合国外对智慧学习的认识程度

---

[1] BURLESON W, PICARD R W. Gender-specific approaches to developing emotionally intelligent learning companions [J]. IEEE intelligent systems, 2007, 22 (4): 62-69.

与开展效果。

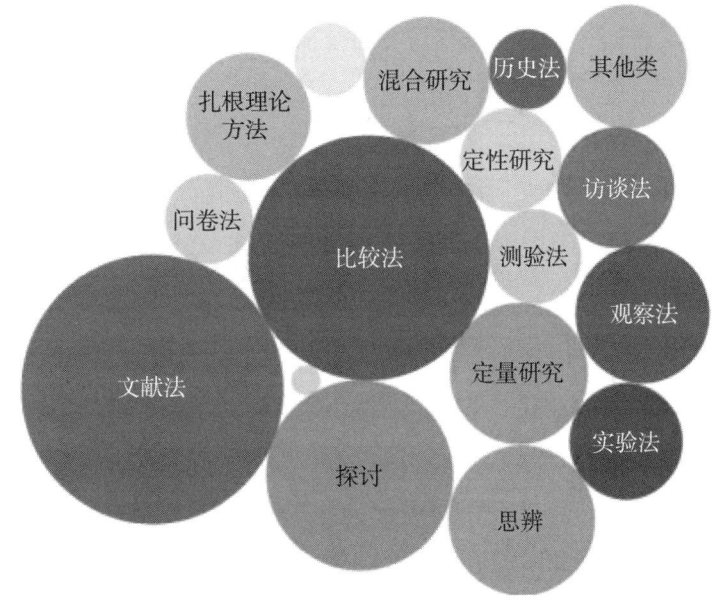

图 1-2-3　分析方法统计

（三）技术融合：与人机交互（HCI）的联合探索

根据最新的论文内容，国外的研究者越来越多地将人工智能（HCI）作为重点讨论对象。首先，随着技术的进步和应用场景的扩大，HCI 的经济价值和重要性逐渐凸显，其潜在影响力也开始受到业界的广泛关注（见表 1-2-1）。其次，为应对这一趋势，不少企业纷纷设立独立的 HCI 或 UX（用户体验）部门，并积极引进相关领域的专业人才。HCI 在市场上的卓越表现，使得消费者开始将其视为企业战略性的核心竞争力之一。在通信、电子、互联网等领域的领军企业，特别重视在 HCI 方面的投入。这些企业普遍认为，HCI 不仅对于当前产品的开发至关重要，更对于未来 5 年，甚至 10 年后可能取得成功的产品和服务的开发具有深远的影响。通过详细的数据统计分析发现，过去的研究中，HCI 主要聚焦于分析已开发的教育类产品或服务的问题，并提出相应的改进措施。然而，从未来的研究趋势来看，HCI 将致力于开发能够为智慧学习者提供最佳体验的产品或服务。这一转变预示着 HCI 将在教育领域发挥更加关键的作用，推动学习体验的升级与变革。

表 1-2-1　HCI 机构的世界排名（左边）和积极参与 HCI 研究的国家和地区（右边）[①]

排名	机构	综合得分	指数得分	排名	国家	综合得分	研究业绩/100万人
1	美国卡内基梅隆大学	298.51	41	1	美国	3745.2	12.246
2	美国麻省理工学院	262.95	43	2	英国	508.9	8.375
3	美国佐治亚理工学院	156.97	34	3	加拿大	406.5	12.364
4	IBM TJ 沃森研究中心	154.25	26	4	日本	260.5	2.035
5	微软研究院	153.75	34	5	德国	177.2	2.145
6	施乐公司 Palo Alto 研究中心	130.88	57	6	瑞典	142.0	15.572
7	美国密歇根大学	120.33	27	7	荷兰	118.6	7.221
8	加拿大多伦多大学	118.04	35	8	法国	82.7	1.341
9	美国斯坦福大学	110.02	27	9	芬兰	79.5	15.075
10	美国加州大学伯克利分校	97.12	28	10	丹麦	60.1	11.041
11	美国科罗拉多大学博尔德分校	97.12	27	11	澳大利亚	49.4	2.380
12	美国马里兰大学	88.98	25	12	奥地利	46.8	5.599

① ACM SIGCHI（Special Interest Group on Computer-Human Interaction）学会 2014 年评选出 1981 年到 2008 年学术成果最丰硕的大学和机构。

续表

排名	机构	综合得分	指数得分	排名	国家	综合得分	研究业绩/100万人
13	美国华盛顿大学	82.00	17	13	意大利	33.5	0.569
14	惠普实验室	50.07	15	14	韩国	33.0	0.685
15	美国弗吉尼亚理工大学	47.83	15	15	瑞士	25.8	3.452
16	英国格拉斯哥大学	47.07	13	16	爱尔兰	19.9	4.615
17	美国印第安纳大学	42.10	5	17	比利时	18.6	1.776
18	苹果公司	42.06	15	18	新西兰	18.5	4.421
19	AT&T 贝尔实验室	40.04	13	19	以色列	14.1	2.034
20	美国纽约大学	38.71	13	20	南美洲	12.8	0.262

索蒂里斯·科茨安蒂斯（Sotiris Kotsiantis）于 2012 年在 *Artificial Intelligence Review* 上发表论文 "Use of Machine Learning Techniques for Educational Proposes: A Decision Support System for Forecasting Students' Grades"，将人工智能技术运用在预测学生在智慧学习环境中学习的效果及表现，以此构建了一个数据算法模型，并用实验数据进行检测。Sunita B Aher 等人在 *Knowledge-Based Systems* 上发表论文 "Combination of Machine Learning Algorithms for Recommendation of Courses in E-learning System Based on Historical Data"，探讨人工智能如何通过数据挖掘更有效地为学生推荐课程，尤其是在 MOOC 平台上进行选课的过程中，使用相关算法能够对学生的历史性数据进行行为分析，在与现实世界中相互依赖的课程群中选取最佳的课程组合。

二、国内智慧学习研究的进展

近年来，随着互联网的发展，对于智慧学习的研究越发深入与广泛。本书选取的时间跨度为 2007 年 1 月 1 日至 2023 年 11 月 15 日，以 CNKI 中国学术期刊网作为数据源，并限定搜索数据库范围为中国学术期刊网络出版总库、特色期刊、中国优秀硕士学位论文全文数据库、国际会议论文全文数据库、中国重要报纸全文数据库，通过主题的高级搜索方式，即以"智慧学习"为关键词进行检索。检索结果为共有 2868 篇期刊论文。为了提高本研究的信度和效度，选择发表在核心期刊上的论文，并将被引用次数进行降序排列，剔除文献中非学术性文章，或者与本论文主题无关的文章，最终确定 200 篇期刊论文作为本次研究的研究对象。

（一）关注度增长趋势

从对"智慧学习"的关注度来看，可以从学术关注度的视角进行审视。以"百度学术"作为分析平台，以"智慧学习"为关键词对学术关注度进行数据分析，从中能够发现，对于智慧学习的关注始于 1997 年，直到 2012 年以前关注度的环比增加量并不多。从 2012 年开始，关于智慧学习的学术关注度陡然提升，随后逐年增加了相关研究的数量。这说明，互联网技术、数字交互技术与在线教育的升温让学者看到了智慧学习大发展的希望，从而大力进行相关研究。

（二）学科领域的广泛渗透

智慧学习是一个综合性的研究领域，对于它的研究，研究者既需要掌握教育学的原理与运行机制，又需要具备计算机科学、信息与通信原理等学科的知识储备。根据对论文的数据统计与分析，当前研究者经常将该问题与计算机科学与技术、信息与通信工程、中国语言文学、法学、应用经济学等几个学科进行交叉渗透，力争从多个角度对智慧学习进行更为广泛的探讨与研究（见图 1-2-4）。

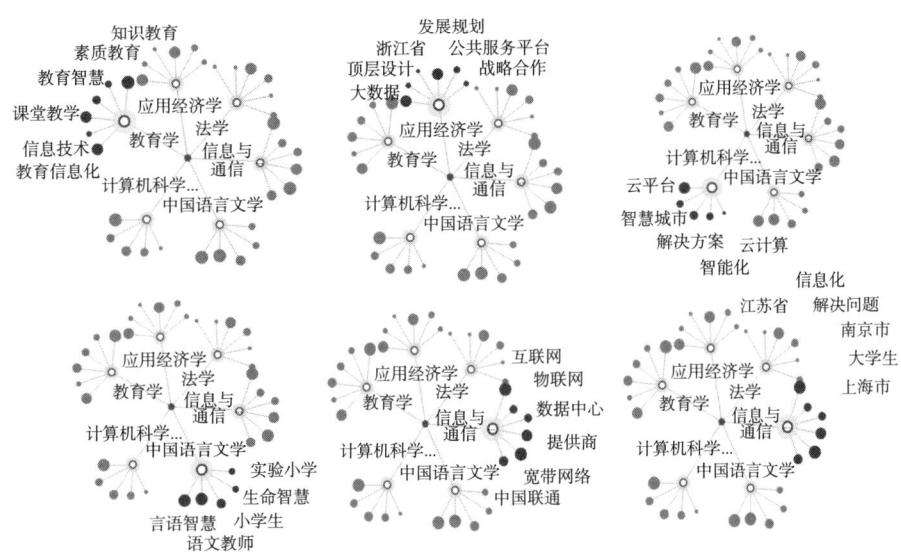

图 1-2-4　与智慧学习研究相关的学科渗透及渗透要点

（三）研究热点与未来走向

通过对论文的内容捕捉，能够得到从 2000 年至今研究智慧学习的学者的关注点，即研究热点。从图 1-2-5 有关智慧学习的研究热点可以清楚地看到，教育信息化、信息技术、智慧校园、微课、云计算、大数据等是这几年颇具影响力的热点，这也符合国家在教育信息化及互联网融合等方面的大力扶持。随着数字技术的推陈出新，尤其近几年 VR、AR、人工智能等技术的出现，让广大的普通人感受到了技术的魅力，也让专业人士对技术的革新充满期待，这也体现图 1-2-6 中有关智慧学习的研究走势在教育信息化、信息技术、学习过程、大数据这四个热点持续强势，并成为未来研究的重要切合点。

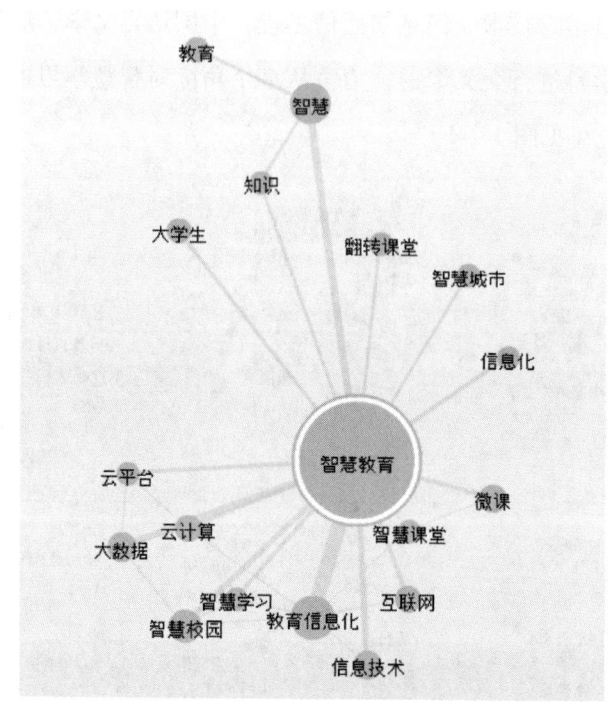

图 1-2-5　有关智慧学习的研究热点

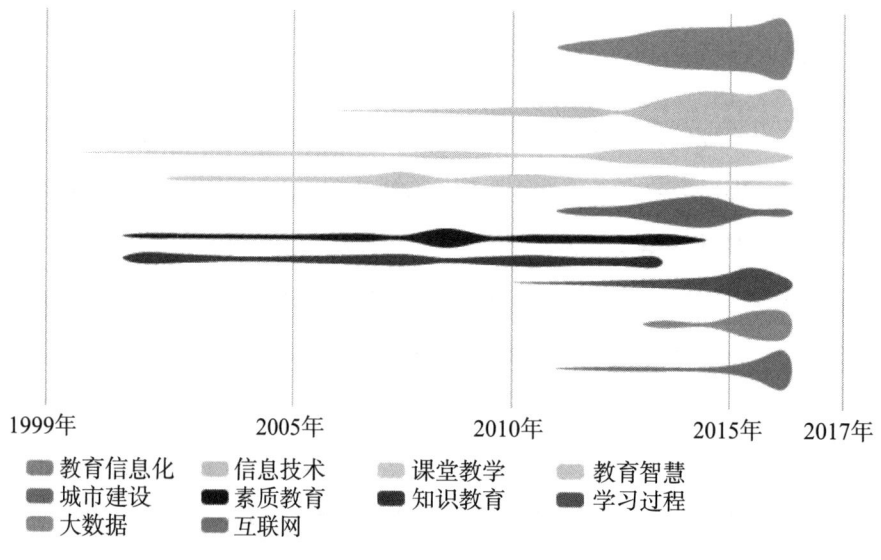

图 1-2-6　有关智慧学习的研究走势

三、元认知体验研究的深度剖析

（一）研究层次：集中于基础性研究[①]

作为智慧学习中深刻影响学习效果、效率等的元认知体验，它是伴随着学习认知活动而产生的有意识的认知体验和情感体验，如完成感、努力感等，它影响认知活动的质量[②]。国内外对于智慧学习中元认知体验的研究均集中于基础性研究，且相关的实验与数据也较为科学和严谨。

元认知，作为认知心理学中的一个核心概念，其本质在于衡量对学习者自身认知过程的认知。而自主学习，这一学习模式在互联网与移动互联网席卷全球的浪潮中受到了前所未有的推崇。将这两者结合进行研究，不仅彰显了学习的人性化倾向，即传统的对知识掌握的单一关注逐渐转向对学习者认知体验的深入关怀，更加体现了以学习者为中心的理念；同时，也反映了学习的个性化追求，强调学习者对学习的自主掌控，深入探索学习的原始出发点。根据相关论文的内容统计，关于自主学习中元认知体验的研究，大多聚焦于基础性层面（见图1-2-7）。国内外学者从自主学习的理论基础出发，深入剖析学习过程中元认知体验的内在机制。他们的研究关注点广泛涉及元认知策略、教学模式、学习能力、自我评估等多个层面，致力于揭示自主学习与元认知体验之间的内在联系与相互影响（见图1-2-8）。

---

① 基础性研究，指为获得关于现象和可观察事实的基本原理及新知识而进行的实验性和理论性工作，它不以任何专门或特定的应用或使用为目的。
② 吴红云.大学英语写作中元认知体验现象实证研究[J].外语与外语教学，2006（3）：28-30.

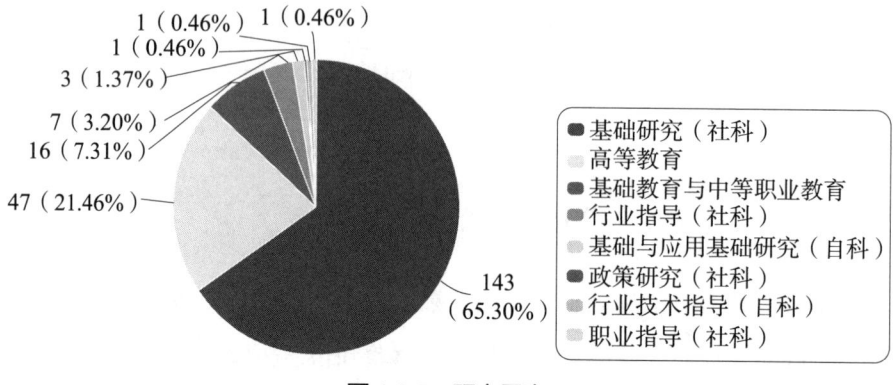

图 1-2-7　研究层次

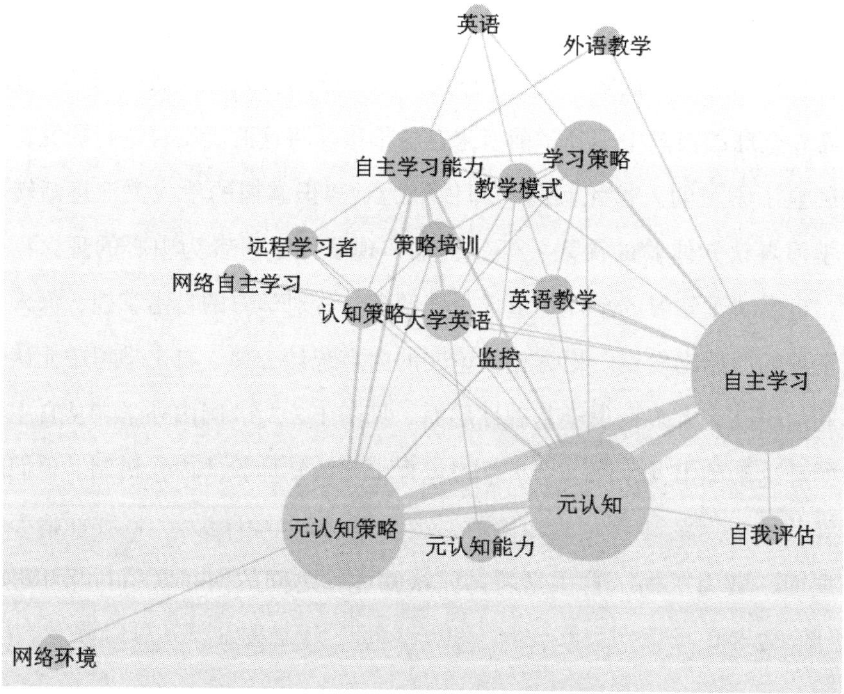

图 1-2-8　关键词共现网络关系示意图

（二）国内应用：具体课程的线下实践

通过在 CNKI 中文数据库进行关键词匹配发现，对于教育中元认知体验的研究多应用于对于语言的学习或训练,如英语、对外汉语等。岳好平和施卓廷(2009)将元认知体验和自主学习应用于大学英语的学习,并以问卷的形式进行数据采集,使用 SPSS 数据分析软件进行分析,得到元认知体验对大学生的英语自主学习的重要作用[①]。吴红云(2006)在《大学英语写作中元认知体验现象实证研究》中总结出元认知体验分为积极体验和消极体验,且与英语作文成绩之间存在对应关系,同时,英文写作的元认知教学对元认知体验有积极的影响[②]。

(三)国外实践:网络环境下的广泛探索

国外学者十分注重理论在实践中的应用,擅长构建各种网络学习系统,如安德森(Anderson)等人构建的认知导师系统(Cognitive Tutor),科丁格(Koedinger)等人在"Intelligent Tutoring Goes to School in the Big City"中构建的实用代数辅导系统(Practical Algebra Tutor)等。关于在线学习的元认知相关探讨较多,杰森·谭(Jason Tan)等人在"The Role of Feedback in Preparation for Future Learning"中认为人工智能通过模拟人脑的思考过程向在线学习者提供高效的反馈信息,元认知对于学习者认知能力的培养有重要的功能。叶卡捷琳娜(Ekaterina)等人在"Adaptation of Elaborated Feedback in e-Learning"中设计了网络学习环境下元认知对信息反馈的框架,爱德华多·加西亚-希梅内斯(Eduardo GarcÍa-Jiménez)等人在"Feedback and Self-Regulated Learning:How Feedback Can Contribute to Increase Students' Autonomy as Learners"中认为元认知可以调节学习,并提出如何提高在线学习的效果。

---

① 岳好平,施卓廷.大学英语自主学习元认知实证研究[J].外语研究,2009(4):63-67.
② 吴红云.大学英语写作中元认知体验现象实证研究[J].外语与外语教学,2006(3):28-30.

第三节 研究内容概述

　　智慧学习作为一种以数字交互技术为支撑的新型教育模式，其中包含的各个组成部分与学习者之间的交互过程，以及学习者因交互而产生的元认知体验需要从理论层面上进行理解与阐释。在经历了上文对于当前智慧学习面临的现实困难与机遇的论述之后，提出本书试图解决的问题：由于数字交互技术与设计的运用和发展，智慧学习者的学习活动发生了怎样的变化，这种变化应如何在理论上通过模型的构建给予解释与说明。这种变化或者异质性，本书将其称为"边界"。"边界"是两者交会的地域，是众多信息汇聚的地方，容易产生特殊的现象。本书的研究围绕着"元认知体验"与"交互"两个核心概念展开，故在此处将智慧学习元认知体验的交互体验边界作为研究对象，对学习者在学习过程中产生的多种交互模型进行深入研究，即构建智慧学习生态下的数字体验新理论。

　　在对上述提出问题的解答上，本书通过梳理智慧学习中学习者由交互而产生的多种样态的元认知体验，将智慧学习的教学交互活动的整个情境分层次地、理论化为相应的模型，从而对数字交互技术与学习者的互动关系进行系统的、结构化的阐释。对于智慧学习而言，它与交互技术、学习者元认知体验之间呈现出一种连续的、动态的关联性，为了呈现出这种连续的关系，本书将三者置于不同情境层次中构筑成模型，再对其进行考虑分析。

　　《数字交互体验创新：跨界融合与深度构建》深入探讨了数字化时代数字交互体验对智慧学习的重要性，通过理论探讨与实证研究，揭示了交互设计对元认知体验的积极影响。该书构建了智慧学习场域的逻辑重塑机制，并突破视觉、环境、网络等多重边界，实现元认知体验的多层次构建。同时，探索了数字交互体验设计的创新模式，剖析了智慧学习社区的体验价值，并展示了智慧化教育在教育扶贫中的创新实践，为智慧学习的发展提供了理论指导与实践路径。

第一章为问题背景与研究框架。本章开篇就明确了在数字化时代背景下，数字交互体验对于提升学习效率、促进知识创新，乃至推动社会进步的重要作用。随着技术的飞速发展，智慧学习成为教育领域的新趋势，而数字交互体验则是这一趋势中的核心要素。本章详细阐述了研究的背景、目的与意义，提出了研究的核心问题：如何在数字交互体验中实现跨界融合与深度构建，以更好地服务于智慧学习者？随后，本章构建了研究的整体框架，包括理论基础、研究方法、研究内容及预期成果等，为后续章节的展开奠定了坚实基础。

第二章为交互对智慧学习者元认知体验的影响探究。本章聚焦于交互设计如何影响智慧学习者的元认知体验。元认知是指个体对自身认知过程的认知，包括对自己学习状态的监控、调节和评价。在智慧学习中，元认知体验对于提升学习效果至关重要。本章通过文献综述、理论推演与案例分析相结合的方式，深入探讨了交互设计的不同维度（如信息呈现方式、交互反馈机制、情景模拟等）如何促进智慧学习者的元认知发展。研究发现，有效的交互设计能够增强学习者的自我反思能力，提升学习过程中的自我调节水平，进而优化学习体验与成效。

第三章为智慧学习交互体验的实证研究与边界拓展。本章在第二章理论探讨的基础上进一步开展实证研究，以验证交互设计对智慧学习交互体验的实际影响，并探索其边界拓展的可能性。通过设计并实施一系列实验，本章收集了大量数据，运用统计分析方法对数据进行了深入挖掘。研究结果表明，不同类型的交互设计对智慧学习交互体验的影响存在差异，而且这些影响受到多种因素的制约与调节。同时，本章还提出了交互设计的优化策略，旨在进一步拓展其应用范围与效果边界。

第四章为交互技术对智慧学习场域的逻辑重塑。本章从技术层面出发探讨了交互技术如何重塑智慧学习的场域。智慧学习场域是指由技术、资源、学习者、教师等多种要素共同构成的学习环境。随着交互技术的不断发展，智慧学习场域的逻辑结构正在发生深刻变化。本章分析了交互技术在资源整合、学习路径优化、学习社群构建等方面的作用，揭示了其对智慧学习场域的逻辑重塑机制。同时，本章还探讨了如何在技术赋能的基础上构建更加开放、灵活、个性化的智慧学习场域。

第五章至第七章为交互设计，突破不同边界，进行元认知体验的多层次构建。这三章分别围绕 V&R（视觉与反思）、E&O（环境与操作）、N&A（网络与自主）三个边界展开，详细阐述了如何通过交互设计实现智慧学习者元认知体验的多层次构建。第五章聚焦于视觉与反思的边界突破，探讨了如何通过视觉设计与反思引导相结合的策略，促进学习者在视觉感知与内在反思之间的有效转换。第六章则关注环境与操作的边界拓展，分析了如何通过优化学习环境与操作界面设计，提升学习者的操作效率与沉浸感，进而增强其元认知体验。第七章则跨越了网络与自主的边界，探讨了在网络化学习环境中，如何通过交互设计促进学习者的自主学习与协作交流，实现元认知体验的全面提升。

第八章为数字交互体验设计模式探索。本章在前三章实证研究与边界拓展的基础上，提出了数字交互体验设计的创新模式。该模式融合了用户体验设计、人机交互设计、认知心理学等多个领域的理论与方法，旨在为智慧学习交互体验的设计提供一套系统化、可操作的指导框架。本章详细阐述了设计模式的构成要素、设计流程、评估标准等关键内容，并通过案例分析展示了其在实际项目中的应用效果。

第九章为技术赋能：智慧学习社区体验价值的深度剖析。本章将视角转向智慧学习社区这一具体应用场景，探讨了技术如何赋能智慧学习社区，进而提升其体验价值。本章分析了智慧学习社区的技术生态、传播特性、本体特征及时空特性等关键要素,揭示了技术赋能对于拓展学习场域、增强学习体验、促进知识共享的重要作用。同时,本章还深入剖析了智慧学习社区的多重体验价值(如社会存在感、共情感、认同感等),并探讨了如何通过技术创新进一步激发这些价值。

第十章为智慧化教育在教育扶贫中的创新实践。本章将研究视野拓展至更广阔的社会领域,探讨了智慧化教育在教育扶贫中的创新实践。本章首先分析了教育扶贫的现状与挑战,指出了智慧化教育作为内源引擎的重要性。随后,本章详细阐述了智慧化教育在教育扶贫中的创新模式(如"三维螺旋"模式、"多元共生"指标等),并通过案例分析展示了这些模式在实际应用中的成效。最后,本章还提出了智慧化教育在教育扶贫中未来发展的方向与建议。

第四节　研究意义阐释

技术在革新,时代在推进,技术升级的每一步都会深刻地影响着社会的意识形态与群体的行为认知。由数字技术、数字平台、数字思维所引爆的数字时代,刻画着全新的数字化生活,同时也塑造着教育的方方面面。全新的时代、全方位的数字技术、全媒体化的传播介质共同作用,不仅给教育带来了前所未有的挑战和机遇,也在改变着教育资源的组织方式、深度学习的转化形式、学习者的认知体验等。

2015年初,李克强总理在《政府工作报告》中首次将"互联网＋计划"公布并进行了详细的介绍,将数字媒体的传播媒介——互联网,与其他行业重新整合,打造全新的运行模式,以期带来传统行业的新生,并将该思想提高到了国家战略层面。2015年5月,习近平主席在致首届国际教育信息化大会的贺信中指出,当今世界,科技进步日新月异,互联网、云计算、大数据等现代信息技术深刻改变着人类的思维、生产、生活、学习方式，深刻展示了世界发展的前景……因应信息技术的发展，推动教育变革和创新，构建网络化、数字化、个性化、终身化的教育体系，建设"人人皆学、处处能学、时时可学"的学习型社会，培养大批创新人才，是人类共同面临的重大课题[①]。

钱学森长期以来对于技术在教育中的作用十分肯定，他在《我们要看到21世纪》一文中描述了利用多种现代信息技术的教学模式，包括运用通信卫星和广播电视技术的远程教学、电子计算机辅助教学、电子计算机和信息数据的人机对话培训系统等。他认为现代信息传播媒体和信息处理技术的运用，"可以使电化教育进入新的高水平，大大提高教学质量，并节约教学劳动及工作量，数量级地提高教育效果及经济效益"[②]。随着数字技术的快速发展，数字媒体时代的智慧学习不再是线下教育课程模式的简单线上移植，而是结合数字技术进行多形态的创新，突破了传统教育以教学权威为核心的交互体验边界，迈向了融合用户原创内容、深度学习、互动游戏、全感知体验等全新的智慧学习模式。如果说数字交互技术为学习者开拓了"量智"，那么数字交互设计为学习者带来的体验则是"性智"。正如尤瓦尔·赫拉利在《未来简史：从智人到智神——打开人类认知未来之窗》一书中提出的公式所表述的一样：知识＝体验×敏感度。[③] 在知识获取的过程中，体验是至关重要的。

技术与智慧学习整合的关键不在于把技术作为学习对象或传递知识的工具，关键在于促进学习者将技术作为认知工具和认知伙伴去解决真实情

---

① 习近平.习近平致国际教育信息化大会的贺信［N］.人民日报，2015-05-24（2）.
② 钱学森.我们要看到21世纪［M］//上海交通大学钱学森研究中心.集大成 得智慧：钱学森谈教育.2版.上海：上海交通大学出版社，2015：134.
③ 赫拉利.未来简史：从智人到智神——打开人类认知未来之窗［M］.林俊宏，译.北京：中信出版社，2017：102.

景中的问题。良好的体验是技术深入智慧学习的优质产出。由此，对于学习者的元认知体验的研究是必要的，也是十分紧迫的。而突破交互体验边界来提升元认知体验需要理论层面的梳理和模式构建，这对于智慧学习的建设和发展也具有一定的理论意义、实用价值。

第二章
交互对智慧学习者元认知体验的影响探究

第一节 智慧学习交互机制的理论探索

一、交互理论的多元视角

在传统的课堂教学中,学生与老师能够实现面对面无障碍交流,老师的声情并茂往往能够带动学生的情绪,从而激发学生与老师之间的交互。这种交互显而易见,不言而喻。而在当下在线教育的教学中,由于师生难以实时且具有针对性地交流,因此,交互的方式、效果就成为相关研究的重点。本节对于交互理论的梳理选取在线教育中的交互为研究对象,其他传统教学中的交互不在这里探讨。

(一)范迪和克拉克的三维远程教学理论

三维远程教学理论是由美国教育学家范迪和克拉克在美国迈克尔·G.穆尔教授提出的穆尔[①] 理论的基础上于1991年提出的。该理论以学生、教

---

① 迈克尔·G.穆尔(Michael G.Moore),美国宾夕法尼亚州大学教授,被认为是第一个系统定义远程教育中的交互原理的开疆者。

师、学习内容为核心因素,并设置了三个维度的变量函数,即对话、自主性与结构,对其之间的关系进行了模式构建。变量"对话"用以描述"教育系统中师生之间进行交流时相互响应的程度",变量"结构"用以描述"教育计划课程设计适应学生个别需要和条件的针对性程度"。换句话来说,如果一个教育系统具备很好的师生双向交流通信,即对话变量的值越大,该系统的结构就越紧密,学生的自主性就会越弱;相反,一个教育系统师生双向交流通信很弱很差,即对话变量的值就越小,该系统的结构就越松散,学生的自主性就会越强。

(二)加里森和安德森的交互模式解析

三维远程教学理论中以学生为核心,探讨了学生与教师、学生与学生、学生与内容之间的关系,加里森(Garrison)和安德森(Anderson)在此基础上进一步拓展,提升了教师与教学内容的角色重要性,并依照学生的交互模式把教师的交互方式也分为三类,即教师与教师的交互、教师与学习内容的交互、学习内容与内容的交互(见图2-1-1)。

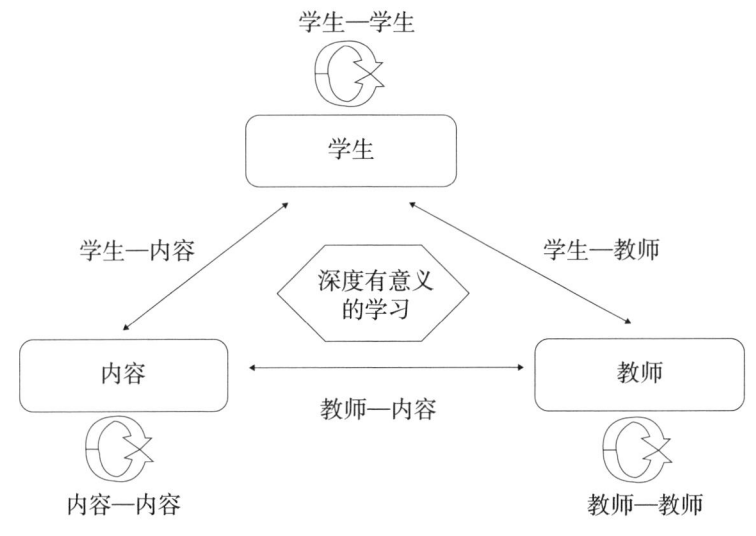

图2-1-1 加里森和安德森关于远程教育中的交互模式

(三)特里·安德森的等效交互原理

特里·安德森(Terry Anderson)所提出的 The Interaction Equivalency Theorem(等效交互原理)基于穆尔交互模式,从交互的质量与数量对教学体验的影响浓缩出了两个论点:论点一认为三类交互模式(学生—教师,学生—学生,学生—学习内容)中只有一类或一类以上的交互处于较高、较频繁的程度,其他交互的程度较低,甚至没有发生交互,那么相应的学习活动不仅能够得到支持,教学体验也不会被降低,即交互的价值是等效的。论点二认为三类交互模式中只要有超过一类的交互处于较高、较频繁的程度,那么交互的质量就会提升,形成学习者较为满意的交互体验,与此相应的缺点是交互体验的发生会导致时间和成本的上升,即交互的数量影响教学体验(见图2-1-2)。①

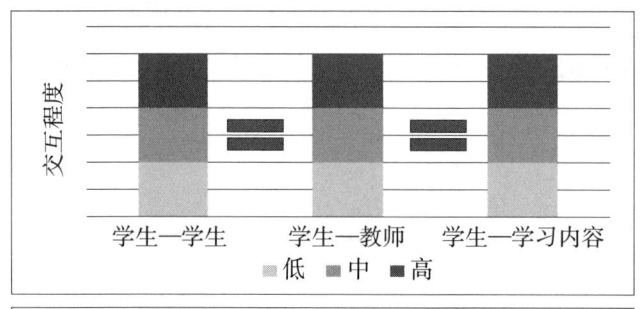

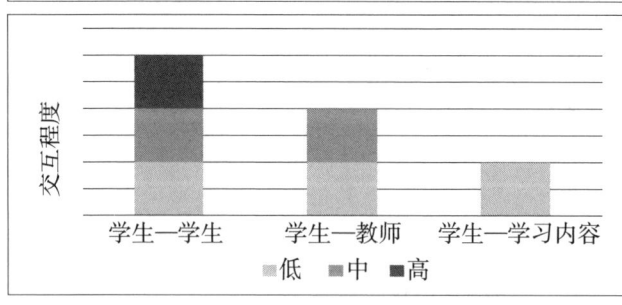

图 2-1-2 等效交互原理示意图

① ANDERSON T, DRON J. Three generations of distance education pedagogy [J]. International review of research in open and distance learning, 2011, 12(3).

二、交互概念与特征的深度解析

（一）交互定义的历史沿革与界定

"交互"一词内涵十分复杂，而且在使用的过程中极易出现"被特权化和被忽视"的双重属性[1]。以"交互"和"教育"为关键词在 CNKI 数据库中进行搜索，发现研究者在对教育中的交互进行研究时，大多并没有将"交互"的概念进行明确的解析与划分，含义较为广泛，且与其他词组应用在一起时界限模糊或含义重叠。对交互的认识是智慧学习发展的关键，以媒体为中介的交互是实现智慧学习中教与学再度整合的关键过程。为了更好地对智慧学习中的交互进行深入探究，对于"交互"的概念与内涵的严谨明晰是十分必要的。

1. 交互定义的历史沿革

20 世纪 70 年代，瑞典人约翰·A.巴斯最先关注到了远程教育中的交互现象，并借用通信原理中的双向通信概念到函授教育中，使其成为函授教育的重要功能。1979 年，丹尼尔（Daniel）和马奎斯（Marquis）重新审视"交互"和"独立学习"之间的概念区分，并着重将"交互"定义为学生与教师，或者教育机构成员内部之间的交流。

1983 年，瑞典学者霍姆伯格（Holmberg）提出"有指导的教学会谈"理论。该理论中突出了远程教育的两大功能：其一是远程教育应能够设计、开发和发送多种媒体类型的课程材料；其二是远程教育应能够通过各类双向通信机制实现师生交互并为其学习提供服务。[2]

---

[1] ROSE E. Deconstructing interactivity in educational computing [J]. Educational technology archive，1999（39）：43-49.

[2] 徐瑾.现代远程教学交互的调查研究［D］.西安：西北师范大学，2007.

顾明远在其 1997 年主编的《教育大词典》中将 interaction 翻译为"相互作用",并定义如下:相互作用是一个因素各水平之间反应量的差异随其他因素的不同水平而发生变化的现象。这个概念把交互概括为人或事物在某种共同的或者相互的行为中彼此相互作用和影响。互联网缩短了人与人之间的距离,其间产生的交互成为人类群体共生的一种常规生态。教育过程中的交互可被视作为了达到教与学的目的而进行双向甚至多向的信息流通。在传统的课堂教学中,交互产生于教师与学生之间、学生与学生之间、学生与学习内容之间。这种基于物理属性的交互直到计算机与互联网普及的今天早已进化,关注点从"师生交互"转向"生生交互",再转向"学生与学习内容交互"。教学资源的数字化、教学方式的数字化、教学场所的数字化等在协作学习、合作学习等新型学习模式的生成下成为智慧学习的研究重点。比如,希尔曼(Hillman)等人于 1994 年基于互联网的属性提出了第四种交互类型,即学生与界面的交互。

根据陈丽的系统研究,对于"交互"定义的历史继承共有三级。第一级是"交互"的基本定义,即将交互定义为"个体与小组间的交互作用",并强调两个物体与行动共存。第二级是将"交互"与"独立"进行区别,在比较中进行定义,虽然有界限划分,但是内涵不明确。第三级是国内一些学者将"交互"置于教育情景中进行定义。虽然已经将其内涵进行语境式的描述,但随着数字技术的发展与社会认知的提升,其定义不免失之偏颇[①]。

2. 交互定义的界定

国内对于"教育交互"有系统且深入研究的陈丽教授对于"交互"进

---

① 陈丽. 术语"教学交互"的本质及其相关概念的辨析[J]. 中国远程教育,2004(3):12-16,78-79.

行了多次定义，最近一次是基于联通主义学习[①]而进行，其具体定义为：学习者与学习环境相互交流与相互作用而追求自身发展的过程，是教与学的过程属性。[②]该定义注意到了终身教育对学习主体的影响，学习主体由原来的学生变为学习者，同时将交互视为一种过程属性，而非现象。

从对交互定义的历史研究来看，陈丽教授的这个定义是相对科学且全面的，并将交互的地位进行了提升，成为教学过程的基本属性。在这里，本书对于"交互"的研究并不依托该定义，因为本书所关注的"交互"并非物理形式上简单的人机交互或者人际交互，而是以发展中的数字交互技术为导引，将交互置于整个智慧学习的生态中去体察，将其在学习过程中所引发的学习者元认知的内化体验视为"交互"的本质。故而，对于"交互"的重新定义对本研究来说是必要的，也是研究开展的基础性奠基。

本书对"交互"的具体定义为：在智慧学习生态中，以数字交互技术构建的场域为导引，以联通主义学习为基础，能够在学习过程中通过信息交互和行为交互引发学习者元认知体验的数字行为。

由此引发出可以与学习者产生交互的基本组成因素，根据北京师范大学智慧学习研究院发布的《2016中国智慧学习环境白皮书》，把组成因素分为四部分——智慧学习时空、智慧学习活动、智慧教学活动及智慧学习内容，从这四个组成部分延伸，梳理交互的内涵（见图2-1-3）。[③]

---

① 联通主义学习，出现在互联网时代，Siemens是指把能用于解决现实问题的信息、关联和资源组建成学习网络的过程，即建立个人神经网络、概念网络和社会网络的过程。
② 陈丽，王志军. 三代远程学习中的教学交互原理[J]. 中国远程教育，2016（10）：30-37，79-80.
③ 请参见北京师范大学智慧学习研究院发布的《2016中国智慧学习环境白皮书》。

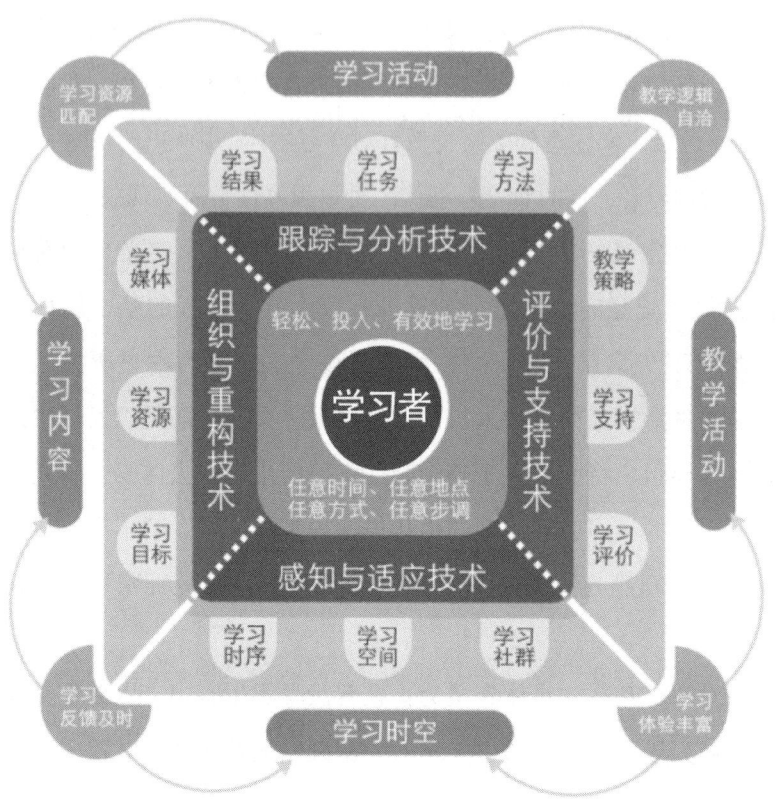

图 2-1-3　智慧学习交互结构图

注：图片来自《2016 中国智慧学习环境白皮书》。

第一，智慧学习交互的中心是学习者。无论从联通主义学习理论角度，还是从体验作为学习效果重要归因的视角，均凸显学习者在智慧学习中的主体地位。整个学习过程以学习者为起点和归宿，而交互作为学习者实现自我提升的核心路径，贯穿通过学习达成自我发展的全过程。故而，在对智慧学习的交互进行研究时，充分贯彻了一切技术都是为了学习者的体验服务的，一切交互的价值提升都是以促进学习者元认知正向体验的生成为目的的。

第二，智慧学习交互具有虚拟时空离散性。智慧学习是以自主学习为动机的人与网络融合的教育形式。无论是以静态网页提供学习内容的第一代远程教育，还是以具有仿真和协作数字技术的第二代远程教育，抑或是具有社会网络与创造性工具的第三代远程教育[①],学习环境的搭建都是依托数字化的虚拟空间,学习时序的建立都是数字化时间节点的超链接,学习社群的组织都是数字化零散用户的汇集。因此,就学习者的个体而言,空间、时间与社群都是虚拟的,同时也是离散的、碎片化的。

第三,智慧学习交互是学习全过程的数字化整合。智慧学习的交互以学习目标为指引,通过数字化的技术手段提供多元化互联的学习媒体,并以此为中介为学习者输出数字化的学习资料,让学习者能够突破地域的界限,推翻迈克尔·G.穆尔提出的交互影响距离理论(Theory of Transactional Distance),用数字技术拉近教与学之间的距离,即将教与学的全过程数字化整合[②]。

第四,智慧学习交互具有支持反思性自我认知的属性。智慧学习在学习活动设计中以闭合环路作为学习者的参照体系,其中闭合节点对应学习结果的反馈机制。借助数字爬虫与大数据等交互技术,学习者在过程中设定的学习任务及运用的学习方法会被网络实时捕获、分析,并与学习结果进行比对,进而支持学习者反思自省,进入元认知状态,实现对自我的重新认知。

第五,智慧学习交互具有三维螺旋构架。人机交互的发展历史,是人对计算机的认识与适应,也是计算机对人的影响与改造的发展历程。人机交互的发展经历了多个阶段:早期的手工作业阶段;作业控制语言及交互命令语言阶段;图形用户界面(GUI)阶段;网络用户界面的出现阶段;多通道、多媒体的智能人机交互阶段[③]。目前,人类正处于第四个阶段,即多通道、多媒体的智能人机交互阶段。在这个阶段,以交互为核心演化出三个重要因子,分别为数字技术、数字平台、数字思维(见图2-1-4)。数

---

① 陈丽,王志军.三代远程学习中的教学交互原理[J].中国远程教育,2016(10):30-37,79-80.
② 基更.远距离教育基础[M].丁新,等译.北京:中央广播电视大学出版社,1997:89.
③ 董士海,王衡.人机交互[M].北京:北京大学出版社,2004:35-37.

字技术是以感知技术、虚拟空间、3D打印、二维码等时下流行技术为前端，为人机交互提供了效能高、体验丰富的技术手段。数字平台是进行人机交互的媒介介质，可分为互联网、移动互联网和物联网，平台之间往往可以互通链接、功能共享。数字思维是交互中的灵魂因子，包括一直在实践的人工智能、近几年热议的大数据和"互联网+"等，都是在数字时代思维异化的产物。这三个因子相互关联、相互影响、相互支撑，形成一个三维螺旋架构（见图2-1-5中的交互因子三螺旋结构）。

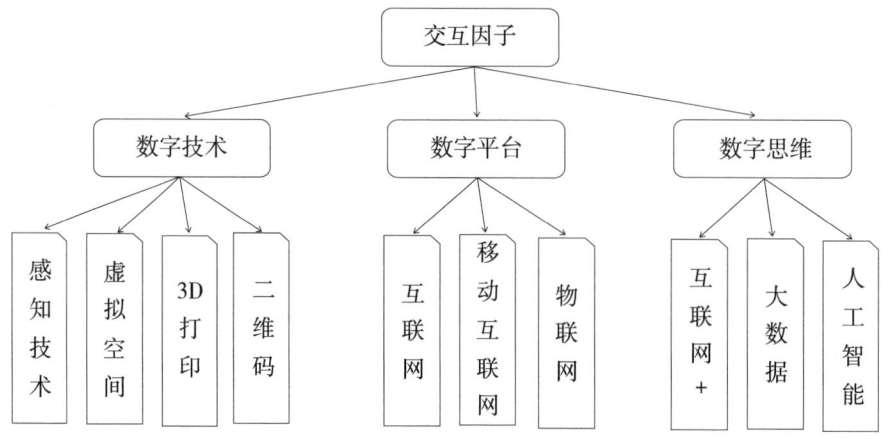

图 2-1-4　交互因子示意图

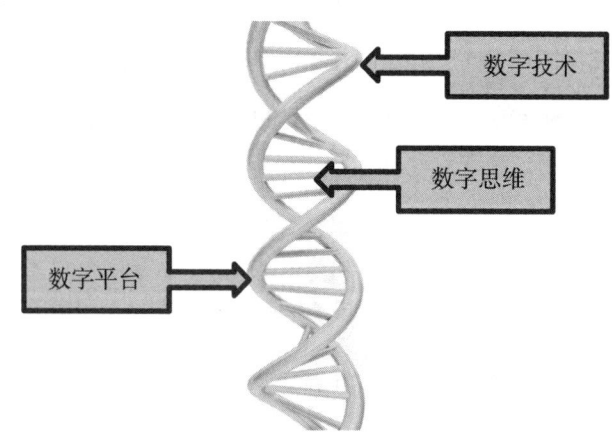

图 2-1-5　交互因子三螺旋结构图

（二）智慧学习中的交互技术应用

能够引导学习者与智慧学习系统产生交互行为的数字交互技术分别为：①面向学习时空的环境感知、情境感知和学习适应技术；②面向教学活动的教学评价与学习支持技术；③面向学习活动的动态跟踪与学习分析技术；④面向学习内容的知识组织与重构技术[①]。

感知与适应技术涵盖了情境感知和学习适应技术，以及环境感知技术两大领域。情境感知和学习适应技术，集成了人工智能、传感器、自动推理等尖端技术，旨在根据情境信息精准识别学习情景类型，诊断学习者所面临的问题，并预测其学习需求。这一技术的应用，使得学习者能够享受到个性化的学习资源，轻松找到志同道合的学习伙伴，并接受量身定制的学习活动建议，极大地提升了学习效率和学习体验。环境感知技术，则是由射频识别（RFID）、二维码、视频监控等技术共同构成的先进体系。它广泛应用于校园一卡通、图书、仪器设备、电梯等公共基础设施的管理，实现了教室与会议的智能化考勤，以及对开关控制、照明、空调与通风系统等设备的节能控制。这些技术的运用，不仅提升了校园管理的智能化水平，也为节能减排、绿色环保做出了积极贡献。

评价与支持技术涵盖了教学评价技术和学习支持技术两大核心领域。在学习评价技术方面，关联规则和数据挖掘的运用发挥了关键作用。通过应用关联规则对教学评价数据进行深入分析，可以揭示出有价值的数据模式，进而发现其中的关联与规则。这些发现不仅能为教育教学活动提供明确的指导，还能为教学管理提供有力的决策支持，推动教学质量的持续提升。在学习支持技术方面，一系列前沿技术得到了广泛应用。增强现实、虚拟现实及3D打印技术，为学习者带来了沉浸式的学习体验，使知识更

---

① 请参见北京师范大学智慧学习研究院发布的《2016中国智慧学习环境白皮书》。

加直观、生动。富媒体技术的引入，则极大地增强了学习的交互性，提高了学习者的参与度，改善了用户体验，让学习变得更为丰富、便捷。此外，个人化的学习终端更是突破了学习地点的限制，让学习不再局限于课桌旁，学习者随时随地都能进行高效学习。这些技术的综合应用，为学习者打造了一个全方位、立体化的学习支持体系，推动了学习方式的创新与升级。

跟踪与分析技术涵盖了动态跟踪技术和学习分析技术两大分支。动态跟踪技术，运用动作捕获、情感计算、眼动跟踪等先进技术，能够精确记录学习者在知识获取、课堂互动、小组协作等多个维度的表现。通过对学习过程的持续追踪和学习结果的深入分析，能够建立起精准的学习者模型，为个性化教学和学习路径规划提供有力支撑。学习分析技术则是一套综合性的分析方法，包括教学效果分析、交互文本分析、文本挖掘、音视频和系统日志分析等多种技术手段。这些技术能够深入挖掘教学过程中的各种数据，为教师的教学决策提供科学依据，优化教学策略。同时，学习分析技术还能够为学生提供自我导向学习的有效数据支持，帮助他们及时预警学习危机，进行准确的自我评估。此外，该技术还能够获取学习者的学习参与度、关注的学习内容、学习者与教师交互行为信息、学习情况和学习资源的利用情况等内容，从学习资源库和学习者信息中挖掘出学习者关注的各种信息，为教育教学的持续改进和创新提供源源不断的动力。

组织与重构技术涵盖了组织技术和重构技术两大方面。在组织技术方面，学习对象、语义 Web 和本体等技术扮演着至关重要的角色。它们不仅能够帮助整合各类学习资源，还大大提升了学习者对资源的检索和归类效率，使得信息检索的查全率和准确度得到了显著提升。更为重要的是，这些技术使得信息更易于被自动化的数据挖掘工具所发现和集成，从而实现资源的灵活共享、联接和重用。同时，这些技术还具备出色的扩展性，可以作为智能资源检索和推送的基础，进一步增强系统的适应性和针对学习者的个性化服务能力。而在重构技术方面，同样依赖学习对象、语义 Web

和本体等技术的支持。这些技术能够根据不同的学习需求，灵活改变内容自身的结构和呈现方式，确保学习内容与具体的学习需求紧密匹配。通过这种方式，学习资源能够得到更为高效的利用，满足学习者的多样化需求，提升学习体验和效果。

《2016新媒体联盟中国基础教育技术展望》的地平线报告中，全面阐述了中国教育信息化的发展与技术更迭，分析了未来五年里中国基础教育中教育技术应用的关键趋势与挑战和重要技术进展趋势。其中涉及的数字交互技术与实现智慧学习的交互技术基本吻合，也是智慧学习未来发展亟待关注和实践的技术指标。

（三）交互类型与耦合场结构分析

1. "交互"的耦合场结构

根据智慧学习的一般性过程，学习者与智慧学习系统间的交互程序要经过显示、转换、执行和评估四个耦合场。

（1）显示场

显示场作为一个耦合场，它通过数字系统将人们心中的抽象目标转化为具体信息。以学习者对中国传统服饰的兴趣为例，当他访问"中国大学MOOC"网页时，通过浏览相关课程列表，原本模糊的目标逐渐变得清晰起来。这一过程便是显示场顺利交互的体现。简言之，显示场是指当用户带着初步的目标接触这一系统时，通过系统提供的信息，逐渐将目标具体化的过程。这一描述不仅展现了数字系统在信息传达方面的精准与高效，也凸显了用户与系统之间互动的重要性。

在显示场中，有两个核心要点值得关注。一方面，人们心中的目标与通过特定系统所呈现的信息或功能之间的契合度至关重要。另一方面，用户能否轻松找到所需的功能或信息，这同样影响着显示场的运行效果。举例来说，那些希望购买在线课程的人，若能在访问网页时迅速找到内容相符的课程，那么这便意味着显示场在顺畅地发挥其作用。相反，如果某人因为对艺术设计流程充满好奇而访问该网页，但难以找到关于艺术设计的主题，那么这就表明显示场的运行并不够流畅。这样的例子生动展现了显示场在用户体验与系统功能性之间的微妙平衡。

（2）转换场

该耦合场作为系统的一个关键环节，负责将输入设备接收的信息转换为处理装置所能理解的形式。换言之，输入设备是否能够真实、全面地反映系统的各项功能，直接影响着耦合场的运行效率。以慕课网页为例，其界面提供了随机播放与反复播放等多种播放方式，这些功能背后实则依赖系统内部的关系数据库支持。然而，如果因为界面设计上的局限，导致用户无法充分利用这些功能，那么这便意味着转换耦合场在交互过程中出现了不畅。再举一个类似的例子，DVD 播放器虽然具备将电影播放速度提升至四倍以进行快速搜索的功能，但如果遥控器上并未设置相应的按钮，用户便无法享受这一便捷功能，这同样表明转换场在运行时存在问题。

向用户传递信息的输入设备在表现系统功能时的精确度，是转换场的关键要素。以手机为例，其输入设备主要局限于数字键及"#""*"等几个特定按键。当用户在手机上尝试进行模拟战略游戏等复杂操作时，如何确保游戏所提供的丰富交互可能性能够通过手机有限的输入系统得到忠实体现，便成为转换场面临的重要挑战。这一挑战不仅关乎用户体验的优劣，更直接影响着转换场在信息传递与功能展现方面的效能。因此，如何优化输入设备与系统功能之间的转换机制，成为提升转换场运行效果的关键。

（3）执行场

此耦合场涉及将系统的反应转化为输出工具所呈现内容的过程。以"中国大学 MOOC"网为例，当用户选择特定课程视频时，系统会通过标识课程信息及播放时间清晰地向用户传达当前状态。同时，课程页面上的信息也用于编号课程章节或展示课程列表,为用户提供便捷的导航。此外,系统还通过呈现与课程相关的视觉信息,综合提升用户的视听体验。在执行场中,输出装置如何准确表达系统所蕴含的信息广度和深度显得尤为重要。以笔记本电脑为例,在安装最新发行的游戏时,有时会遇到因笔记本电脑缺乏必要的软硬件而无法安装的情况,或虽然游戏能够运行但图像质量却不尽如人意。这些现象都反映出输出装置在传达系统要求的视觉效果时存在不足,未能忠实执行其应有的功能。因此,优化输出装置的表达能力,确保系统信息的准确传达,是提升执行场效能的关键。

(4)评估场

此耦合场作为交互的终端环节,对于用户体验至关重要。在此场域中,用户会将界面所展示的信息与自身设定的目标进行比对,以评估是否成功实现心中的具体目标。以"中国大学MOOC"网为例,用户在浏览并挑选课程后,会对其是否符合个人学习需求进行评估,这便是评估场的基本运行机制。

评估场的运行核心在于能否以用户易于理解的方式,提供恰到好处的信息。以移动互联网场景为例,当用户希望了解从北京到上海的最快路线时,系统不仅应提供两地之间的物理距离,还应结合当前的交通状况给出预计所需时间。这样的信息呈现方式更能贴合用户的实际需求。换言之,评估场运行顺畅的关键在于,用户能否轻松判断其目标(找到最快捷的路线)是否已达成。

2."交互"的类型

(1)根据传播模式分类

传播学中的5W模式,又称传播的政治模式。该模式首次将传播活动解释为由传播者、传播内容、传播渠道、传播对象和传播效果五个环节和要素构成,即谁(Who)、说什么(Says What)、通过什么渠道(In Which Channel)、对谁说(To Whom)、产生什么效果(With What Effect)(见图

2-1-6）。5W 模式于 1948 年由美国政治学家拉斯韦尔提出，后广为引用。根据该理论解构当前智慧学习中交互的类型，以教学设计（D）、学习者（U）、学习内容（C）、学习过程（to，图中用 2 表示）为要素，按照不同的传播流程可区分交互的类型。

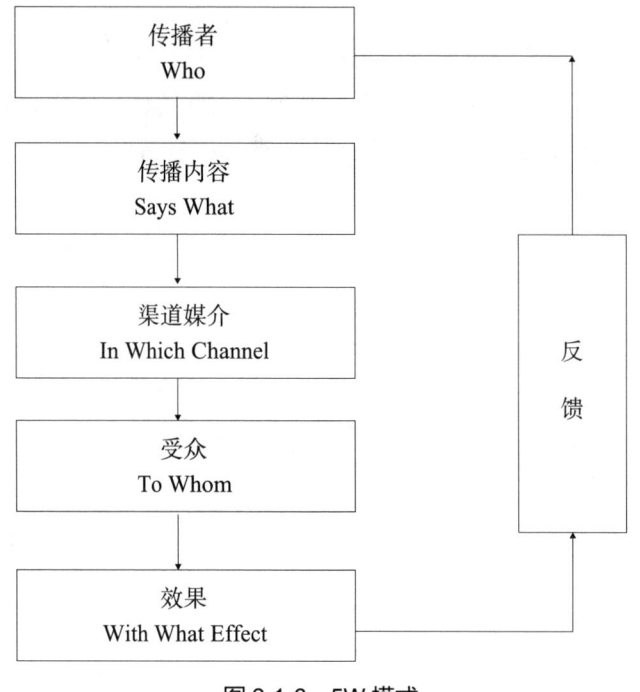

图 2-1-6　5W 模式

1）学习者全参与型

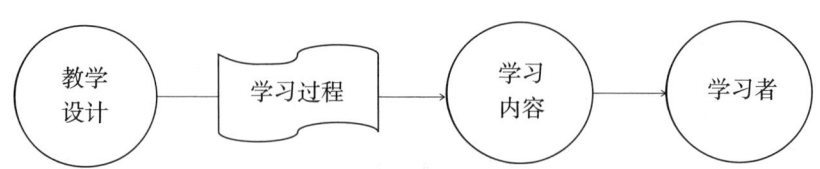

（DC）2U：智慧学习系统中的教学设计主导学习过程，并发布学习内容给学习者

这种交互方式常见于智慧学习系统之中，其核心在于通过精心的教学设计来制作学习内容，并随后将这些内容传达给学习者。在这一过程中，

智慧学习系统拥有绝对的编辑权，而学习者则扮演了被动接收信息的角色。其中，（DC）2U 型交互便是一个极具代表性的例子，尤其在当前的 MOOC 网上视频直播或实时进程传送中得到了广泛应用。在这些课程视频直播中，教育设计占据着主导地位，不仅决定直播的内容，还掌控着内容的传达方式。学习者则处于相对被动的地位，主要任务是观看所传递的内容，而无法进行过多的操作。因此，被传达内容的质量在很大程度上决定了交互的质量。简而言之，这种交互类型的重点在于制作高质量的学习内容，以满足学习者的需求。这也正是各大 MOOC 教育平台不惜投入巨资制作精品课程的原因。

2）学习者参与内容型

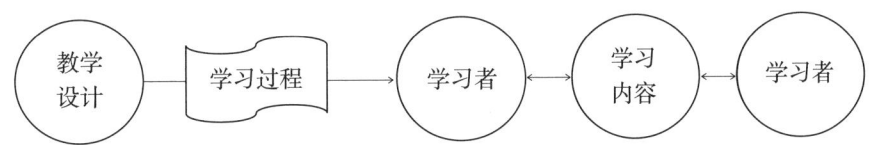

D2（UCU）：智慧学习系统中的教学设计主导学习过程，
学习者负责学习内容的制作与传播

此类学习内容的制作由各个学习者自主完成，而学习过程则通过教学设计精心引导。淘宝便是这一交互类型的典型代表。个体用户首先加入该平台或注册成为卖家，随后平台会对其内容进行整理，通过 2B+2C 的模式，将这些学习内容高效地传送给网络上的其他用户。此外，MOOC 网上的论坛也是这一交互类型的重要应用场景。在此类交互中，登录过程的便捷性与趣味性显得尤为重要。为了激励用户自发地登录平台并提供学习内容或信息，适当的补偿机制也必不可少。简言之，站在用户的立场来看，只有当他们通过平台所获得的成果超过他们提供学习内容或信息的成本时，这种 D2（UCU）型交互才能够真正发挥其价值。因此，促进用户的积极参与和贡献是该交互模式成功的关键要素。

3）学习者全主导型

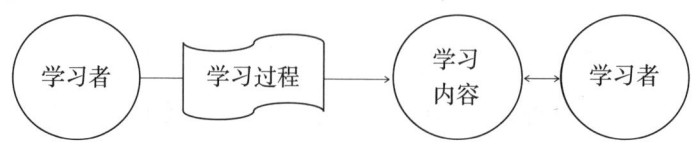

（UC）2（UC）：学习者主导学习过程与学习内容的制作与传播

在这一交互类型中，学习内容的制作与向学习者传达的过程均完全由学习者自身负责。换言之，学习者既是学习内容的创作者，又是学习过程的主导者。以微博服务为例，如新浪微博等平台，用户既是内容的创作者，也是留言互动的参与者。与此类似的还有 QQ 空间或大部分的 P2P 网络，用户拥有绝对的自主权，可以自主决定上传哪些文档到服务器，以及下载哪些文档。这种交互类型完全由用户主导内容和流程，因此制作内容及传送过程的便捷性与趣味性成为这一类型的关键。然而，在目前的智慧学习领域中，这种交互模式还相对较为罕见。随着技术的不断进步和学习者需求的日益多样化，未来这种以用户为中心的交互模式有望在智慧学习中发挥更加重要的作用。

4）学习者主导过程型

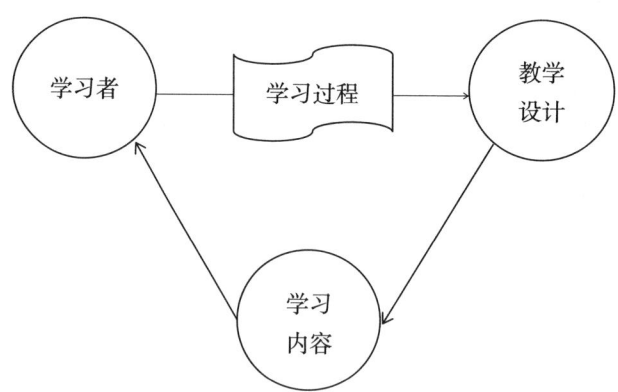

U2（DC）2U：学习者主导学习过程，智慧学习系统中的教学设计负责制订学习内容并发布给学习者

这种类型的学习内容主要由教学设计提供，但传达给学习者的过程则由学习者自身负责。智慧学习中的数字资料分享服务便是这一类型的典型代表。电子书作为教学设计中的有效教育资源，其使用与否完全取决于学习者。对于此类型而言，满足学习者的需求及内容查找过程的便捷性至关重要。换言之，只有当学习内容能够精准匹配学习者的需求，并且查找过程简单高效时，这种交互模式才能发挥其最大效用。

（2）根据交互对象分类

1）人际交互

在传统课堂中，人际交互占据着主导地位，主要划分为教师—学生交互、学生—学生交互及学生—学习内容交互。然而，在智慧学习环境下，这三种交互形式依然存在，但已超越了时间和地域的限制。借助多样化的数字媒介，智慧学习构建了一个交互自由的平台，使得人与人之间、人与信息之间能够自由交流。数字交互技术的应用进一步提升了用户体验，使学习变得更加高效和便捷。以教师与学生之间的交互为例，通过数字视频技术，双方可以分布式地交流课程内容，打破了传统课堂的物理限制。同时，利用即时通信或视频会议功能，师生能够实时交流思想、解答疑惑，大大提升了教学效果。此外，学生与学生之间也可以通过线上讨论小组或学习内部社群分享学习经验与心得，共同探索知识，实现学习资源的共享与互利共赢。

图 2-1-7 所示为陈丽教授在《远程学习的教学交互模型和教学交互层次塔》一文中构建的"教学交互层次塔"，该模型能够较为清晰地展现智慧学习中人际交互的情形。

2）人机交互

传统的人机交互（Human-Computer Interaction，HCI）涵盖了人、计算机和交互这三个核心要素。简言之，HCI 是一个致力于利用计算机等机器开发更便捷、更高效工作系统的领域。HCI1.0 主要聚焦于那些直观可见的界面设计和音效制作,如探讨何种颜色适合作为计算机界面的背景,或者执行按钮的最佳位置等。

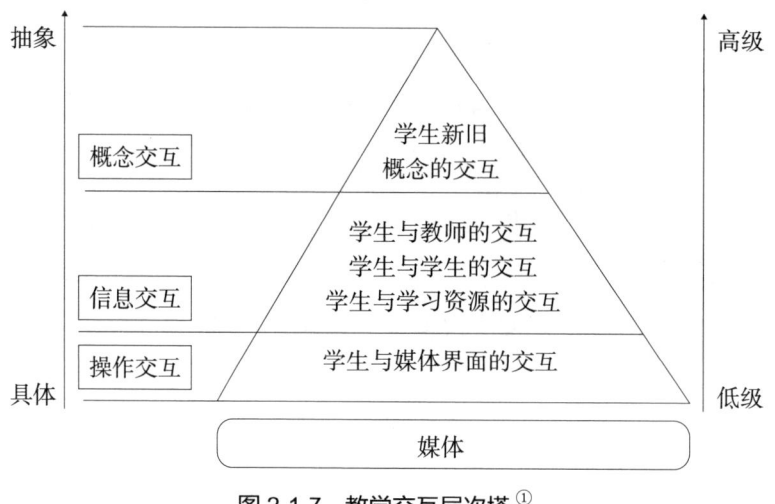

图 2-1-7　教学交互层次塔[①]

然而,HCI 的边界在 HCI2.0 时代得到了显著的拓展(见图 2-1-8)。HCI2.0 特指 Web2.0 环境下的人机交互,自 21 世纪初开始受到广泛关注。新的人机交互系统不仅关注用户在计算机界面上所见所感,还将系统与人之间的深层次交互作为核心研究对象。在这里,计算机的概念被拓宽,涵盖了所有能与人类互动的数字系统。实际上,个人计算机、移动设备等各种数字产品、服务及信息均可视为 HCI 的研究对象。

同时,人的概念也得到了扩展,不仅包括使用数字系统的个体,还涵盖了使用系统的团体,乃至整个社会成员。例如,发送和接收手机短信的个人,或在博客上分享创意的团体,这些参与在线互动的主体,都是 HCI2.0 的研究对象。简而言之,HCI2.0 致力于研究多种数字系统与人们之间的用户体验,从而推动人机交互的进一步发展。换句话说,HCI2.0 是用

---

① 陈丽. 远程学习的教学交互模型和教学交互层次塔[J]. 中国远程教育,2004(5):24-28,78.

户利用个人计算机在社交网络上发表文章,利用手机来确认现在的交通情况,或者利用IPTV(交互式网络电视)来确认今日体育转播节目所有过程中体验到的一切①。

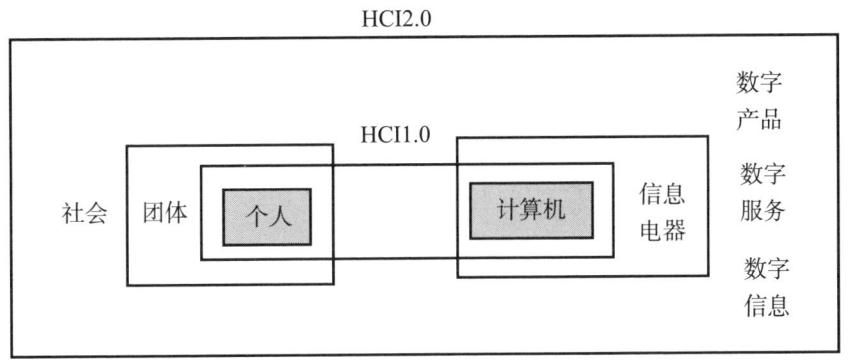

图 2-1-8　HCI1.0 和 HCI2.0

在智慧学习的领域里,人机交互已迈向了2.0时代。依托先进的数字交互技术,智慧虚拟社区应运而生,为学习者提供丰富多样的交互产品、服务与信息。在这个虚拟社区中,学习者能够组建起社会式的学习共同体,共同探索知识、分享经验。这种全新的学习方式不仅提升了用户体验,还激发了学习者的热情与积极性,推动着智慧学习不断向前发展。

(四)交互深度的多维度探讨

贝朗格等2003年在《远程学习的评估与实施:技术、工具和技巧》一书中认为"学习者与教学内容的交互同开发教学软件的复杂程度之间存在着相关性",提出将交互程度等级进行划分,将交互的深度分为四度,分别是被动式、有限的参与、复杂的参与、实时参与②(见表2-1-1)。

---

① 金振宇.人机交互:用户体验创新的原理[M].北京:清华大学出版社,2014:3-4.
② 贝朗格,乔丹.远程学习的评估与实施:技术、工具和技巧[M].丁兴富,等译.北京:中国轻工业出版社,2003:64.

表 2-1-1 交互深度综合比较表

交互深度	交互方式	认知能力	交互心理行为	情感体验等级
被动式	表达受限制的学习者交互	了解事实； 掌握规则	0	0
有限的参与	提供练习和实践； 提供学习者的反馈； 能够模仿简单的心理行为； 能够模仿简单的设备操作，响应学习者的行为； 计算机评价学习者的认知行为	了解事实； 掌握规则； 学习依次操作的程序	I	I
复杂的参与	能够为学生提供选择和响应的复杂分支路径； 能够演示或仿真设备操作的复杂过程； 学习者能够参与心理行为的模仿和广泛的分类能力； 具有操作行为实时模仿能力； 计算机对学习者行为和智能进行的评价； 计算机对学习者学习过程包括学习时间和出错分进行的评价	学习依次操作的程序； 学习分类、区分相同和相异的条目； 学习解决问题的综合知识	II	I
实时参与	具有对操作行为实时仿真的能力； 计算机对学习者行为和智能进行的评价； 计算机对学习者学习过程包括学习时间和出错分进行的评价； 使用模拟和通信方面的艺术级技术	学习分类，区分相同和相异的条目； 学习解决问题的综合知识	II	II

第二节 智慧学习者元认知体验的解构

一、元认知的本质和构成

（一）元认知概念的精准界定

人类的认知活动展现出不同的层次和深度。注意、知觉、记忆、思维等构成了基础的认知活动，然而，当涉及如何控制这些认知过程，如何有效地学习、思维，以及如何更主动地发展自我时，便触及了更高层次的认知活动。这涉及个体如何对自己的认知过程进行调节和控制。

在20世纪70年代，斯坦福大学教授约翰·弗拉维尔作为美国社会认知发展心理学的先驱，在对儿童思维过程进行深入研究的基础上，为这种更高层次的认知活动引入了一个新概念——元认知。在随后的近30多年里，心理学家围绕元认知展开了广泛的研究，并提出了一系列与之相关的概念，这引起了学者的极大关注，使得元认知逐渐成为认知心理学、发展心理学、教育学和语言学等多个学科的研究焦点。

进入20世纪80年代和90年代初，国内对元认知的研究逐渐增多。特别是北京师范大学的董琦教授和西南师范大学（现西南大学）的张庆林教授，他们在这一领域的研究取得了显著成果，为国内的元认知研究贡献了重要力量。

元认知是"对认知的认知"，是学习者对自身认知活动的积极反思和认知加工过程[①]。在加涅的信息加工模型中，元认知过程是最接近学习

---

① FLAVELL J H. Meracognition and cognitive monitoring: a new area of psychological inquiry [J]. American psychologist, 1979 (3): 906-911.

者长时记忆的过程之一。同时，它也是教学系统设计中不可缺少的组成部分，对远程学习者的学习过程有着非常重要的影响。只有厘清远程学习者元认知作用机制，才能更好地设计在线元认知支持，增强远程教学效果[①]。

（二）元认知的构成要素

关于元认知的组成成分，目前较为流行的有两种看法。巴克（Barker）在1994年提出，元认知成分应该包括两个部分——元认知知识和元认知监控，这种观点被称为元认知结构的二分法。有人反对这一观点，提出了元认知的三分法。我国心理学家认为，元认知成分应该包括三个部分——元认知知识、元认知体验和元认知技能，这种观点被称为元认知结构的三分法。不管是两分法或三分法，构成元认知的各成分之间的关系既是彼此联系的，也是彼此制约的，进而实现了元认知的整体构架。在元认知的各组成部分中，元认知知识能够为元认知活动提供基本的知识背景，元认知体验的功能是保证元认知活动顺利进行的桥梁，而元认知技能则是进行元认知活动必备的基础性条件。

二、元认知体验的概念及特征

（一）元认知体验的概念阐释

元认知体验，即在认知活动过程中，个体对特定情况有所觉察和了解时所产生的认知与情感体验。从性质上看，元认知体验可分为"知"与"不知"两种体验类型。从内容层面分析，它则涵盖了"简单"与"复杂"

---

① LIU H J. The relationship between metacognitive strategies and English reading [J]. Foreign languages and their teaching, 2004, 2（1）: 183-187.

两种体验形式。在层次上，元认知体验不仅包含那些能够被个体明确意识到的体验，还涉及那些潜藏在潜意识中的体验。而从时间的维度来看，元认知体验既可能发生在认知活动之前，也可能在认知活动之中，甚至在认知活动之后产生。举例来说，一个人在进行认知活动前，如果预感到自己可能在此活动中取得成功，进而激发出兴奋与自信的情感，这便是一种发生在认知活动之前的元认知体验。同样，当个体经过努力最终在某项认知活动中取得成功，并由此感受到信心增强，这则属于认知活动后的元认知体验。这些体验不仅丰富了认知过程，也为个体的学习和成长提供了宝贵的情感支持。

根据约翰·M.凯勒（2010）提出的学习动机理论，元认知体验包括专注（学习者的注意力被学习内容所吸引的程度）、兴趣（学习者的学习目标和需求与学习过程中所涉及的内容相符合的程度）、信息（学习者相信自己能在学习过程中表现出色或达到预期目标的程度）、满意（学习者对学习过程感到满足的程度）。

元认知体验通常与个体当前正在进行的认知活动，以及这些活动所取得的或可能取得的进展密切相关。举例来说，个体有时可能会觉得难以将内心的某种感受准确地传达给朋友；有时在阅读和理解学习材料时会突然遇到阻碍，却又难以明确困难；有时在面临看似极其棘手的问题时，一旦开始着手解决，却会发现问题远比预想中容易，之前的种种顾虑似乎显得多余。这些体验都直接关联着个体认知任务的完成情况。

积极的元认知体验能够激发个体对获取新知的渴望，促进思维活动的顺利进行和拓展。同时，它还能从不同角度充分挖掘个体的认知潜能，提高认知加工的速度和有效性，使个体在信息处理时更加得心应手。因此，元认知体验在个体的认知过程中扮演着举足轻重的角色。在个体认知活动的不同阶段，元认知体验的内容呈现出明显的差异。在认知活动初期，元认知体验主要聚焦于任务的难度、熟悉程度及对任务完成可能性的感知；

进入中期，体验则转向对任务进展的觉察，包括遭遇的障碍和面临的困难；而在后期，体验则侧重于任务目标的达成与否、活动的效果与效率，以及任务完成过程中的各种收获。这些体验凸显了元认知活动在个体认知过程中的重要性。

（二）元认知体验的核心特征

元认知体验在激活相关元认知知识方面发挥着关键作用，它使得长时间记忆中的元认知知识与当前的调节活动产生联系。尽管元认知知识为认知活动的调节提供了基础，但它仅仅是一种可能性，并不能直接触发调节过程。而元认知体验正是连接静态元认知知识与动态认知调节过程的关键纽带。可以说，元认知体验是沟通静态知识与动态调节之间的桥梁。

个体对自身认知活动的有效调节，需要通过这座桥梁来获取与当前正在进行中的认知活动相关的信息。通过与自身储存的元认知知识相结合，个体得以更好地调控认知过程，实现高效的认知活动。因此，元认知体验在个体认知调节中扮演着至关重要的角色。

根据上述阐述，元认知知识作为个体长时记忆中存储的陈述性和程序性知识，其存在形式决定了它并不能直接作用于当前的认知活动。只有当这部分知识被激活并转移至短时记忆，即工作记忆中时，它才能为个体所利用。而在这个过程中，元认知体验发挥着至关重要的作用。它能够促使元认知知识的激活，调动记忆库中与之相关的所有元认知知识，将这些知识点从"沉睡"状态"唤醒"，使它们进入工作状态，进而为个体所调用，以调节当前的认知活动。因此，元认知体验在认知过程中不仅扮演了桥梁的角色，而且是激活和调动元认知知识的关键力量。

陈英如（1996）曾指出，主体元认知知识的丰富性、元认知体验的深刻性及元认知监控的能动性,将直接影响主体使用策略的自觉性水平和有效性水平[①]。由此可见,元认知三成分在学习过程中具有同等重要的地位。过去 30 多年来,研究者们鲜有关注元认知体验领域。笔者认为,元认知体验是元认知活动的要素之一,是元认知与认知活动之间的桥梁。

第三节　交互对元认知体验的多维度冲击

在真实学习视域中,智慧学习维度是较为广泛的,从家庭到学校、从企业到公共场所,而无论采用哪种类型,有效的学习都离不开良好的交互。交互是体验的前提,体验是交互的结果。学术界一般将元认知体验分为三个阶段,分别是认知活动初期、中期和后期的元认知体验。在认知活动的初期,主要是关于任务的难度、熟悉程度及对完成任务的把握程度的体验;在认知活动的中期,这种体验主要表现为对当前学习进展的体验和对自己遇到的障碍或者面临困难的体验;进入认知活动后期,主要是关于目标是否达到认知活动的效果、效率如何及关于自己在任务解决过程中的收获等方面的体验[②]。这三个阶段恰好能够解释交互对智慧学习者在进行学习时所经历的元认知体验的变迁(见图 2-3-1)。

---

① 陈英和.认知发展心理学[M].杭州:浙江人民出版社,1996.
② 唐琳妍.试论元认知体验在阅读活动中的作用[J].长沙大学学报,2006(1):156-158.

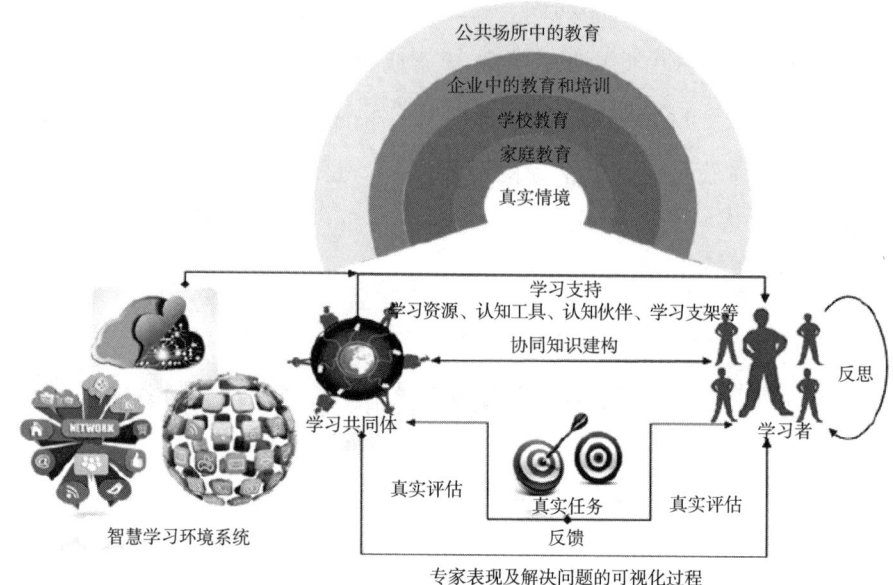

图 2-3-1　真实学习视域中的智慧教育样态图[1]

一、认知前期的交互效应

在认知活动的起始阶段，智慧学习中的交互设计对学习者具有隐性的影响力。例如，通过前导性的短视频或图文介绍，学习者得以提前感受学习内容。这种学习者全参与型的交互形式，使学习者能够调动过去的体验与记忆，对即将进行的学习做出自我判断。这种预判可能激发学习者的兴趣，也可能因感到困难而考虑放弃，但无论如何，它都为学习者提供了丰富的情感体验和认知准备。

---

[1] 刘晓琳，黄荣怀. 从知识走向智慧：真实学习视域中的智慧教育［J］. 中国电化教育，2016（3）：14-20.

二、认知中期的交互深化

进入认知活动的中期阶段,智慧学习中的交互开始对学习者产生显性的影响。学习过程中,交互通过多样化的媒体形式、多元的表现方法及先进的数字技术手段,向学习者全面展示学习内容,并与学习者建立实时的互动与反馈机制。学习者通过这类学习者主导过程型的交互,能够感知自身对学习内容的接受程度,进而产生新的体验。这些新的体验与过去的记忆相互交织,共同构建学习者对自我的全新认知,并指引他们判断是否继续深入这项学习。

三、认知后期的交互反馈

在认知活动的最后阶段,智慧学习中的交互对学习者产生的显性冲击尤为强烈。学习者通过与智慧学习平台进行的交互,如完成学习任务或接受考核评估,来深入了解自身的学习成效。这种学习者主导过程型的交互方式,能够以直观的数据形式向学习者展示学习效果,从而引发强烈的情感反应。学习者可能体验到获取知识的喜悦,也可能感受到尚未掌握知识的紧迫感。这些情感反应将作为重要的指引,帮助学习者决定是继续深入学习、结束当前阶段的学习,还是选择重新学习。

本章小结

本章开篇便对智慧学习中交互的内涵进行了详尽而深入的梳理。从国内外相关交互理论的探讨出发,我们为交互赋予了全新的定义,并深入挖掘了其内在的精髓。交互，作为一种复杂而多元的过程，在智慧学习中扮演着举足轻重的角色。通过对其耦合场结构、种类和程度的细致解构，我们得以更全面地理解交互在智慧学习中的运作机制。

在理解交互的基础上，本章进一步从智慧学习者的角度出发，深入探讨了元认知体验的相关概念和要素。元认知体验作为学习者在认知过程中的自我觉察与反思，对学习效果的提升具有重要意义。通过对元认知体验的细致分析，我们得以窥见学习者在智慧学习中的心理状态和认知过程。

紧接着，本章将交互与元认知体验相结合，生成了第三部分的讨论重点，即交互对智慧学习者元认知体验的冲击。通过对认知前期、中期和后期三个阶段的深入剖析，我们得以一窥交互在学习者认知过程中所产生的深远影响。在认知前期，交互设计能够带给学习者隐性的冲击，激发他们的学习兴趣和动力；在认知中期，交互则能够实时反馈学习者的学习状态，帮助他们调整学习策略；而在认知后期，交互则以直观的数据形式向学习者展示学习效果，促使他们产生强烈的情感体验。

综上所述，交互在智慧学习中对学习者的冲击是至关重要的。这种由交互引发的刺激不仅能够丰富学习者的元认知体验，还能够促进他们知识的获取和能力的提升。因此，在智慧学习的实践中，我们应充分重视交互的作用，利用其优势为学习者创造更加高效、有趣的学习体验。

第三章
智慧学习交互体验的实证研究与边界拓展

第一节 主观视角下的交互设计对元认知体验影响调查

一、目的与原则

（一）调查目的：洞悉交互设计对元认知体验的主观影响

智慧学习作为教育领域的重要模态，已展现出未来教育的发展趋势。然而，目前的智慧学习体系仍处在不断探索与完善的阶段，其智慧性特质尚未得到充分体现，数字交互技术与设计的应用效果亦有待提升。尽管之前已有相关的调查研究，但这些研究视角往往过于宽泛，对数字交互与学习者元认知体验之间的关系缺乏系统性和全面性的探讨，因此所得结论的说服力相对有限。为了深入挖掘交互与元认知体验之间的内在联系，并为交互体验边界的研究提供坚实的数据支撑，本书计划从交互对学习者体验效果影响的角度出发，设计一份问卷。通过这份问卷，我们期望能够收集到关于当前智慧学习中交互问题的反馈，了解学习者对于理想交互状态的期待，从而为交互体验边界的研究打下坚实基础。

（二）调查问卷设计原则：确保调查的有效性与准确性

本次调查问卷的设计遵循以下原则：首先，确保所有调查对象都能轻松理解问卷题目，避免使用过于专业的术语或复杂表述，让问题更加接地气，易于回答；其次，对于可能产生误读或不易理解的专业名词，进行适当的调整，确保调查对象能够准确理解问题的意图，并与其实际生活和学习经验相匹配；再次，考虑到体验效果衡量的主观性，为了获取更为真实的数据，采用技巧性地在多道题目中反复提问重点问题，以确保数据的准确性；最后，在设计选项时采用五度选项的方式，能够较为精确地划分体验的等级，从而实现对体验效果的精准测量。通过遵循这些原则，本次调查问卷旨在收集准确、可靠的数据，为后续的研究提供有力的支持。

二、调查实施过程概述

通过以上的分析，根据问卷的设计原则，本研究拟定了64道题目。为了凸显以学习者为核心的视角，本研究将调查问卷的属性设置为开放性。问卷（见附录4）的内容包括四部分：一是关于被调查者的基本信息；二是关于学习者在智慧学习中如何感知自我身份的相关问题；三是关于学习者如何融入智慧学习氛围的相关问题；四是关于学习者在智慧学习中如何实现自我突破的相关问题。

本次问卷调查的途径包括：通过问卷星平台发布问卷及纸质媒介的方式发放调查问卷。本次调查分为两个阶段进行，第一阶段从2023年1月1日至2023年6月30日，以陕西省内本科高校学生为主要调查对象，第二阶段从2023年7月1日至12月30日，以国内其他省份本科高校学生为主要调查对象。在问卷的宣传方面，笔者一方面通过熟识的高校教师、辅导员、学生干部帮助宣传；另一方面，将问卷发放到微信朋友圈和QQ群，请朋友帮助多角度扩散。第一阶段回收问卷125份，第二阶段回收问卷205份，共计330份问卷，其中有效问卷311份（有效率为94.2%）。

三、调查结果深度剖析

本次调查成功地从多个层次、专业和类型等角度，全面收集了智慧学习的主要使用者——学生，对于智慧学习的认识、需求及使用情况，为揭示其中存在的问题提供了有力的数据支持。笔者通过对调查对象的基本情况进行整合，得出了以下汇总数据。

在被调查者所在高校的办学层次方面，超过90%的调查者来自普通本科院校，而2%来自普通专科院校，其中20%的调查者就读于"211院校"。

从地域分布来看，311位调查者覆盖了北京、陕西、黑龙江、江西、南京、山东、江苏、重庆等全国10个省（市），其中陕西的调查者数量最多，达到109位，黑龙江和北京分别为77位和43位，江苏和江西各有23位，其他省份的调查者数量均少于10位（见图3-1-1）。

在学历方面，88.1%的调查者为本科生，硕士生占比11%，而博士生不到1%。从年龄分布来看，15—20岁的调查者占比最高，达到70.74%，其次是21—25岁的占21.86%，26—30岁的占3.54%，而30岁以上的不足10%。性别方面，女性调查者占64.95%，男性占35.05%。在专业背景方面，艺术类专业调查者占比60.4%，他们对于交互设计和体验的分析能力较强；其余调查者涵盖了经济学、理学、工学、管理学等多个领域，对于交互技术的分析能力也相对出色。

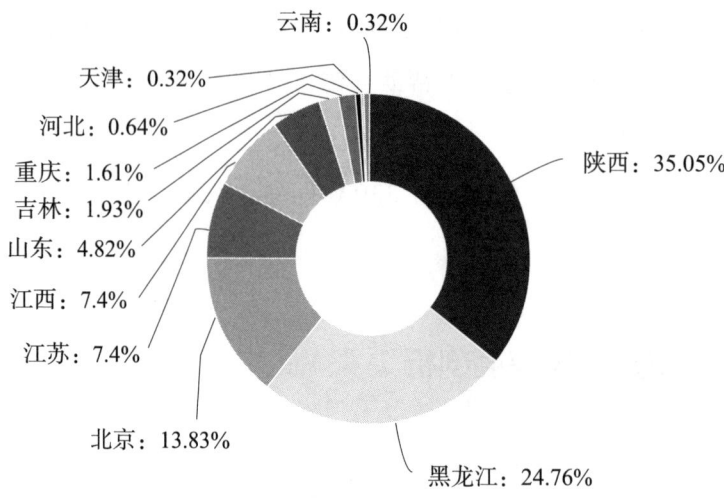

图 3-1-1　调查问卷来源地理位置分布图

（一）数据统计分析基础：标准差与信息价值挖掘

对问卷中其他有关智慧学习的信息进行整合与分析，剔除一些偏离主题或者重复的信息，采用 SPSS 软件对变量进行描述性统计分析，得到问卷中各问题的极大值、极小值、均值和标准差，能够看到被调查者对于大部分问题的态度与看法相似[①]，符合正态分布的估计要求，说明问卷题目的设置较为合理。

信度（reliability）的测量是使用量化的计算方法来判断变量选择的正确性，进而避免因主观判断所导致的数据不合理，从而呈现出调查的可靠性。如果在测试中经过多次测量所得的结果相近，则说明该数据的信度高，较为可靠；否则说明数据的信度低，不可靠。为了证明本次主观调查的可靠性，将采用 SPSS 软件，采用广泛的克伦巴赫 α 系数（Cronbach's α）法对变量进行测量，测量结果为：信度系数为 0.918，大于 0.90（见表 3-1-1）。参照

---

① 标准差代表调查者认知的相似性，数值越小看法越相似，数值越大看法差异越大。

信度系数评判标准，得到该调查问卷的可靠性很好，是一份信度高的问卷。

表3-1-1　信度系数评判标准

信度系数	评判标准
>0.90	很好
0.80~0.90	较好
0.70~0.80	基本良好
0.60~0.70	基本可以接受
<0.60	不能接受

（二）多维度交叉分析

对数据进行交叉分析，从学习者对智慧媒体的基本认识、智慧学习交互现状和学习者对交互体验的要求三个方面来梳理，得出以下结论。

1. 智慧媒体认知现状：学习者认知深度与设备普及度面临的双重挑战

（1）认知浅显：多数学习者对数字交互媒体认知不足

智慧学习的实施离不开数字交互媒体与学习者的紧密联系。为此，在问卷中专门设计了一系列问题，以深入了解当前学习者对于数字交互媒体的认知和感受。调查结果显示，有高达85.85%的被调查者在学习中惯使用智能手机，而77.17%则倾向于使用电脑。此外，大约26.69%的被调查者表示他们也会使用iPad或其他类型的媒体终端（见图3-1-2）。这是一道多选题，因此可以推断出被调查者往往是多种媒体终端同时使用，上述数据反映了他们使用这些媒体终端的频繁程度。

通过进一步分析还发现，男性在学习中使用电脑和智能手机的比例大致相当，而女性则在两者间更偏好使用智能手机（见图3-1-3）。这一发现表明，智慧学习的传播媒介已经深度依赖当下流行的数字化媒体终端。因此，将电脑端的 Web 版学习平台与智能手机上的 App 版学习平台进行有效关联显得尤为重要，这不仅是满足学习者需求的必要措施，也是智慧学习发展的必然趋势。

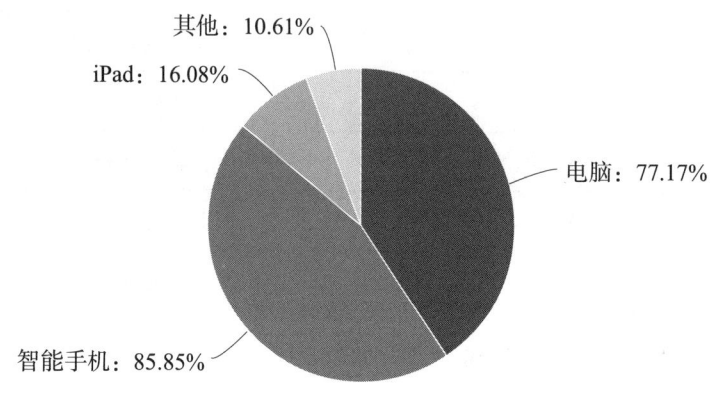

图 3-1-2　学习者选择使用的媒体终端情况

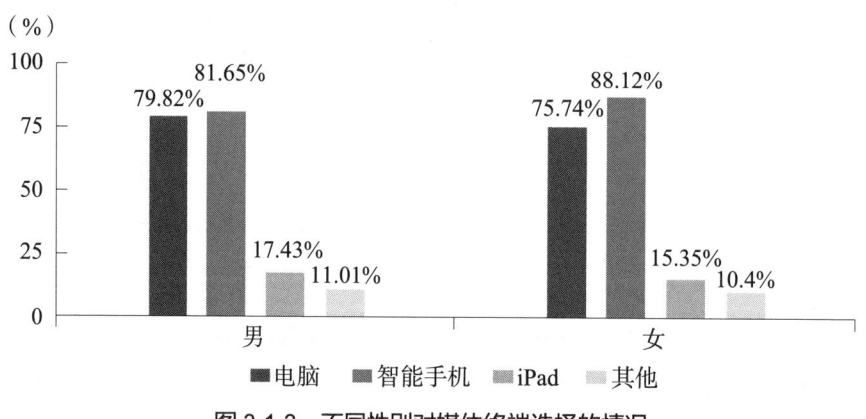

图 3-1-3　不同性别对媒体终端选择的情况

为了深入了解被调查者在智慧学习过程中对哪些交互内容更感兴趣，问卷中设置了相关问题。结果显示，视频教学以 70.1% 的得票率高居榜首，成为被调查者最感兴趣的交互内容。紧随其后的是在线视频互动，占到了 51.13% 的比例。动画教学和文本资料分享分别以 49.52% 和 46.62% 的得票率位列第三和第四。虚拟现实功能、与社交网络绑定及增强现实功能则分别以 32.8%、31.51% 和 29.58% 的比例排在后三位（见图 3-1-4）。值得注意的是，讨论区虽然也是一项交互内容，但仅有 27.01% 的被调查者表示对此感兴趣。

这些数据反映出，在当前的智慧学习环境中，学习者仍主要依赖视频教学和文本资料分享等传统远程教育方式获取知识。而虚拟现实、增强现实和实时在线互动等新型交互方式，虽然具有巨大的潜力，但由于在智慧学习平台中的普及程度和应用深度尚不足，因此被调查者对这些方式的选择相对较少。

进一步对在线视频互动、虚拟现实功能和增强现实功能这三个选项进行交叉分析发现，选择这些选项的群体主要集中在数字媒体艺术和动画专业。这可能是由于这些专业的学生在学习过程中对这些数字交互技术有较为深入的了解和实践经验，而其他专业的学生对这些交互技术的选择则相对较少，这表明大部分学习者可能尚未体验过这些沉浸式交互方式，因此缺乏相应的了解和体验。

综上所述，尽管新型交互技术在智慧学习中具有巨大的应用前景，但目前其在智慧学习平台中的普及和应用程度仍有待提高。为了更好地满足学习者的需求，智慧学习平台应进一步加强对这些技术的研发和应用，以提供更丰富、更沉浸式的学习体验。

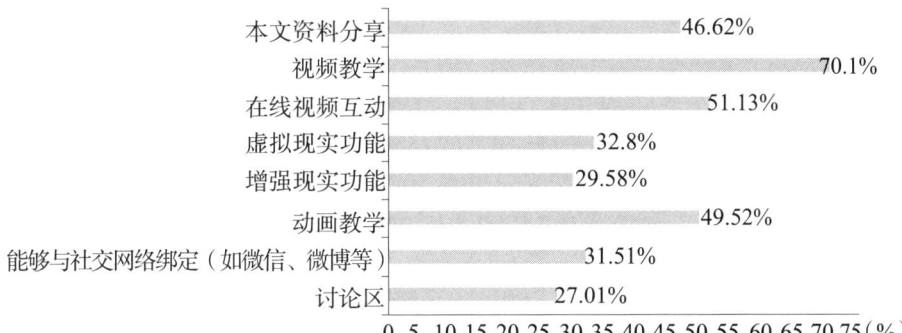

图 3-1-4　智慧学习平台中能够引起学习兴趣的交互内容

为了深入探究学习者对交互技术的感性认知，本次调查特别设计了两道交叉分析题目："使用媒体终端时能够提升我的学习兴趣"和"如果将新的数字交互技术运用到网络学习平台上，我会更喜欢网络学习"。这两道题目均采用量表形式，将感性认识划分为五个等级，分别赋予不同分值。其中，"非常同意"为最低分值1，"非常不同意"为最高分值5。通过交叉统计分析，我们得到了以下结果（见表3-1-2）：那些认为数字媒体终端能够提升学习兴趣的被调查者，往往对交互技术在学习中的重要性给予更高的认可；相反，对于那些认为数字媒体终端无法提升学习兴趣的被调查者，他们通常对交互技术在学习中的应用持怀疑态度。值得注意的是，大部分被调查者对于这两道题目的感知处于中立状态，既没有对数字媒体终端的使用表现出明显的倾向，也对交互技术的运用持中立态度。

这种现象可能反映了当前大部分学习者在传统课堂学习与网络学习之间的纠结心态。一方面，他们受到传统课堂学习模式的束缚，难以适应新型学习方式；另一方面，由于网络学习的体验不佳，他们对新技术、新媒体引入学习的态度相对滞后。因此，如何打破这种束缚、提升网络学习的体验，成为当前智慧学习领域亟待解决的问题。

表3-1-2 交叉分析表

终端能提升兴趣	交互技术对学习很重要					小计	平均分
	非常同意	同意	中立	不同意	非常不同意		
非常同意	33（42.86%）	19（24.68%）	19（24.68%）	3（3.9%）	3（3.9%）	77	2.01
同意	7（16.67%）	20（47.62%）	15（35.71%）	0（0%）	0（0%）	42	2.19
中立	6（5.83%）	25（24.27%）	67（65.05%）	3（2.91%）	2（1.94%）	103	2.71
不同意	2（7.14%）	7（25%）	17（60.71%）	2（7.14%）	0（0%）	28	2.68

续表

终端能提升兴趣	交互技术对学习很重要					小计	平均分
	非常同意	同意	中立	不同意	非常不同意		
非常不同意	19（31.15%）	11（18.03%）	20（32.79%）	2（3.28%）	9（14.75%）	61	2.52

对题目"使用媒体终端时能够提升我的学习兴趣"与题目"与传统的线下面对面教学相比，我认为智慧学习具有以下优点"中的"互动的方式能够提升我的学习效果"和"网络教学工具丰富，有利于对知识的理解"两个选项进行交叉分析，结果揭示了数字终端认可程度对交互方式及网络教学工具认可度的影响。分析显示，学习者对于"互动的方式能够提升我的学习效果"这一选项的满意度相对较高。然而，对于"网络教学工具丰富，有利于知识的理解"这一选项，学习者的感受多集中于中立状态，这反映出当前智慧学习中的网络教学工具与学习内容之间的契合度尚显不足。这一发现提示我们，在推进智慧学习的过程中，除了关注互动方式的提升，还应更加重视网络教学工具与学习内容的深度融合，以进一步提升学习者的学习效果和体验。

（2）设备局限：普及度与高层次应用双重缺失

通过对问卷中的"学历"与"我曾使用过下列哪些数字交互设备进行学习"两个题目进行交叉分析，可以洞察不同学历层次学习者在智慧学习中对数字交互设备的使用情况（图3-1-5）。分析结果显示，学士和硕士（包括博士）学历层次的学习者中，超过80%均使用过电脑和智能手机进行学习。然而，在虚拟现实设备、增强现实设备及其他智能交互设备的使用上，学士层次的学习者使用率仅为硕士的一半。这一现象表明，学历层次越高，学习者对数字交互设备的了解程度越深，使用的机会也相应增多。然而，从整个智慧学习群体的角度来看，数字交互设备的普及程度仍然较低，且高层次的数字交互设备使用相对较少。因此，在推进智慧学习的过程中，需要进一步提升数字交互设备的普及率，并加强对高层次数字交互设备的学习和应用。

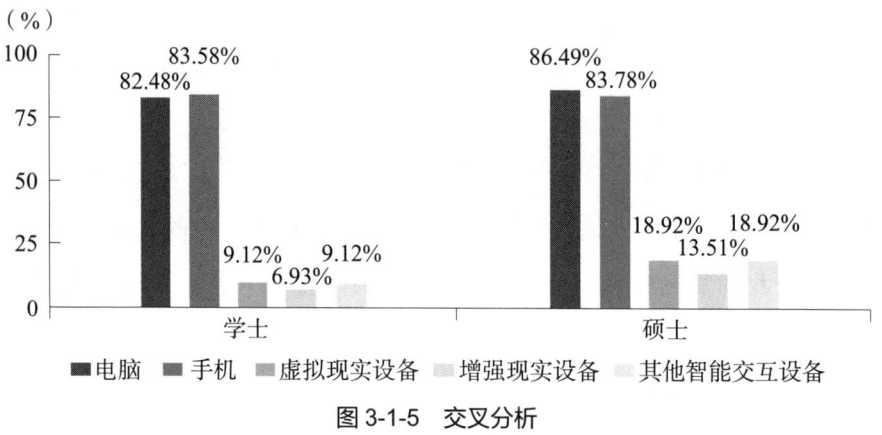

图 3-1-5　交叉分析

2. 交互体验现状反思：注意力、体验性与社交融入困境

（1）注意力分散：数字交互难以有效吸引学习者注意

对于数字交互是否能够有效吸引学习者的注意力这一问题，它实际上是一个高度感性的议题，且极易受到答题时环境因素的影响。因此，在测量这一问题时，采用了反复式、语句调换式及时间间隔式等多种采样方式，以确保数据的准确性。问卷中设计了三个量化型的题目，即"使用数字媒体终端时能够提升我的学习兴趣"、"使用数字媒体终端会分散我的学习注意力"，以及"在虚拟环境下学习能够激发我的学习动机"（见表 3-1-3、表 3-1-4、表 3-1-5）。随着互联网和移动互联网的广泛普及，以及智能化设备与算法在学习领域的不断推广，原本预期数字交互功能与界面的设计和技术会对学习者产生强烈的吸引力。然而，根据调查问卷的反馈来看，实际情况并非如此。在这三个题目中，被调查者的最高计数选项均为"中立"，这一结果在设计问卷之初是未曾预料到的。

这一现象表明，目前智慧学习中的数字交互并未形成其独特的吸引力，更未进化到不可替代的地步。它的尴尬地位就像是在 4G 时代仍然使用 2G 手机一样，虽然能用，但体验不佳，难以令人产生强烈的使用意愿。这一结果无疑促使专业人士进行深入反思：智慧学习的交互设计究竟应该如何进行，才能真正融入学习者的学习与生活之中，成为学习过程中不可或缺、备受期待的重要一环。

表3-1-3 使用媒体终端时能够提升我的学习兴趣

选项	小计	比例
非常同意	77	24.76%
同意	42	13.5%
中立	103	33.12%
不同意	28	9%
非常不同意	61	19.61%
本题有效填写人次	311	

表3-1-4 使用媒体终端会分散我的学习注意力

选项	小计	比例
非常同意	36	11.58%
同意	41	13.18%
中立	128	41.16%
不同意	46	14.79%
非常不同意	60	19.29%
本题有效填写人次	311	

表3-1-5 在网络学习平台上学习能够激发我的学习动机

选项	小计	比例
非常同意	63	20.26%
同意	68	21.86%
中立	134	43.09%
不同意	28	9%
非常不同意	18	5.79%
本题有效填写人次	311	

（2）体验性不足：交互设计缺乏深度体验

能够深度激发学习者兴趣并持续激励其达成学习目标的数字交互，应是一种潜移默化且令人愉悦的体验。在这种体验中，学习者往往会沉浸其中，忘却时间的流逝，甚至超越空间的界限，达到忘我的境地。为了评估当前智慧学习中数字交互的体验效果，问卷特别设计了以下四个直接相关的题目："通过网络或移动互联网进行学习时，我有身临其境的感觉"、"我希望在学习时有身临其境的体验"、"通过网络或移动互联网进行学习时，我会忘记时间的存在"，以及"我觉得在学习过程中达到忘我的状态有利于知识的学习"。

根据收集到的数据反馈，大部分学习者在智慧学习的过程中对于身临其境的感受相对陌生。尽管偶尔会有忘记时间的情况发生，但他们普遍表达出对于身临其境或忘我学习状态的强烈渴望。对于身临其境感受的陌生，主要源于当前互联网和移动互联网所提供的学习平台在交互功能和设计上缺乏全感知、沉浸式的体验，因此难以真正让学习者身临其境。

这一发现提示我们，为了提升学习者的学习体验和学习效果，智慧学习平台需要进一步加强在数字交互技术和设计上的创新与投入，以打造更加沉浸式、感知全面的学习环境，让学习者能够真正沉浸其中，享受学习的乐趣。

（3）社交融入难题：学习者间交互设计缺乏存在感

在智慧学习的领域中，人机交互设计的重要性不言而喻，但是通过媒介实现的人与人之间的交互同样至关重要。特别是对于自主学习能力稍逊的学习者来说，给予他们一定的社会存在感是极其必要的。社会不仅由规则构成，还是由复杂的人际关系编织而成的。因此，在智慧学习中，精心设计学习者之间的交互过程、功能与界面，将为他们带来更为真实、更具活力的学习体验。

问卷中设置了相关题目，旨在探究学习者在智慧学习环境中与好友共同学习时的感受。结果显示，对于"智慧学习时，如果我和好朋友在同一门课程中学习与互动，我会觉得彼此很陌生"及"智慧学习时，如果我和好朋友在同一门课程中学习与互动，我会觉得彼此存在竞争关系"这两个问题，被调查者的回答普遍倾向于"中立"。这表明，在智慧学习的环境中，学习者之间的交互往往显得平淡乏味，既缺乏亲切感，也缺乏竞争氛围。

这种现象在各大网络学习平台的"讨论区"功能模块中尤为普遍。学习者往往只是为了完成学分或学习任务，按照课程要求机械地在"讨论区"发表观点，缺乏真正的交流与学习共鸣。班级大家庭的存在感在这样的交互设计中难以体现。深入分析其根本原因，除了学习者自身受到传统网络学习思维局限的影响，更凸显出当前学习者之间的交互设计难以激发学习者的存在感，使他们难以全身心地投入共同学习的环境中。

（4）智慧学习的课程涉猎范围较广

当前，智慧学习主要以网络在线学习平台的形式呈现。问卷调查结果显示，高达67.2%的被调查者利用这些平台辅助发展兴趣爱好和特长，如美术、英语、舞蹈等；66.88%的被调查者选择使用平台进行课外辅导；而

61.41%则通过平台学习其他技能。此外，也有部分学习者仅仅是对相关网站或其他资源进行了初步了解（见图3-1-6）。这些数据充分展示了智慧学习平台为学习者提供的广泛选择范围。

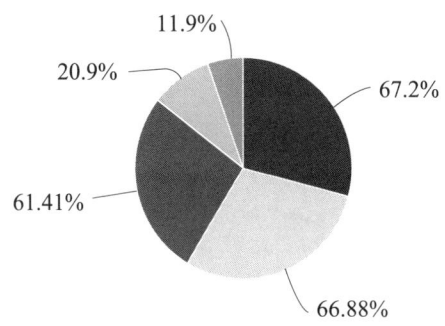

■兴趣爱好特长类辅导（如美术、英语、舞蹈等）　■学科课外辅导
■学习其他技能　■只是想了解一下相关网站　■其他

图3-1-6　题目"我使用网络学习是为了拓展以下方面的知识"的反馈数据

以国内高校广泛使用的尔雅学习平台为例，该平台将课程精心划分为综合素养、通用能力、创新创业、成长基础、公共必修、个人发展等六个板块，内容丰富多彩（见图3-1-7）。其中，综合素养类涵盖了文明起源与历史演变、人类思想与自我认知、文学修养与艺术鉴赏、科学发现与技术革新、经济活动与社会管理、国学经典与文化传承等六大模块，为学习者提供了多样化的学习路径和选择。这种分类细致、内容丰富的设计，使得智慧学习平台能够更好地满足学习者的个性化需求，促进学习者的全面发展。

（5）智慧学习交互类型较为局限

目前，智慧学习的交互类型集中为两种人际交互，即教师与学生之间的交互、学生与学生之间的交互（见图3-1-8）。人机交互，如学生与智能平台的交互（如大数据的测算、对个人兴趣爱好的预估等）仍然处于被学习者漠视的状态。

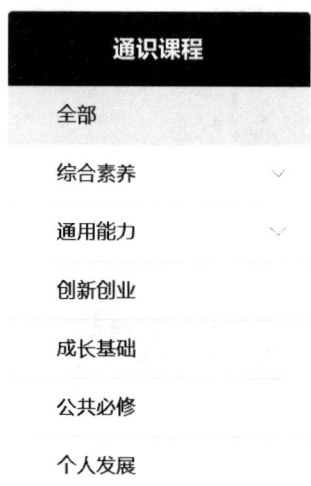

图 3-1-7　尔雅通识课程学习平台中综合素养课程板块分类

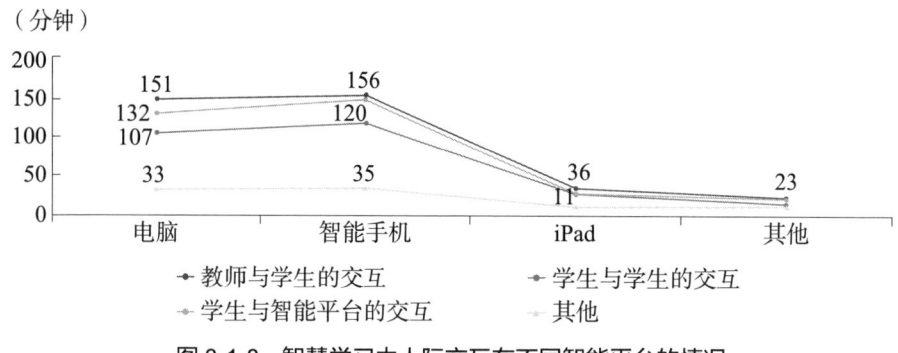

图 3-1-8　智慧学习中人际交互在不同智能平台的情况

3. 学习者对交互体验的期望与反馈：融合性、重要性与改进需求

（1）明确需求：学习者对交互体验有明确期望

首先，学习者希望在智慧学习的过程中能够体验到身临其境或者忘我的感受。问卷中设计题目——"我希望在学习时有身临其境的体验"和"我觉得在学习过程中达到忘我的状态有利于知识的学习"，对其进行交叉分析，得到结论，即被调查者对上述体验的期望值较高。

其次，在智慧学习的环境中，学习者普遍表现出与其他学习者进行在线交流的强烈意愿。问卷中特别设计了一个量表型问题——"智慧学习中，我喜欢同其他学习者在线交流"，并将这一问题的答案与性别进行了交叉统计。通过生成的雷达图可以清晰地看到，无论是男性学习者还是女性学习者，都展现出了对在线交流的积极态度，他们要么主动喜欢这种交流方式，要么至少能够接受并参与到其中。这一发现进一步强调了在线交流在智慧学习中的重要性和必要性（见图3-1-9）。

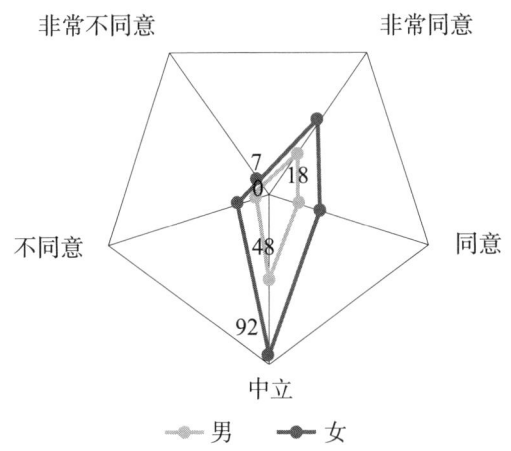

图3-1-9　学习者是否喜欢在智慧平台上与其他人在线交流

最后，学习者期望通过交互获得对自我价值的反馈。问卷中特别设计了两个问题——"智慧学习中，我曾经历过被其他学习者关注或点赞"及"智慧学习中，我希望自己被其他学习者关注或点赞"，并对这两个问题的答案进行了交叉分析。如图3-1-10所示，极少数被调查者表示从未经历过被其他学习者关注或点赞，同时也并不期待得到这种关注或点赞。然而，大部分被调查者对于这种能够展现自我价值的交互反馈表现出了极大的热情。

同时，仍有一部分被调查者表示从未考虑过这个问题。这反映了智慧学习平台在相关功能与应用的设计上可能不够突出，未能与学习者的学习过程紧密结合，因此难以引起学习者的关注。为了提高学习者的参与度和满意度，智慧学习平台应进一步优化这些功能，使其更加醒目、易用，并与学习过程更加紧密地联系在一起。

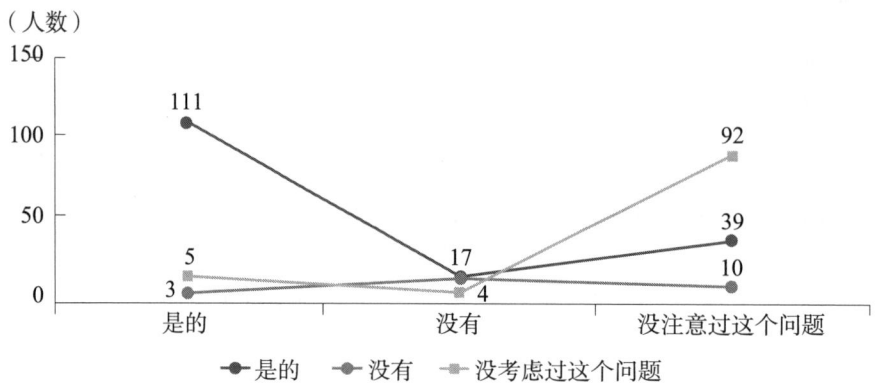

图 3-1-10　智慧学习中学习者是否希望自己被其他学习者关注或点赞

（2）重要性凸显：数字交互设计在学习过程中的关键作用

问卷中包含了一个重要的问题："智慧学习中，我是否会按照课程设计的流程进行学习"。在受访者中，有 57.88% 的受访者明确表示会按照课程设计的流程进行学习，而 37.62% 的受访者则选择根据自己的兴趣自主选择学习进度，另有 13.83% 的受访者表示从未考虑过这个问题。这一数据揭示了一个有趣的现象：尽管有超过四成的自主学习能力较强的学习者倾向于根据个人兴趣选择学习进度，但大多数学习者仍倾向于遵循智慧学习平台设计的流程进行学习，或者在不自觉中跟随预设的学习路径。

这一发现凸显了交互设计在学习过程中的重要性。无论是显性的方式还是隐性的方式，交互设计都在很大程度上会影响学习者的学习效果。当进一步探讨数字技术产品在学习中的作用时，对于问题"当老师使用数字技术产品时，我能更加集中精力于课堂"的反馈显示，仅有不到 14% 的被调查者对此持反对态度。这充分说明，数字技术产品对于引导学习者的注意力具有至关重要的作用。因此，在智慧学习的设计和实施中，应充分重视数字技术产品和交互设计的潜力，以优化学习者的学习体验和提升学习效果。

通过 BosonNLP 软件对问题"你是否认为在课堂中用数字交互技术能让你在课堂中有更多的收获和更好的表现？为什么？"的文本答案进行深入的情感分析，结果揭示被调查者对数字交互技术持有正面、积极、肯定的态度。具体而言，正面指数高达 0.9948，而负面指数仅为 0.0052，这一数据对比鲜明地展现了被调查者的积极看法（见图 3-1-11）。

通过进一步对文本答案进行关键词提取，我们发现"是的""注意力""兴趣""方便""交互""有趣""丰富"等词汇频繁出现（见表 3-1-6）。这些关键词不仅凸显了被调查者对数字交互技术的重视与认可，还展现了他们在实际使用中的真切感受。被调查者普遍认为，数字交互技术能够有效地吸引他们的注意力，激发学习兴趣，同时使得学习过程变得更加方便和高效。此外，交互式的学习方式也让他们觉得课堂内容更加有趣和丰富，从而有助于提升学习效果和表现。

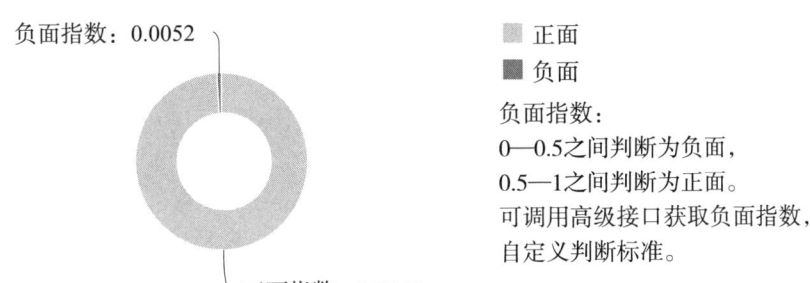

图 3-1-11　情感分析

表 3-1-6　关键词提取

名称	权重	名称	权重	名称	权重
是的	50	兴趣	19	辅助	13
学习	36	可以	18	认为	12
是是	25	知识	17	有趣	12
注意力	23	方便	15	集中	12
课堂	21	交互	15	丰富	11

（3）融合性不足：交互设计与学习内容亟待深度融合

数字交互设备、技术和设计在智慧学习中的地位无可替代，然而经过深入分析，发现被调查者对于这些交互元素表现出明显的不了解、不在意和缺乏感知。这一现象揭示出交互与学习内容的整合设计存在显著不足。问卷中特别选取了学习者日常能够接触到的数字交互设备——交互式白板，并通过播放视频的情境，来评估学习者对于交互与学习内容融合程度的看法（见表3-1-7）。然而，令人遗憾的是，数据显示近半数的被调查者对于这一问题缺乏深入思考。这可能是交互与学习内容的融合程度过浅或设计不够贴切，导致学习者难以深刻体验并感知到二者深度融合所带来的学习效果。

表3-1-7 交互式白板与相关知识背景介绍、相关问题的提出之间存在正相关关系

选项	小计	比例	选项	小计	比例
非常同意	57	18.33%	非常同意	49	15.76%
同意	59	18.97%	同意	55	17.68%
中立	141	45.34%	中立	152	48.87
不同意	37	11.9%	不同意	37	11.9%
非常不同意	17	5.47%	非常不同意	18	5.79%
本题有效填写人次	311		本题有效填写人次	311	

问卷中设置了关于教师对数字交互技术使用频率及课堂上播放内容相关性的题目。调查结果显示，被调查者的态度主要集中在"中立"这一选项上。这种"中立"的态度看似缺乏明确的立场，实则可能隐藏着潜在的不满情绪。因为"中立"并不是真正的无态度，它更多地体现了一种稳定性，即被调查者对于当前的情况既不完全赞同也不完全反对，但也没有强烈的情感倾向。

这种不置可否的态度，对于智慧学习的发展来说，却是一个需要突破的边界。正因为被调查者没有表现出明显的积极或消极态度，才意味着存在进一步改进和优化的空间。因此，本书的研究重点正是针对这种潜在的不满和稳定性态度，探讨如何有效地突围，提升学习者对数字交互技术的接受度和满意度，从而实现智慧学习更高质量发展。

四、调查结果讨论

根据前一节的数据交叉分析，问卷设计之初的三个问题已得到较为有力的回答。以下是对这些问题的深入探讨。

（1）真我感知困境：身份认同与自我感知的模糊地带

在当前的智慧学习环境中，学习者容易在网络虚拟身份与真实自我之间产生疏离感。相较于传统的课堂教学，这种学习模式在自我认知层面造成了一定的缺失。在学习过程中，学习者往往难以将自身的真实情感与虚拟身份完全融合，导致对虚拟环境中的自我身份感知不足。这种真我感知的缺失，进一步影响了学习者在智慧学习中的专注度和投入度。

（2）沉浸感知受阻：学习氛围与社交互动的隔阂

在智慧学习生态中，学习者往往难以达到传统面对面教学中那种深度沉浸的学习状态。由于网络环境的视知觉干扰和其他因素的影响，学习者可能感到与老师、同学之间的情感联系减弱，学习过程缺乏代入感。这种沉浸感知的缺失，不仅削弱了学习者的学习体验，还可能影响他们的学习信心和忠诚度。

（3）成长感知瓶颈：自我突破与持续发展的限制

在当前的智慧学习环境中，学习者难以有效地感知自身的成长和进步。传统的分数评价方式虽然客观，但缺乏形象化的反馈，无法让学习者直观地感受到自己在心智、学习认知和团队互助等方面的提升。这种成长感知的缺失，使得学习者难以获得游戏般的进阶体验，从而降低了他们自我突破的动力。

综上所述，智慧学习环境中存在的真我感知、沉浸感知和成长感知的缺失问题，是当前需要关注和解决的重要课题。只有通过不断优化学习环境、提升学习体验，才能真正激发学习者的潜能，实现智慧学习的最大价值。

第二节 真我–共我–新我：交互体验边界的创新构建

一、V&R 边界探索：虚拟与现实的交织——真我感知的边界挑战

V&R（Virtualality & Reality，虚拟与现实）交互体验边界，是在由数字交互技术创建的虚拟空间、碎片化时序的智慧学习生态下，实现多源教学信息融合、交互式的教学行为和学习行为仿真的教育功能，使学习者在该环境中感受到自己真实存在且参与其中，是学习者"真实的我"与"虚拟的我"交汇的地方，是通过数字交互设计实现多种交互样式的地域。当下的智慧学习中，数字交互的不力导致学习者的真我感知受阻，形成 V&R 交互体验边界。

二、E&O 边界透视：自我与外界的碰撞——共我感知的边界重塑

E&O（Ego & Outside，自我与外界）交互体验边界，是在由数字交互技术创建的共同学习或个人自主适应性学习的智慧学习环境里，数字交互设计为学习者提供感官体验和认知体验，使学习者在交互行为中不由自主地与学习环境相融合，移情于他物，沉浸式地将知识的认知、活动的参与、情感的调节均通过交互体验转移到自我本身，实现物我统一，即"共我"。这是学习者自我体验与外界因素交汇的地方，是通过数字交互设计可以实

现多种交互样式的地域。当下的智慧学习中，数字交互的不力导致学习者的共我感知受阻，形成 E&O 交互体验边界。

三、N&A 边界展望：现在与未来的跨越——新我感知的边界拓展

N&A（Now & Afterwards，现在与将来）交互体验边界，是在由数字交互技术创建的虚拟时序下，学习者通过教学交互行为实现从"当下的自我"到"可能的自我"，从"可能的自我"到"全新的自我"的自我生长、自我更新的过程。这是学习者"新我"与"旧我"交汇的地方，是通过数字交互设计可以实现多种交互样式的地域。当下的智慧学习中，数字交互的不力导致学习者的新我感知受阻，形成 N&A 交互体验边界。

四、边界内涵深入解读：促进全面认知体验的理解与深化

智慧学习中的数字交互设计从本质上来说都是为了提高学习者的体验，从而提升学习的有效性。多种交互技术在学习交互的过程中能够起到不同的作用，即交互体验边界的触发点集，能够辅助学习者跨越交互体验边界，实现学习的意义。根据智慧学习过程中可能会使用到的交互技术，本章将学习者的体验状态进行划分（见图 3-2-1）。

将一个正方形四个顶点分别设为学习者、真我、共我、新我，即学习者的不同体验状态。再取每条边的中点，两两连接，形成交互体验边界，将四个顶点彼此分离。通过上述的绘制，可以确定出 7 个区域，每个区域代表了一种数字交互技术。A 代表组织与重构技术，B 代表学习分析技术，C 代表环境感知技术，D 代表教学评价技术，E 代表学习支持技术，F 代表

动态跟踪技术，G 代表情景感知学习适应技术。A 是智慧学习教学交互中的基本交互技术，包括学习对象、语义 Web 和本体等技术，对于学习者体验的影响基于底层水平，故将其放置于靠近学习者一侧的区域。B、C、D 分别能够对学习者在交互后产生的交互数据进行分析与反馈，是影响学习者体验的中层水平，故将其放置于中间偏向 A 一侧的区域。E、F 能够对正在进行交互的学习者基于学习支持与动态跟踪，与用户体验产生更加直接的关系，故将其放置于中间远离 A 一侧的区域。G 能够通过人工智能、传感器、自动推理等相关技术为学习者提供智能化的指导与建议，是智慧学习的最高阶阶段，也是与用户体验产生关系最为密切的一类技术，故将其放置于与真我、共我、新我平均距离最近的区域。

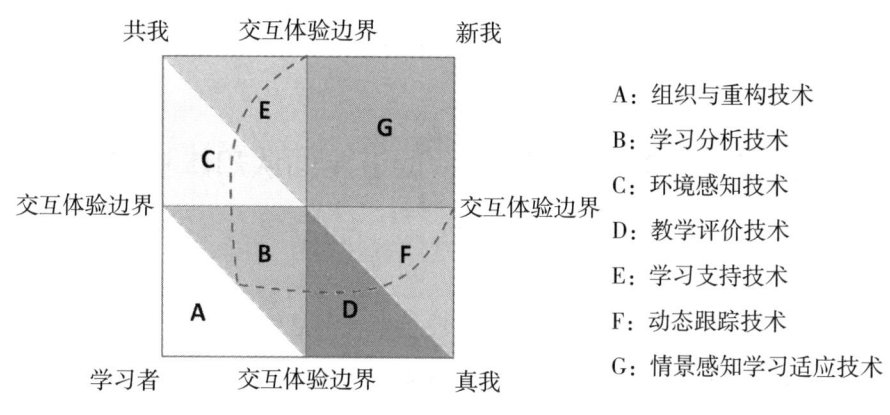

图 3-2-1　交互体验边界与数字交互技术关系示意图①

通过各类技术对学习者元认知体验贡献的大小进行区域分界，越远离学习者的区域贡献越大，越为显性，图 3-2-1 中用虚线勾勒出了这样一块区域，包含所有的交互技术类型，同时通过面积的大小呈现出各类交互技术贡献的比重。

---

① 本图的结构创意源自孟祥林《互动课堂的困境与师生行为边界分析》一文中的"交互课堂师生行为能力示意图"。

第三节 突破交互体验边界的逻辑路径与策略

一、元认知体验的强化：突破交互体验边界的内生动力

通过上述数据分析研究发现，学习者目前确实存在着一条与智慧学习平台之间的交互体验边界。这条交互体验边界将学习者与真我、共我和新我割裂开来，很难与学习内容无缝链接，无法很好地实现学习效果。用户体验学习中最为重要的感性依据，应该被提升至极为重要的位置。而元认知体验则是用户体验中更为隐秘，却意义重大、影响深刻的体验之一。元认知体验的提升，能够使学习者认同自我、与外界物我合一，最终与新的信息融合成为全新的自我体系。而这恰好能够帮助学习者突破交互体验边界，完成一系列的智慧学习环节。

二、交互设计的优化：增强元认知体验的关键举措

既然元认知体验对于学习效果有极为重要的影响，那么如何增强元认知体验就成了研究的焦点。体验的实现要通过接触、交流和互动来达成。对于智慧学习的学习者而言，与其能够形成这种交互行为的就是智慧媒介、数字交互技术及其中所包含的交互设计。通过数字交互设计，能够丰富学习者的视听感受、延展学习者的具身、有效地增加学习者的长时间记忆。因此，提升数字交互设计是增强元认知体验的重要的途径。

三、交互设计模式的革新：重塑交互体验的未来图景

智慧媒介、数字交互技术及其中所包含的交互设计，可谓是媒介、技术和思维三位一体，其核心就是设计思维。目前对于智慧学习的交互设计并没有形成完整的方案，更没有行之有效的设计模式，这些都成为阻碍智慧学习发展的羁绊。因此，智慧学习视域下的交互设计模式亟须重新设定，唯有如此，才能够精准地影响学习者的元认知体验，进而突破交互体验边界，达到有效学习的目的。

根据数字交互设计的复杂程度和技术的进展，迪克（Dieker）等人把虚拟的交互环境按照发展的成熟度与出现的时间段分成四个阶段（见表3-3-1）。由此，本书将依托马斯洛需求层次理论，将数字交互设计的四个阶段与突破真我–共我–新我数字交互体验边界相对应，完成突破边界的模式设定与实证支撑。

表3-3-1 交互环境发展阶段

交互环境发展阶段	关键技术	主要内容
初级阶段	虚拟现实桌面	用户使用特定的计算机主机和带有鼠标、键盘的显示器与虚拟人进行互动
第二阶段	混合现实	利用大屏幕显示器、背投屏幕和带有用户运动跟踪装置的头戴显示器等变化显示手段，把真实世界和虚拟世界混合起来，给用户以强烈的存在感和沉浸感
第三阶段	沉浸式3D	虚拟人可以从虚拟空间来到现实世界和用户进行完全互动和交流
第四阶段	人机交互	未来的技术可以让用户通过感官和环境实现远程互动

本章小结

本章主要进行了问卷调查和数据分析工作，旨在为数字交互设计中真我－共我－新我交互体验边界的构建提供数据支持，并为后续打破这些体验边界的策略分析奠定基础。具体分为以下三个小节。

第一节聚焦于交互设计对智慧学习者元认知体验影响的主观性调查。通过明确调查问卷的目的和设计原则，详细描述了调查过程和结果讨论。进一步地，从学习者对智慧媒体的基本认识、智慧学习交互的现状及学习者对交互体验的要求三个方面进行了交叉分析，并进行了汇总。

第二节根据调查问卷的汇总结果，构建了真我－共我－新我交互体验边界。首先深入剖析了该边界的概念与内涵，揭示出学习者与智慧学习之间存在阻碍，这种阻碍主要来源于元认知体验上的缺失。在此基础上，进一步构建了学习者元认知体验的交互体验边界，即分隔学习者与真我、共我、新我的界限，并详细阐述了在这一界限上相关的技术支撑及它们对增强元认知体验的贡献程度。

第三节进行了突破边界的逻辑推理。通过分析指出，增强元认知体验有助于突破交互体验边界，而提升交互设计则是增强元认知体验的关键。由此得出，交互设计的模式亟须重新设定，以更好地增强学习者的元认知体验，进而突破交互体验边界，提升智慧学习的效果。这三条交互体验边界作为学习者介入智慧学习进程的关键分界节点，其划分的核心依据在于交互技术与设计的适配性水平。只有当交互技术架构与设计策略实现优化协同，达到契合学习者认知规律的体验效能时，才能助力学习者顺利突破边界，真正感知智慧学习所构建的新型认知生态。

第四章
交互技术对智慧学习场域的逻辑重塑

　　智慧学习场域作为实施智能化学习培训与探索的场所,不仅承载着物质层面的教育资源与设施,更蕴含着深厚的社会价值与意义。这一场域是研究智慧学习发展变革的重要切入点,特别是在当前技术革新的大环境下。随着以扩展现实(XR)技术为代表的交互技术的崛起,包括虚拟现实(VR)、增强现实(AR)、混合现实(MR)及全息现实(HR)在内的技术形式日益普及,为现代社会带来了前所未有的多维感知化、深度交互性、高度沉浸式、边界模糊化的体验。XR 技术的在场性优势,为智慧学习场域带来了革命性的变化。它打破了传统智慧学习场域互动的逻辑边界,重新定义了场域结构,使得远程协作、模拟操作及虚拟实验成为可能。这种技术的赋能效应不仅拓宽了智慧学习的可能性,还深刻地影响了其业态与认知。在 XR 技术的赋能下,一个高度互联、无缝衔接、虚实融生的新型空间能够实现智慧学习场域中学习者主体性地位的重塑。

　　近年来,交互技术已成为赋能学习发展、优化学习场域的关键因素。2021 年 3 月,教育部发布了《教育部关于加强新时代教育管理信息化工作的通知》,要求各地加快教育信息化工作,推进数字校园建设,加强数字教育资源建设与应用,提升教育信息化水平。2022 年,教育部在工作重点中,明确提出了"推动教育数字化战略行动的实施",将教育数字化转型视为推动教育现代化和提升教育质量的重要动力与核心标志。尤其在国家大力发展 5G 应用的基础上,多部门联合发文加速研发融合 AR/VR、全息投影等前沿技术,以构建场景化交互教学模式,进而打造具有高度沉浸感的智慧学习环境。在当前数字化浪潮中,如何全面理解并适应这种新型智慧学习场域,已成为一个亟待解决的问题。扩展现实技术的转型为此提供了强大的推动力,它不仅能够深刻地影响智慧学习场域的形态,而且在形塑这一空间的过程中发挥了至关重要的作用。

第一节 扩展现实技术与教育"在场性"的逻辑关联

一、概念界定:教育"在场性"与社会学意蕴

根据勒维纳斯(Levinas)的伦理学观点,"在场性"不仅指物理上的存在,还指主体间的相互关联和互动[①]。这就要求教育的"在场性"是教育者和学习者都以积极的姿态参与到教育过程中,形成真正的对话和互动。布尔迪厄(Bourdieu)的场域理论提供了理解教育"在场性"社会意蕴的框架。他认为,教育是一种社会场域,其中充斥着权力、资本和习惯的较量。在这种场域中,"在场性"不仅指教育者和学习者的实际参与,还指他们如何在特定的社会结构和文化规范中互动和竞争[②]。教育"在场性"的社会学

---

① 张祥龙.唯识宗的记忆观与时间观:耿宁先生文章引出的进一步现象学探讨[J].现代哲学,2015(2):55-61,103.

② 本森,内维尔.布尔迪厄与新闻场域[M].张斌,译.杭州:浙江大学出版社,2017:3.

意蕴在于，它不仅仅是教育过程中的一种技术手段，还是一种社会关系的体现和文化传承的媒介。在教育活动中，教育者和学习者的"在场"不仅是身体的出现，更是心灵的投入和情感的交流。这种交流不仅促进了知识的传递和理解，更在无形中塑造了学习者的社会认同和文化自觉。

二、多维互动与革新：扩展现实技术与教育"在场性"的深度融合

扩展现实技术与教育的"在场性"与技术、教学和认知三个层面存在着密切的逻辑关联。这些关联不仅展示了扩展现实技术在教育领域的应用潜力，也为未来的教育创新和发展提供了新的思路和方向，为培养具有创新精神和实践能力的人才提供有力支持。

（一）技术层面：扩展现实技术提升教育"在场性"的实现手段

扩展现实技术的运用正在逐渐改变传统的教育方式和体验。其高度沉浸式与深度交互性的特性，为提升教育的"在场性"提供了有力的实现手段。

首先，从高度沉浸式而言，扩展现实技术通过构建三维虚拟环境，为学生创造了一个身临其境的学习场域。学生仿佛置身于一个真实而又充满想象力的世界中，这种高度沉浸的体验不仅增强了学习的"在场感"，还使学生能够更加直观地理解和掌握知识，提升了学生科学探究的核心素养[①]。

---

① BAKER R，CLARKE-MIDURA J，OCUMPAUGH J. Towards general models of effective science inquiry in virtual performance assessments［J］. Journal of computer assisted learning，2016，32（3）：267-280.

其次，传统的教育方式往往是单向的，学生被动接受知识。而扩展现实技术允许学生在虚拟环境中进行实时互动，通过手势、语音等方式与虚拟对象进行交互。这种互动方式极大地提高了学生的参与度和学习兴趣，使他们能够更加主动地探索和学习。最后，XR 技术还能够根据学生的反应和行为进行智能调整，提供更加个性化的学习路径、学习体验和挑战[1]。

（二）教学层面：扩展现实技术丰富教育"在场性"的表现形式

扩展现实技术以其边界模糊化的表现形式，为教育"在场性"的虚实融合、人-机-人协同提供了有力支持。

一方面，扩展现实技术通过场景模拟的方式，为学生展示了一个个生动逼真的实训环境[2]。无论是历史事件的重现、科学实验的模拟还是技能训练步骤的展示，扩展现实技术都能够使学生直观地了解知识背后的环境和情境，加深对知识的理解和记忆。另一方面，扩展现实技术还支持人-机-人协同作业。在虚拟环境中，学生可以与其他同学或老师共同完成任务、讨论问题。这种协作学习方式不仅促进了学生之间的交流和合作，还培养了他们的团队精神和沟通能力[3]。同时，XR 技术还能够提供实时的反馈和评价，帮助学生更好地了解自己的学习进度和水平。

---

[1] 李艳，陈琳，朱福根. 国内虚拟仿真实训：现状、研究及启示［J］. 现代远距离教育，2023（6）：12-24.

[2] 陈晨，程哲. 虚拟现实技术在教育考试中的应用探析［J］. 中国考试，2023（10）：28-37.

[3] 龚卫东. 技术支撑的教学空间变革：价值、逻辑与路径［J］. 中国电化教育，2023（12）：92-98.

（三）认知层面：扩展现实技术深化教育"在场性"的认知效果

XR 技术通过实现多维感知化的体验，深化了学生身处教育现场的认知效果。首先，XR 技术提供了丰富的视觉、听觉和触觉信息，这些多感官的刺激有助于学生更加直观地观察和理解事物的结构、功能和原理，从而构建更加完整和深入的知识体系。其次，XR 技术能够触发学生的情感反应[①]。在虚拟环境中，学生可以体验到与现实生活相似的情感波动，如兴奋、好奇、挑战等。这种情感体验有助于提升学生的知识的记忆力和学习动力，使他们更加投入地参与到学习过程中。最后，XR 技术还能通过模拟复杂的思维过程和问题解决场景，帮助学生更好地理解和应对现实生活中的挑战和困难。这种思维训练有助于提高学生的逻辑思维能力和创新能力，为他们未来的学习和工作打下坚实的基础。

三、逻辑重塑：扩展现实技术与教育场域的"在场性"跃迁

扩展现实技术的引入，使得教育"在场性"经历了从物理空间到认知与社交场域的深刻跃迁。这种跃迁可以从五个层面和三个维度进行逻辑重塑（见图 4-1-1）。

在五个层面上，扩展现实技术的影响体现在感知层、交互层、认知层、情感层和社会层。在感知层，扩展现实技术通过提供多感官刺激，增强了学习者对环境的感知能力，使得学习体验更加真实和立体[②]。在交互层面，

---

① 田浩. 虚实共生时代新闻用户的"体验转向"[J]. 青年记者，2023（22）：17-19.
② 何昊宸. 物联网所基于的核心性技术及适合的应用场景分析[J]. 电脑编程技巧与维护，2021（6）：35-36，59.

第四章 交互技术对智慧学习场域的逻辑重塑

扩展现实技术提供了丰富的交互手段，使得学习者能够与教育内容产生深度互动，从而更加积极地参与到学习过程中①。在认知层面，扩展现实技术通过模拟和构建复杂的学习环境，促进了学习者高阶思维的发展，提升了学习效果②。在情感层面，扩展现实技术所创造的沉浸式环境能够激发学习者的学习兴趣和动力，增强学习体验的情感色彩③。在社会层，由扩展现实技术打造的"学习氛围的凝聚力"成为学生形成学习共同体的技术支撑④，实现了社会层面社交场域的跃迁。

从三个维度来看，扩展现实技术实现了空间维度、时间维度和能量维度的拓展。在空间维度上，扩展现实技术打破了物理空间的场域限制⑤，为学习者提供了无限广阔的学习环境。在时间维度上，扩展现实技术使得学习可以随时随地进行，极大地提高了学习的灵活性和效率。在能量维度上，根据活力的自我决定理论（Self-Determination Theory，SDT），扩展现实技术在教育中的应用能够激发学习者的内部和外部动机，进而提升能量水平。通过扩展现实技术的沉浸式学习体验，学习者能够更投入地参与学习过程，体验到成就感，从而增加内在能量⑥。

---

① 郭亚军，袁一鸣，张腾飞. 元宇宙场域下用户信息交互生态机制研究［J］. 农业图书情报学报，2022，34（6）：4-13.
② 何同亮. 技术自主论视域下区块链的演化与控制研究［D］. 合肥：中国科学技术大学，2021.
③ 刘韬，郑海昊. 技术赋能：智慧学习社区的体验价值研究［J］. 成人教育，2023，43（5）：42-48.
④ 李莎莎，龙宝新. 研究生虚拟学习氛围的运行机制和营建策略［J］. 研究生教育研究，2023（2）：19-26.
⑤ 王小寅. 超真实与内爆：拟像理论下 DRESS X 虚拟时尚平台的虚实关系探析［J］. 新媒体研究，2023，9（3）：112-114，124.
⑥ 孟亮. 基于自我决定理论的任务设计与个体的内在动机：认知神经科学视角的实证研究［D］. 杭州：浙江大学，2016.

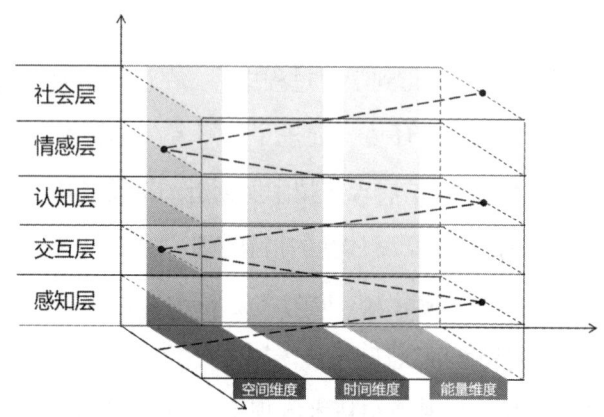

图 4-1-1 五层三维逻辑重塑

第二节 扩展现实技术对智慧学习场域的重构

一、传统审视：智慧学习场域的"在场性"图谱

随着扩展现实技术的逐步成熟与应用探索，智慧学习场域"在场性"图谱展现了一个从物理"在场"到虚拟"在场"、实境融合、幻实交织、全息交流再到智慧"在场"的演变过程（见表4-2-1）。这一过程不仅改变了学习者和教育者的互动方式，也推动了智慧学习模式的创新和发展。未来，随着技术的不断进步和应用，智慧学习的"在场性"将继续拓展和优化，为培养更多具有创新精神和实践能力的智慧学习人才奠定坚实基础。

（一）无界之场——虚拟现实技术打造的沉浸式学习环境

在传统物理时代，教育的"在场性"主要表现为学习者和教育者物理上的共同"在场"，即面对面的教学方式。然而，随着虚拟现实技术的兴起，教育步入了虚拟探索时代，学习者的"在场性"得以超越物理空间的限制，进入一个沉浸式的虚拟环境中。2015年，斯坦福大学推出了一门名为"Virtual Civil Engineering"的课程，该课程利用VR技术为学生提供了一个沉浸式的土木工程学习环境。学生可以通过头戴式显示器进入虚拟的建筑工地，观察并模拟施工过程中的各种场景。这一应用不仅使学生能够在没有实际工地访问的情况下获得"在场"体验，而且降低了学习成本和安全风险。2013年，基于混合现实技术的智能水电站运行信息表达方法已在葛洲坝电站的最优维护信息系统（HOMIS）中得到成功应用，为智能水电站的运行信息表达探索出了新的路径。这一创新实践不仅验证了MR技术在工程领域的实用性，还为智慧学习带来了深远的影响[①]。

表4-2-1　工程教育场域的"在场性"图谱

时代特征	传统物理时代	虚拟探索时代	交互增强时代	虚实融合时代	全息互动时代	智慧时代
技术驱动	无特定技术	虚拟现实技术	增强现实技术	混合现实技术	全息现实技术	人工智能技术
学习环境	实体教室	沉浸式学习环境	实时互动环境	虚实结合环境	全息环境	全智能环境
学习模式	实地实习	远程实习与模拟	虚拟实验与演示	混合学习模式	全息教室与远程协作	智适应学习
在场性	物理之场	无界之场	实境融合场	幻实交织场	全息交流场	智慧场
变革特点	依赖实体教室和实地实习，学习者和教育者物理上共同存在于教室中	VR技术创建了沉浸式虚拟环境，打破了物理空间的限制，实现远程、无界的虚拟教学	AR技术增强了现实环境，提供了与虚拟内容的实时互动，增强了现场教学效果	MR技术融合真实环境和虚拟环境，提供更加丰富多样的教学体验，促进了学习者的创新能力提升	HR技术使得教育者和学习者能够以全息形式进行远程互动，创造了全新的教学模式和协作方式	技术与教学内容、方法和理念深度融合，共同构建出一个智能、互联、高度适应性的教育生态系统

---

① 艾远高，李朝晖. 面向智能水电站的运行信息虚拟现实表达方法研究[J]. 电力系统保护与控制，2013，41（8）：135-140.

（二）实境融合场——增强现实技术打造的实时互动环境

增强现实技术的出现进一步丰富了智慧学习的"在场性"体验。通过增强现实环境，学习者能够与虚拟内容进行实时互动，这种实境融合场使得"在场性"得到了进一步的拓展，学习体验也变得更加丰富和生动。密歇根大学在 2017 年引入了 AR 技术来辅助机械工程教学。在该项目中，学生使用 AR 眼镜观察虚拟的机械部件和操作界面，并与真实环境中的工具和设备进行交互。这种混合现实的教学方式使学生能够在理解复杂机械系统的同时，进行模拟的维修和操作练习，显著提高了学习效果和实践能力。国内在 AR 领域的起步相对较晚，如北京理工大学、北京航空航天大学、国防大学、浙江大学和上海大学等都积极聚焦于 AR 在教育中的应用。其中，上海大学快速制造工程中心与浙江大学合作开发了 AR 场景光源的实时检测和真实感绘制框架，实现了较低的硬件要求、更高的注册精度、更具真实感的实境融合场。

（三）幻实交织场——混合现实技术打造的虚实结合环境

进入虚实融合时代，混合现实技术将真实环境与虚拟环境相融合，为智慧学习带来了前所未有的创新空间。在这种幻实交织场中，学习者的"在场性"得到了全面的提升，他们能够在虚实之间自由穿梭，探索知识的无限可能。MR 个性化工程教育系统是由美国匹兹堡大学精心设计和开发的扩展现实系统。该系统旨在将混合现实技术应用于工程制图教育，为学习者提供高度个性化的学习体验，并通过创新的 3D 可视化工具，满足学习者在制图过程中的多样化需求。2018 年，我国教育部颁布的《关于实施卓越教师培养计划 2.0 的意见》中指出："要充分利用虚拟现实、增强现实和混合现实等，建设开发一批交互性、情境化的教师教育课程资源。"我国影创科技集团精心创设的"5G+MR"全息教室，凭借其卓越的技术特性，为师生提供了清晰优质的显示画面及实时同步的互动体验。这一创新举措不仅帮助学生直观地感知立体化的学习内容，而且有助于增强知识的记忆与理解，从而提升学习成效[1]。

（四）全息现实交流场——全息现实技术打造的全息环境

全息现实技术通过衍射再现实现三维物体全息影像，为智慧学习打造全息交流场，形成全新教学环境。教师可利用全息影像直观展示复杂工程结构和工艺流程，学生则通过全息影像与师生实时互动，提升学习体验。全息环境还为学生提供了基于裸眼开展具身探究学习活动的机会[2]，降低操作成本和风险，培养实践能力和创新精神。这种全息教学方式不仅提高了教学质量，也注入了新的活力，推动了智慧学习的创新发展。全息现实技术将成为未来工程教育的重要方向，引领教学变革[3]。2015年，墨西哥蒙特雷科技大学成功尝试全息投影授课，展现了优质师资的共享实现[4]。北京邮电大学通过"数字分身"的方式，同步交互了异地教学，并在5G技术的支撑下为学生带来了更好的临场感和沉浸效果[5]。

---

[1] 杨馨宇，黄斌. 混合现实（MR）在教育教学中的应用与展望[J]. 中国成人教育，2020（13）：52-57.

[2] 万昆，李建生，李荣辉. 全息技术及其教育应用前瞻：兼论未来学习环境的发展[J]. 现代远距离教育，2020（6）：35-40.

[3] 范文翔，李珂琳，施昌阳，等. 全息技术赋能的学习空间：发展、类别与应用[J]. 现代远距离教育，2023（5）：61-71.

[4] LUÉVANO E, LARA D L E, CASTRO E J. Use of telepresence and holographic projection mobile device for college degree level[J]. Procedia computer science, 2015（75）：339-347.

[5] 常咏梅，张乐，李玥琪，等. 同步直播课堂远端教师助学策略研究[J]. 电化教育研究，2020，41（11）：116-121，128.

二、环境重塑：扩展现实技术下的教育空间再造

学习空间的塑造对于教育质量和学生发展具有深远影响。在传播学视角下，学习空间不仅是物理场所的集合，还是知识传递、技能培养和社会互动的重要平台。扩展现实技术的出现，为学习空间的再造提供了全新的可能性，并与传播学空间理论产生了深刻的共鸣。

（一）显性到隐性的空间转变与智慧学习的新场域

随着扩展现实技术的深入应用，学习空间正经历从显性到隐性的转变。这种转变使得学习不再局限于传统的物理教室和实验室，而是拓展到虚拟空间，为学习者提供了更为灵活和便捷的学习环境。例如，利用 VR 技术，学生可以身临其境地参观虚拟工厂或实验室，进行模拟操作和学习。这种隐性教育空间的创造，不仅增强了学生的学习体验，还有助于提高学习效果和兴趣。

（二）单维到多维的感知拓展与知识的全面理解

扩展现实技术通过模拟多感官体验，将学习空间从单维拓展到多维，使学生能够全方位地感知和理解工程知识。这种感知拓展不仅有助于增强学生的认知深度，还有助于培养其创新思维和解决问题的能力。例如，德国慕尼黑工业大学采用 AR 技术，为建筑学专业学生提供了一种全新的学习方式。学生可以通过头戴设备，在真实的校园环境中看到虚拟的建筑模型，从而更全面地理解建筑设计。

（三）局部到整体的认知提升与系统思维的培养

扩展现实技术通过模拟真实的学习环境和场景，使学生能够在虚拟空

间中进行宏观和微观的探索，从而建立起从局部到整体的认知框架。这种认知提升有助于培养学生的系统思维，提高其解决实际问题的能力。例如，澳大利亚悉尼大学利用VR技术为学生创建了一个虚拟的城市交通系统。学生可以在这个系统中模拟交通流量、道路设计和交通规则等各个方面，从而更好地理解城市交通系统的整体运作。

（四）实验到体验的实践深化与实践能力的增强

扩展现实技术为实践教学提供了新的可能性。通过模拟真实的工程环境和操作过程，使学生在虚拟空间中进行各种实验和操作，从而获得与真实环境相似的实践体验。这种体验式的实践教学不仅增强了学生的实践能力，还有助于降低实践教学的成本和风险。例如，波音公司利用VR技术为其工程师提供了一种全新的培训方式。工程师可以通过VR设备模拟飞机的维护和修理过程，从而提高其实践能力和工作效率。

三、角色重塑：教育者与学习者的新定位

随着扩展现实技术的深入应用，教育者与学习者的角色定位亦随之发生了显著变化。从社会交换理论模型出发，从资源交换的深化、身份认同的扩展及互动模式的转变三个层面，深入阐述这种角色重塑的现象。

（一）资源交换的深化：从单向传授到双向互惠

在传统教育模式下，教育者与学习者之间的资源交换往往是单向的，即教育者传授知识，学习者接收知识。然而，在扩展现实技术的支持下，这种单向的资源交换得到了深化，转变为双向互惠的模式。扩展现实技术为教育者提供了丰富的教学资源和手段，如虚拟实验、模拟操作等，使得教育者能够更加生动、直观地传授知识。同时，学习者也能够在虚拟环境

中进行实践操作，自主探索和学习，从而更加深入地理解和掌握知识。这种双向的资源交换不仅提高了教育效果，也促进了教育者与学习者之间的合作与互动。史密斯（Smith）和安德森（Anderson，2021）在一项关于XR技术在教育中的应用研究中发现，通过利用XR技术创建的虚拟实验环境，教育者和学习者可以共同参与实验过程，进行实时的讨论和反馈。这种互动方式不仅加深了学习者对实验原理的理解，也提高了教育者的教学效果。在社会交换理论的视角下，教育者和学习者在资源交换过程中实现了互利共赢，共同推动了智慧学习的进步。

（二）身份认同的扩展：从单一角色到多元身份

社会交换理论认为，人们的身份认同是在社会交换过程中形成的。在扩展现实技术的支持下，教育者与学习者的身份认同得到了扩展，从单一角色转变为多元身份。在学习过程中，教育者不仅是知识的传授者，还是学习环境的设计者、学习过程的引导者、学习伙伴、项目导师和学习效果的评估者等多种角色。他们需要根据学习者的需求和反馈，不断调整教学策略和方法，以实现个性化教学。同时，学习者也不再是单纯的知识接收者，而是成为主动的知识探索者、实践者和创新者。他们可以在扩展现实技术创建的虚拟环境中进行实践操作和模拟实验，与其他学习者进行交流和合作，共同解决问题和完成任务。这种多元身份的认同不仅丰富了教育者与学习者之间的社会交换关系，也促进了他们的自我发展和成长。约翰逊（Johnson）等人的研究表明，在XR技术的支持下，学习者可以通过参与虚拟项目和实践任务，扮演不同的角色和承担不同的责任。这种多元角色的扮演不仅提高了学习者的学习兴趣和动力，也促进了他们的团队协作能力和创新能力的发展。

（三）互动模式的转变：从个体交流到社群协同

扩展现实技术不仅改变了教育者与学习者之间的物理空间互动模式，还从社会交换理论的角度引发了互动模式的社交化重构。传统的教育互动多局限于个体之间的交流,而扩展现实技术则促进了学习者之间、教育者之间及教育者与学习者之间的社群协同学习。通过扩展现实技术,学习者可以组建虚拟学习社群,共同探索问题、分享学习心得,形成知识共享和创新合作的良好氛围。教育者也可以利用扩展现实技术搭建社群交流平台,促进教育者之间的经验交流和教学协作。这种社群协同的互动模式不仅增强了学习者之间的社会联系和归属感,也提升了教育者的专业成长和教学效果。在社会交换理论看来,这种社群协同学习促进了教育资源的共享和互补,提升了教育者与学习者之间的互动质量和效率,进一步推动了工程教育的创新发展。也有学者在一项关于 XR 技术在教育中的应用研究中发现,通过利用 XR 技术创建的虚拟互动平台,教育者与学习者可以进行实时的社群化在线讨论和协作学习。这种社群化的互动模式不仅提高了学习者的学习效果和创新能力,也增强了教育者与学习者之间的情感联系和信任感。

第三节　扩展现实技术环境下智慧学习"在场性"的创新

一、教育理念创新:从实体到虚拟的拓展

在数字技术的浪潮中,扩展现实技术的崛起为教育带来了前所未有的机遇与挑战。在这一背景下,教育理念的创新显得尤为重要,它正引领着教育从传统的实体空间向虚拟世界的拓展。传统的教育往往局限于实体教室和实验室。从场域理论模型的角度来看,扩展现实技术为工程教育创造了一个全新的学习场域。在这个场域中,教育者和学习者可以共同构建一

个共享的学习空间，进行知识的传递、交流和创造。这种学习场域的拓展，使得工程教育不再局限于固定的时间和地点，而是可以随时随地进行。同时，扩展现实技术也为教育者和学习者提供了更加多样化的互动方式，使得学习变得更加生动、有趣和高效。具体来说，扩展现实技术环境下智慧学习"在场性"的创新体现在以下六个层次。

（一）实体课堂与虚拟课堂的融合

实体课堂与虚拟课堂的融合是扩展现实技术环境下智慧学习创新发展的重要体现。它打破了传统教学的局限，为学习者提供了更加广阔、自由的学习空间，同时也为教育者提供了更多元、高效的教学路径。

实体课堂与虚拟课堂的融合，并非技术层面的简单叠加，而是教育理念、学习体验及互动模式等多个维度的深度交融。在这一过程中，教育者需巧妙运用扩展现实技术的独特优势，将实体课堂中的教学精髓与虚拟课堂中的丰富资源及互动形式相结合，共同打造一种革新的教学模式。具体而言，教育者借助扩展现实技术，可以将实体课堂中的经典案例、实验演示等内容进行数字化转化，使其在虚拟课堂中得以生动呈现。学习者则通过扩展现实设备，轻松进入这一虚拟空间，与教育者及其他学习者展开即时、深入的交流。同时，虚拟课堂所提供的多样化学习资源和工具，能够根据学习者的个性化需求，为其定制专属的学习路径和方式，确保每位学习者都能获得最符合自身特点的学习体验。在融合后的课堂中，学习者可以灵活穿梭于实体课堂与虚拟课堂之间，根据自身的学习进度和兴趣点，自主选择适合的学习场景和内容。而教育者则可根据学习者的实时反馈和学习数据，精准把握教学节奏和方向，确保教学效果的最优化。

值得一提的是，实体课堂与虚拟课堂的融合还有助于推动智慧学习的国际化进程。借助扩展现实技术，不同国家和地区的教育者能够共同构建一个跨越时空的虚拟学习社区，实现教育资源的共享和教学经验的交流。

这种跨国界的合作与交流，不仅有助于提升工程教育的整体水平，还能促进全球工程教育领域的共同进步。

（二）实体教材与虚拟资源的结合

传统的教育以实体教材为主要教学工具，这些教材通常以纸质形式呈现，包含了大量的文字、图表和公式。然而，实体教材往往受限于篇幅和表现形式，难以全面、生动地展示工程领域的复杂性和动态性。此外，实体教材的更新周期较长，难以跟上专业技术的快速发展。随着扩展现实技术的引入，虚拟资源在教育中的地位逐渐上升。虚拟资源以数字形式存在，可以通过计算机、移动设备等终端进行访问和交互。这些资源包括三维模型、模拟实验、虚拟场景等，能够以更加直观、生动的方式展示原理和现象。同时，虚拟资源还具有更新迅速、交互性强等优势，为学习者提供了更加丰富、多样的学习体验。在扩展现实技术环境下，实体教材与虚拟资源的结合，为工程教育带来了全新的教学模式和学习体验。一方面，实体教材可以作为基础知识的载体，为学习者提供系统、全面的知识框架。另一方面，虚拟资源可以作为实体教材的补充和拓展，通过扩展现实技术为学习者提供沉浸式、交互式的学习体验。例如，学习者可以通过扩展现实设备进入虚拟实验室进行模拟实验和操作，或者通过虚拟场景进行设计和方案的模拟演练。

与此同时，实体教材与虚拟资源的结合还有助于推动智慧学习的普及和均衡发展。通过 XR 技术，优质的教育资源可以跨越地域和时间的限制，被更多人所共享。无论是偏远地区的学生还是城市中的学习者，只要有 XR 设备，就可以随时随地访问这些资源，享受高质量的教育。

（三）实体实践与虚拟实践的互补

扩展现实技术不仅能够拓展智慧学习的边界，还深刻改变了人们对教育实践的传统认知。在实验室或工厂中，学生可以通过亲手操作设备、参与实际项目，获得真实的工程体验，加深对工程原理和技术应用的理解。然而，实体实践往往受到时间、空间和资源的限制，难以满足学生多样化的学习需求。而虚拟实践则通过扩展现实技术为学生提供了一个全新的学习空间。在这个虚拟空间中，学生可以随时随地进入模拟的学习环境，进行各种实验和项目设计。虚拟实践不仅突破了实体实践的限制，还为学生提供了更加安全、经济的实践环境。同时，虚拟实践还可以模拟复杂的知识场景和异常情况，帮助学生提前预见并应对实际工作中的挑战。

在扩展现实技术大发展的环境下，实体实践与虚拟实践的互补性应用显得尤为重要，它们将共同构成未来教育创新发展的重要支撑。实体实践与虚拟实践的互补性应用体现在多个方面。首先，在实验教学方面，学生可以在虚拟环境中进行预实验和模拟操作，熟悉实验流程和操作方法，然后在实体实验室中进行实际操作。这种方式不仅可以提高学生的实验效率，还可以降低实验成本和风险。其次，在项目设计方面，学生可以利用虚拟环境进行项目方案的模拟和测试，优化设计方案后再进行实体实践。这有助于减少项目实施中的错误和返工，提高项目的成功率。最后，实体实践与虚拟实践的互补性应用还有助于培养学生的创新能力和解决问题的能力。通过虚拟实践，学生可以接触到更多的案例和实际问题，激发他们的创新思维和想象力。同时，虚拟实践还可以提供实时的反馈和评估机制，帮助学生及时发现并纠正错误，提高他们的解决问题的能力。

（四）线性学习流程到非线性的革新

在传统的工程教育中，学习流程往往呈现出一种线性的特征，学生需要按照预设的课程体系，从基础知识开始逐步深入到专业领域的学习中。这种线性流程虽然具有一定的系统性，但往往忽视了学生个体差异和学习需求的不同，导致学习效率和效果不尽如人意。随着扩展现实技术的引入，智慧学习的流程发生了革命性的转变,从线性学习流程转变为非线性学习流程。

首先,扩展现实技术打破了学习流程的固定性。传统的线性学习流程中,学生必须按照既定的步骤进行学习,而 XR 技术则为学生提供了更多的学习路径选择。学生可以根据自己的兴趣和需求,选择适合自己的学习起点和终点,进行跳跃式学习或深度学习,实现个性化的学习流程。其次,扩展现实技术促进了学习流程的动态调整。在传统的线性学习流程中,一旦学习路径确定,往往难以进行灵活调整。而扩展现实技术则可以根据学生的学习进度和反馈实时调整学习流程,为学生提供更加精准和个性化的学习支持。这种动态调整不仅提高了学习效率,也培养了学生的自主学习和问题解决能力。最后,扩展现实技术实现了学习流程的跨学科融合。传统的线性学习流程往往将不同学科领域的知识割裂开来,而扩展现实技术则可以将不同学科领域的知识进行有机融合,形成跨学科的学习流程。学生可以通过扩展现实技术在虚拟环境中进行跨学科的实践和探索,培养综合和创新能力。

(五)线下社群与数位社群的融合

中央网信办等四部门印发的《2022 年提升全民数字素养与技能工作要点》明确提出"做优做强数字教育培训资源,提高智慧社区建设应用水平"。在扩展现实技术的推动下,教育领域中的社群结构也将经历深刻的变革,即线下社群与数位社群的融合。从组织行为学的角度来看,这种融合体现了组织结构的灵活性和适应性,以及教育理念从传统的以教师为中心向以学习者为中心的转变。

线下社群与数位社群的融合为学习者带来了更加多元化的学习社群。传统的线下社群受限于物理空间和时间,而数位社群的兴起则打破了这些限制,使得来自不同地域、不同背景的学习者能够会聚一堂。这种多元化的学习社群不仅丰富了学习资源和学习视角，还促进了不同观点和思想的碰撞与融合，有助于培养学习者的创新思维和解决问题的能力。

与此同时，融合后的社群在组织结构上呈现出更加灵活和开放的特点。传统的教育组织往往呈现出层级分明、结构固定的特点，而数位社群的加入使得组织结构变得更加扁平化和网络化。学习者可以根据自己的兴趣和需求在不同的社群之间自由流动，形成动态的学习网络。这种灵活的组织结构有助于激发学习者的主动性和创造性，促进知识的共享和创新。

（六）人工评估与智能评估的协同

评估是教育中确保学习质量和效果的重要手段。传统的人工评估主要依赖面对面的测试和考试，而智能评估则可以通过模拟操作、在线测试等方式进行。通过扩展现实技术，人工评估与智能评估可以协同工作，为学习者提供更加全面和准确的评估结果。沉浸式学习环境以其认知性、关联性和情境性催生出未来学习的新场域，为智能时代学生核心素养的评估提供了新方向[①]。泰勒（Taylor，2023）等人在其研究中探讨了 XR 技术在教育评估中的应用。他们通过创建虚拟的评估环境和操作任务，对学习者的知识掌握和实践能力进行评估。同时，他们还将虚拟评估结果与实体评估结果相结合，为学习者提供更加准确和全面的反馈和指导。

二、教育环境优化："四化一应"学习空间的构建

扩展现实技术的深入应用，不仅能够改变教育的形式和内容，还对学习环境提出了新的要求。在此背景下，从学习空间理论的视角出发，智能化、网络化、情感化、创新化与自适应的学习空间将应运而生。

---

① 龚鑫，许洁，乔爱玲. 基于沉浸式学习环境的隐形性评估：机理、框架与应用[J]. 电化教育研究，2023，44（12）：64-72.

（一）智能化学习空间的构建——适应性与个性化的统一

智能化学习空间的核心在于其适应性和个性化特征。借助扩展现实技术，工程教育学习空间能够实时感知学习者的学习状态和需求，智能调整学习资源和学习路径，从而提供个性化的学习体验。同时，学习空间还能够根据学习者的反馈和表现，提供精准的学习支持和干预，帮助学习者更好地掌握知识和技能。这种适应性与个性化的统一，使得学习空间更加符合工程教育的需求，提高了学习效果和学习满意度。

（二）网络化学习空间的构建——连接与共享的实现

网络化学习空间强调教育资源的连接与共享。通过云计算、大数据等技术，学习空间能够将分散的学习资源进行整合和共享，形成一个庞大的学习资源库。学习者可以随时随地访问这些资源，进行自主学习和协作探究。同时，网络化学习空间还能够促进学习者之间的交流和合作，形成一个开放、共享的学习社区。这种连接与共享的实现，不仅丰富了学习资源和学习方式，还促进了学习者的协作和创新能力的发展。

（三）情感化学习空间的构建——情感与认知的交融

情感化学习空间注重学习者的情感体验与认知发展的融合。在扩展现实技术的支持下，学习空间可以模拟出丰富多样的情感场景，引发学习者的情感共鸣。这种情感化的学习环境有助于激发学习者的学习兴趣和动力，促进他们认知发展和情感表达的发展[1]。同时，情感化学习空间还能够通过情感识别技术，实时感知学习者的情感状态，为他们提供情感支持和心理辅导，从而营造更加健康、积极的学习氛围。

---

[1] 郑海昊，刘韬. 数字交互技术视域下的智慧学习元认知体验研究之一：共我体验突破交互边界 [J]. 中国电化教育，2018（12）：96-103.

（四）创新化学习空间的构建——探索与创造的激发

创新化学习空间致力于培养学习者的创新意识和创造能力。通过扩展现实技术的支持，学习空间可以为学习者提供一个充满创意和挑战的学习环境，激发他们的探索欲望和创造潜能。在这样的空间中，学习者可以自由地想象、尝试和创新，将所学的工程知识应用于实际问题的解决中。同时，创新化学习空间还能够提供丰富的创新资源和工具，支持学习者的创新实践和成果展示，从而培养他们的创新精神和团队合作能力。

（五）自适应学习空间的构建——持续进化与自我优化

自适应学习空间强调学习环境的自我适应和持续进化能力。通过扩展现实技术和人工智能的结合，学习空间能够实时分析学习者的学习数据和行为模式，自动调整学习资源、难度和策略，以适应学习者的个性化需求和发展变化。同时，自适应学习空间还能够根据学习者的反馈和表现，不断优化自身的设计和功能，提高学习效果和学习体验。这种持续进化与自我优化的能力使得学习空间更加智能、高效和灵活，为学习者提供持续优化的学习环境。

三、教育生态重构：扩展现实技术下的智慧学习创新展望

（一）引领新范式：扩展现实技术重塑工程教育生态

在当前的科技浪潮中，扩展现实技术以其强大的创新力和广泛的应用前景，正在深刻引领智慧学习的新范式。第一，游戏化学习与动机激发层。在智慧学习生态设计中，动机激发是保持学习者持续参与的关键因素。借

鉴这一理念，智慧学习可以构建游戏化学习机制，通过设定明确的目标、奖励和挑战，激发学习者的学习兴趣和动力。第二，沉浸式体验与知识转化层。游戏往往能够提供高度沉浸的虚拟世界，让玩家在其中获得真实而深刻的体验。智慧学习同样可以利用扩展现实技术构建沉浸式学习环境，将抽象的工程知识转化为具体、生动的三维化、交互式内容。第三，协作式学习与社群构建层。游戏中的多人协作和社群互动是提升玩家参与度和游戏体验的重要手段。智慧学习也可以借鉴这一理念，利用扩展现实技术搭建协作式学习平台，促进学习者之间的交流和合作，形成紧密的学习社群。第四，个性化学习与智能反馈层。智慧学习可以引入游戏设计，注重个性化体验和智能反馈，根据玩家的行为和偏好提供定制化的游戏内容和建议的理念，利用扩展现实技术捕捉学习者的学习行为数据，进行精准的学习状态分析，为学习者提供个性化的学习路径和资源推荐。同时，智能反馈机制还可以实时评估学习者的学习成果和进步情况，为其提供及时的反馈和指导。

（二）彰显中国智慧：构建特色化智慧学习生态体系

在构建特色化智慧学习生态体系的过程中，中国智慧将得到的充分体现。在文化传承层，中华优秀传统文化被深度融入智慧学习的实践中，不仅丰富了教育内容，也提升了学习者的文化自信和民族自豪感。通过道德教育的系统化实施，学习者的学科意识和道德责任感得到了有效培养。在实践创新层，产教融合与校企合作的深化为智慧学习提供了强大的实践支撑。扩展现实技术搭建了企业与学校之间的桥梁，实现了资源共享和优势互补，推动了智慧学习与产业发展的紧密结合。同时，创新实验室与研究中心的建设也为智慧学习的创新实践提供了有力保障。在国际交流层，扩展现实技术促进了智慧学习的国际化发展。通过国际合作项目与学术交流的多元化开展，智慧学习的国际影响力得到了显著提升。跨国企业实习与就业合作则为学习者提供了更广阔的实践机会和职业发展前景。在政策支持层，政府出台的一系列优惠政策与资金扶持措施，为工程教育的创新与发展提供了有力保障。同时，行业标准和规范的制定也为扩展现实技术在智慧学习领域的应用提供指导和规范。

（三）构筑终身学习生态：扩展现实技术赋能人才成长

扩展现实技术还为学习者构筑了终身学习的生态体系。在学习资源层，终身学习资源库的建设为学习者提供了丰富的学习资源支持。这些资源不仅涵盖了各学科的各个方面，还保持了动态更新的机制，确保了学习内容的时效性和前瞻性。在学习体验层，扩展现实技术为学习者提供了沉浸式的学习场景。通过个性化学习路径的规划，学习者可以根据自己的兴趣和能力进行自主学习。同时，智能学习助手和学习社区的建设也为学习者提供了智能化的学习建议和互动交流平台，提升了学习体验和学习效果。在学习支持层，扩展现实技术为学习者提供了智能化的学习支持和互助合作机会。智能学习助手可以根据学习者的学习进度和需求提供个性化的学习建议，帮助学习者更高效地学习。学习社区和交流平台则为学习者提供了互相学习、分享经验的场所，促进了学习者之间的互助合作和知识共享。在职业发展层，扩展现实技术为学习者的职业规划和发展提供了有力支持。通过职业规划与发展指导的个性化提供，学习者可以明确自己的职业目标和发展方向。终身教育与培训服务的持续化则为学习者的职业发展提供了持续的学习机会和资源保障，助力他们在智慧学习领域实现长期发展和成长。

综上所述，扩展现实技术以其前瞻性和创新性，为智慧学习带来了前所未有的变革。通过对智慧学习"在场性"的深入挖掘，扩展现实技术不仅重塑了教育理念，还在教育环境、教育生态等多个层面实现了创新（见图4-3-1）。当然，随着扩展现实技术在教育中的广泛应用，我们也必须正视其中蕴含的潜在挑战。技术的快速发展可能导致教育资源的不均衡分配，使得部分学习者难以享受到技术带来的红利。此外，技术的依赖性和过度使用也可能影响学习者的独立思考和创新能力。同时，数据安全和隐私保护问题也不容忽视，如何确保学习者在使用技术过程中的信息安全，成为未来教育必须面对的重要课题。

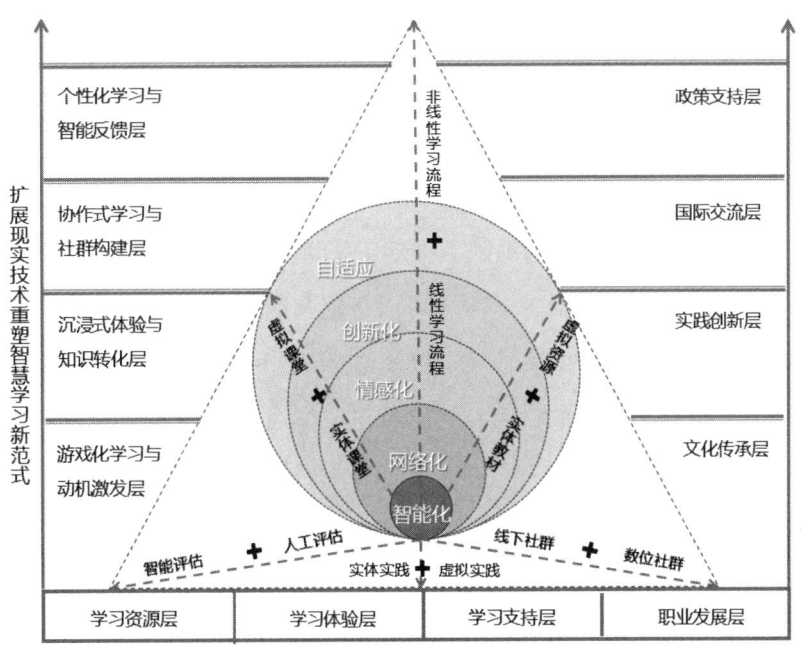

图 4-3-1　扩展现实技术环境下工程教育"在场性"的创新

本章小结

本章深入探讨了以扩展现实为代表的数字交互技术与智慧学习"在场性"的逻辑关联及其创新应用。随着 XR 技术的逐步成熟，多维感知化、深度交互性和高度沉浸式的特性使得智慧学习的"在场性"得以显著增强。

这种"在场性"不仅体现在物理空间与虚拟空间的融合，还在于学习者与知识、学习环境的深度互动与连接。XR 技术为智慧学习提供了全新的教学模式和学习体验，打破了传统学习环境的限制，构建了一个高度互联、无缝衔接、虚实融生的新型学习空间。在这个空间中，学习者可以随时随地获取资源，与他人协作交流，实现个性化、自适应学习。同时，教师的角色也从知识传授者转变为学习的引导者和支持者，而学习者则成为学习的主体和创造者。这种角色的重塑有助于激发学习者的主动性和创造性，推动智慧学习的深入发展。

XR 技术不仅重构了智慧学习的环境，还引领了智慧学习生态的新范式。它打破了传统学习模式的局限，推动了智慧学习的个性化、泛在化和智能化发展。通过 XR 技术，学习者可以身临其境地参与到学习场景中，与知识进行直接互动，提高学习兴趣和参与度。这种深度互动与协作构建了更加开放、包容、创新的学习社区，促进了学习者之间的交流与共享。然而，XR 技术的发展也面临一些挑战，如技术门槛高、设备成本贵、隐私保护难等问题。因此，我们需要积极应对这些挑战，通过政策引导、技术支持和培训普及等方式，确保 XR 技术的红利能够惠及更多学习者。

展望未来，扩展现实技术将继续在智慧学习中发挥重要作用。随着技术的不断进步和应用拓展，我们有理由相信，XR 技术将为智慧学习带来更多的创新与发展机遇。同时，我们应该充分利用这一技术，推动智慧学习模式的创新与完善，培养更多具有创新精神和实践能力的人才。当然，我们也需要关注并解决 XR 技术发展中的问题和挑战，确保技术的可持续发展和广泛应用。只有这样，我们才能真正实现智慧学习的愿景，为社会的进步和发展做出更大的贡献。

第五章

交互设计：突破 V&R 边界，实现元认知真我体验

智慧学习时空分离的特性使其具有较强的灵活性，学习者能够对学习的时间、空间进行自由选择，这使得人们对于智慧学习的期待不断加深。学习者与教师、其他学习者之间的准永久性的分离状态是智慧学习的重要特征，也是将其与传统教育区别开来的分界线[①]。但也正因如此，传统常态化的教师与学生之间、学生与学生之间面对面的交流几乎无法体现。学习者在对知识的认知与构建的过程中，交互扮演着相当重要的角色。早在2005年清华大学的一项关于"网络学习效果影响因素"的调查中，"交互"就被投选为影响和制约学习者学习效果的第一大因素。[②] 因此，如何采用数字交互设计构建从人际转向人机的交互模型便成为智慧学习设计的重点。本章依托社会存在理论对智慧学习的理想交互体验模型进行构建，并选用具有针对性的交互设计突破 V&R 边界，实现元认知真我交互体验。

---

① 基根. 远程教育基础［M］. 丁新, 主译. 上海：上海高教电子音像出版社，2008.
② 戴心来, 陈齐荣. 网络课程的教学交互及其设计探究［J］. 电化教育研究，2005（9）：69-72.

第一节 社会存在理论概述及其在教育中的应用

一、社会存在理论的基本概念与核心要素

社会存在理论（the Thoery of Social Presence）是社会心理学中关于人际交流的相关理论。20世纪70年代，约翰·肖特（John Short）等在论文"The Social Psychology of Telecommunications"中首次提出"社会存在感"这一概念，并给予"个体在群体交互或人际关系中的凸显程度"的概念。1999年，加里森则将社会存在理论引入以计算机为媒介的人际交互的研究中，经过多年的积累与发展，社会存在理论已经成为网络教育研究的重要基础理论之一。古纳瓦德纳（Gunawardena）等认为当学习者用同一种媒体进行学习时，社会临场感的获得程度取决于媒体的交互功能及学习者对交互的感知。社会存在理论所研究的是依托不同的媒介类型，人际交互过程中如何实现信息传递的有效性及如何提升人与人之间彼此的关注度。

社会存在理论中以"社会存在感"与"互动"作为两大要素。存在感一般分为两大类，一类是实体存在感（Physical presence），另一类是社会存在感（Social presence）。"社会存在感"是指通过数字交互技术实现在智慧学习的交互中使"用户"被视为"真人"的程度，这是用来衡量交互有效性的重要指标。Short将其定义为"在交往过程中其他人的突显程度，以及相应的人际关系的凸显程度所能达成的沟通双方近似于面对面互动的体验……"。（Gunawardena，1997）认为社会存在感是学习者在参

与媒体交互时感觉作为真实的人的程度。涂志雄（Chih-Hsiung Tu）和玛丽娜·麦萨克（Marina McIsaac）则认为社会存在感是一种对学习者在网络环境下进行学习交互时对于社区感觉的测量。虽然学者间对于社会存在感的概念规定不一，但是在其对网络环境下的学习具有重要作用上是达成共识的。

社会存在感能够决定智慧学习中人际–人机交互的质量。而互动则是影响社会存在感程度的核心变量，对于社会存在感的提升具有重要的作用。综上所述，社会存在感与交互之间的关系十分紧密，相互依存、相互影响。

本章在智慧学习研究的过程中运用社会存在理论来分析交互的有效性，在数字交互技术与学习者的元认知体验之间构建交互存在模型。

二、社会存在感的多维度解析

（一）三维度框架：社会情境、在线社区、交互

根据 Chih-Hsiung Tu 在"The Relationship Between Social Presence and Online Privacy"中研究将社会存在感分为三个维度：社会情境（social context）、在线社区（online communication）和交互（interactivity）。

1. 社会情境

社会情境是与个体紧密相连的，它囊括了与个体心理息息相关的所有社会事实的组织形态。在智慧学习的环境中，学习者所面对的学习与认知情境至关重要。当这一情境能够为学习者带来积极、正面的体验刺激，并使他们对此情境产生强烈的认同感和亲近感时，这将有助于推动学习者对知识的深入理解与自我认知的提升。在这样的情境下，个体将在智慧学习的生态中体验到强烈的社会存在感，这种感受将进一步促进他们学习效果

的提升与自我发展。

2. 在线社区

在线社区作为一个连接不同地域个体的桥梁，为信息传递和知识共享提供了广阔的平台。在数字时代，人们的生存方式日益数字化，他们习惯于通过在线交互进行互动，如使用各类即时通信软件和移动终端应用。这些软件和应用不仅为个体提供了生活、学习和娱乐的平台，还构建了他们的社交圈。当人们在这些平台或社交圈中与其他固定用户进行互动时，这些平台便演变为小型的虚拟社会。在这些虚拟社会中，用户需遵守相应的规则，成为文化形成不可或缺的一部分。通过在线社区中的这种交互，学习者能够利用数字交互技术享受到丰富多彩的学习体验，并感受到强烈的社会存在感。

3. 交互

交互作为智慧学习中的核心手段与过程，相较于现实中的面对面交流，存在着诸多不确定因素。教学活动、学习活动及学习效果的实现都深深依赖交互的过程，它们也是学习者体验社会存在感的关键环节。当交互达到较高程度时，学习者会更加积极地参与到教与学的各项活动中，从而感受到强烈的社会存在感；相反，若交互程度较低，则会抑制学习者的参与度，导致社会存在感减弱，甚至可能使学习者对学习过程产生陌生和疏离的感觉。本书旨在构建的交互体验边界，正是基于智慧学习中的教学环节，深入探究交互对社会存在感的影响作用。

（二）五维度扩展：深入探讨社会存在感的广度与深度

哈姆斯（Harms）等人在"Internal Consistency and Reliability of the Networked Minds Social Presence Measure"一文中对社会存在感制定了量表（Social Presence Inventory，SPI），从自我感知与他人感知两个方面对社会存在感进行了五个维度的划分（见表5-1-1），包括共同存在感（Perceived

Copresence)、参与关注感(Perceived Attentional Engagement)、情绪蔓延感(Perceived Emotional Contagion)、理解交流感(Perceived Comprehension)和行为依赖感(Perceived Behavioral Interdependence)。下面,本书将这五个维度嵌入智慧学习生态中,以学习者为中心,对各维度进行重新诠释。

表5-1-1 社会存在感五个维度及其内涵

社会存在感维度	维度内涵
共同存在感	学习者自身通过感应与适应技术所提供的个性化学习时序、虚拟化学习空间而对其他共同学习的学习者具有存在意识。与此同时,其他共同学习者也对自身具有存在意识
参与关注感	学习者自身通过智慧学习平台设定的学习内容、组织与重构技术提供的学习支持而对其他人的关注程度,以及感知到他人对自己的关注程度
情绪蔓延感	学习者在教学过程中产生的学习热情和学习效果影响其他人的程度和被其他人影响的程度
理解交流感	对从同学习社区其他人那里接收的学习评价等信息的理解程度和他人对自己发出信息的理解程度
行为依赖感	学习者通过学习媒体的行为或者使用、分享学习资源的行为影响其他人的程度和被其他人影响的程度

通过系统梳理社会存在感的三个维度与五个维度,能更深入地理解社会存在感与元认知体验及交互之间的紧密关系。构建社会存在感五个维度与学习者的多肽关系图(见图5-1-1)的核心目标在于探索如何在智慧学习中实现高效交互,通过运用数字交互技术精心创设适宜的社会情境提升学习者的存在感,最终达成优化教学效果的目的。

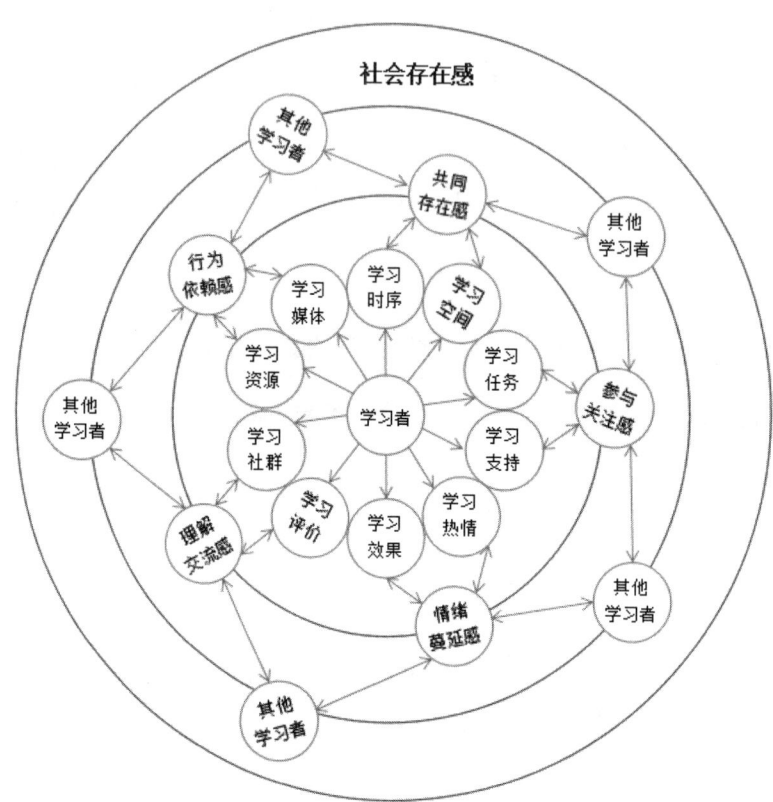

图 5-1-1　社会存在感的五个维度与学习者多肽关系图

三、社会存在感在智慧学习环境中的功能与价值

根据社会建构主义理论，社会性交互有利于个体知识建构，社交情境能够促进个体知识内化。[①] 社会存在感在智慧学习中扮演着至关重要的角色，能够显著影响学习的传播效应，进而对学习效果产生深远影响。具体而言，当学习者在智慧学习生态中体验到较高的社会存在感时，他们对学习会产生更为浓厚的兴趣，并更积极地参与学习交互活动。这种高效的交互有助

---

① 钟启泉．知识建构与教学创新：社会建构主义知识论及其启示［J］．全球教育展望，2006，35（8）：12-18．

于提升学习体验,从而加强学习的传播效应,使学习效果更为显著。相反,如果学习者在智慧学习生态中感受到较低的社会存在感,他们可能会在学习过程中迷失方向,降低学习兴趣,减少参与学习活动的意愿。这将导致交互数量的减少或交互质量的下降,无法提升学习者的体验,从而降低学习的传播效应,使学习效果不尽如人意。

社会存在感作为学习者的内在心理感知,是驱动其持续学习的核心动力。智慧学习构建的虚拟学习社区,为学习者群体提供了基于数字交互技术的多元交互通道。在即时生成或形式多样的交互过程中,学习者的社会存在感得以逐步建构,使其形成强烈的社区归属感,自觉认同自身作为社区主体的身份属性,进而主动投身于学习实践或形成积极交互行为。这本质上是对智慧学习社区体验的深度认可与价值肯定。

在智慧学习生态中,社会存在感的提升能够让学习者深切感受到自我的存在,并激发他们追求自我发展与完善的渴望。当学习者在展示自我的过程中得到身份的认可与尊重时,他们的交互热情与期望将被极大地激发,进而高效实现知识的传播与共享。这种积极的学习状态将带来意想不到的学习效果,推动学习者在智慧学习生态中不断成长与进步。

第二节 社会网络分析法视角下的智慧学习交互分析

在"互联网+"的时代背景下,教育与网络日益紧密地融合,形成了一种别具一格的社会网络群体。这种融合不仅重塑了人们对教育的理解,也深刻改变了传统教育的交互生态。当前,国内外众多专家学者正热衷于对社会网络分析的研究。基于社会网络分析法,智慧学习交互模式的研究逐渐受到广泛关注。本章将借助社会网络分析法,深入探讨智慧学习作为一个社会群落是如何进行教学交互的。

中国科学院、科学出版社于 2017 年对中国在线教育市场进行了大量详细的梳理，从知名度、影响力、创新力、用户体验和未来发展潜力几项指标公布了排名位于行业前 100 名的网站。其中，清华大学在中国高等在线教育领域所研发的"学堂在线"平台摘得综合性冠军。"学堂在线"平台为学习者提供了一整套自助学习交互系统，包括用户注册、课程选择、视频学习、结课认证等板块。其中，"在线学习"板块中分设了三个类别的项目，有教学资料、课程信息以及讨论区。其中，丰富的多媒体数据和课程信息均基于"上传""下载""点播"形式，以"一对多"信息传播方式进行。而"讨论区"板块部分包含学生之间、学生与教师之间的"多对多"类型的信息传递（见图 5-2-1）。

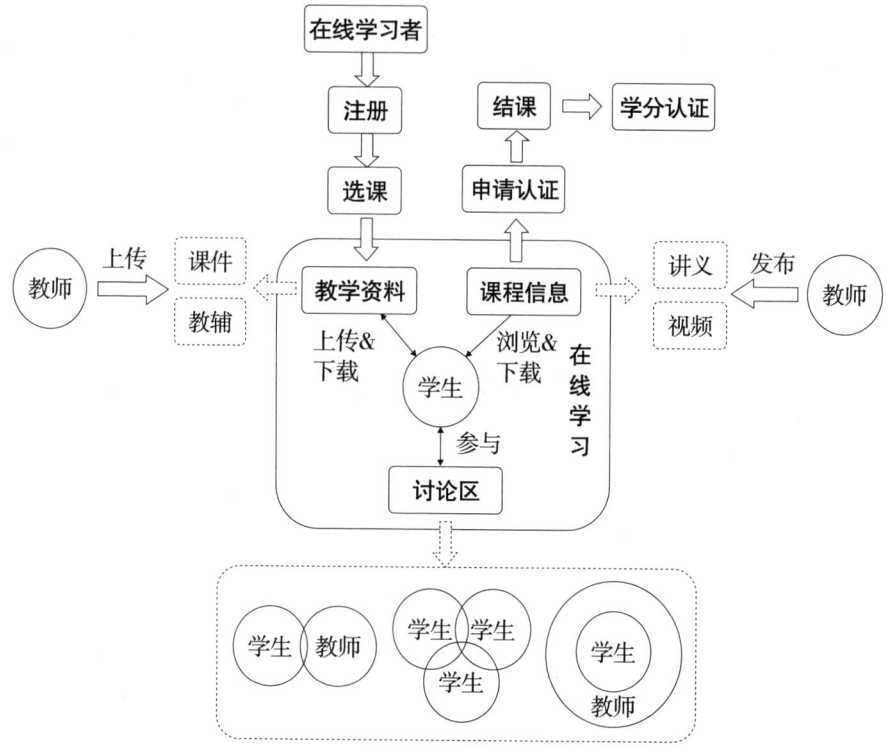

图 5-2-1 "学堂在线"平台的学习交互模式图

"学堂在线"平台精心设置了五个板块,为确保研究数据的真实性和可靠性,本次研究聚焦于其中的"课程"板块。进一步点击"自助学习模式"选项后,筛选出那些开课时间较新、参与人数稳定的中文课程。在众多课程中,特别选取了由清华大学心理学系教授彭凯平主讲的"心理学概论"作为研究对象。在这门课程中,"讨论区"因其高参与度和频繁的交互成为研究的焦点区域。为获取准确数据,筛选出回帖率最高、活跃度最强的案例作为分析样本,本次研究采用先进的 UCINET 软件进行社会网络分析,通过对数据的可视化处理深入挖掘其中蕴含的信息。

一、智慧学习中的社会网络结构特征

案例选取:"【官方话题】身边有哪些行为或哪些现象,是可以用心理学理论来解释的?"在该案例中,实际有 19 位用户参与话题讨论,回帖数量达到 30 条,对该数据群进行抓取并构建关系矩阵,并由此建立用户网络结构关系图(见图 5-2-2)。本案例属于 1- 模网,是由一组行动者之间的关系所形成的网络风格。从图中可以看出,用户关系具有环形和 Y 形等传播效率高的结构[①]。当然,该案例中也存在一些相对低效的结构,如链形和星形。因此,它是一个具有复杂传播结构的社会化网络结构。与此同时,用户的中心不仅是一个发帖者,还形成了多个中心的共存结构,也就是其他的回复也在用户之间进行了交流,并构成了美国心理学家罗杰斯提出的"多级传输结构"。这也证实了在智慧学习系统中人与人之间的人际交互是较为复杂的,其层级化的交互结构能够体现出,数字交互技术应为学习者提供与外界畅通链接的渠道,为存在感提供适当的情境。

---

① 刘军. 整体网分析:UCINET 软件实用指南 [M]. 3 版. 上海:上海人民出版社,2019:7.

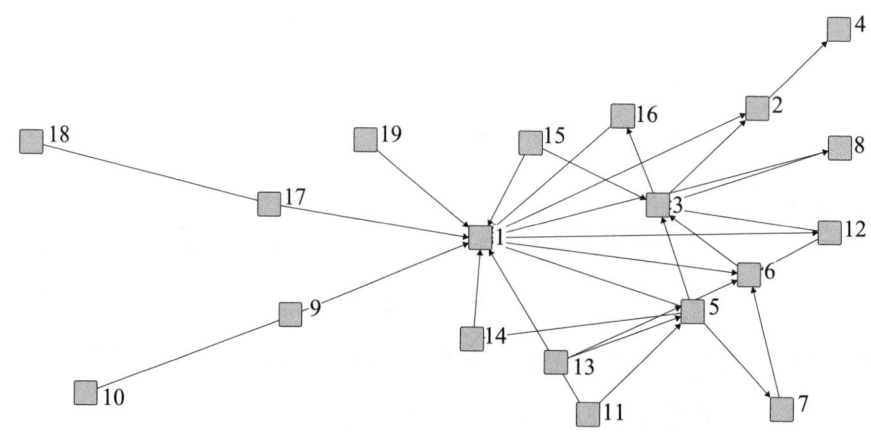

图 5-2-2 "学堂在线"用户网络结构关系图

二、传者－受传者关系深度剖析

（一）网络关系密度与距离的双重考量

用户网络关系结构图显示，本案例中共有节点 19 个，关系线共 36 条，通过计算整体网络密度可以反映该网络节点间的密切程度，在 0 到 1 之间取值，密度数值越大表示用户之间的关系越为密切。本案例的整体网络密度为 0.1053，表明用户之间的联系不紧密，个体游离状态明显，整体网络结构相对松散（见图 5-2-3）。通过对整体网络密度的测量与分析发现，凸显智慧学习网站中用户之间的互动性较差，多依赖"一对多"式的教育资源专业渠道，或热衷于对资料的下载，很少通过用户之间"多对多"式的讨论、质疑与跨网站的方式开拓渠道的多样性。因此，截止到当下，教育即使与互联网技术融合在一起，仍没有实现智慧学习本质上开放与包容、灵活与互动的特质与优势。

BLOCK DENSITIES OR AVERAGES

Relation：Page 1

Density（matrix average）= 0.1053

Standard deviation = 0.3069

Use MATRIX>TRANSFORM>DICHOTOMIZE procedure to get binary image matrix.

Density table（s）saved as dataset Density

Standard deviations saved as dataset DensitySD

Actor-by-actor pre-image matrix saved as dataset DensityModel

----

Running time：00:00:01

Output generated：23 9 月 15 15:15:45

Copyright（c）1999-2005 Analytic Technologies

图 5-2-3　社会网络关系的密度分析结果

（二）传播权力的量化分析：中间中心度、中间中心势与接近中心性

通过 UCINET 软件的精确测算，"学堂在线"用户关系结构图中任意两点间的距离平均值为 2.167，这意味着在网络关系结构中，任意两个用户之间平均需要通过 2.167 个其他用户才能建立联系。这一结果说明，该网络关系中用户间的联系紧密程度相对一般。基于这一平均距离数据，进一步计算得出整个网络关系的凝聚力指标数值为 0.269，这一数据清晰地反映了用户在该关系网络中的凝聚力较低，相互间的影响并不显著。

由此推断，智慧学习的用户大多基于某个共同的学习目标，暂时性地形成了一个网络虚拟团队。从用户的使用黏性来看，他们大多数仅仅是为了完成学习任务而发帖，并没有深刻感受到虚拟团队存在的必要性与归属

感。因此，这些智慧学习的用户既不像传统的课堂学习那样重视与老师、助教及同学之间的持续互动，也没有成功构建出在互联网环境下的教学交互与协同模式。

上述分析表明，在在线教育系统中，应当充分利用数字交互技术，为交互双方提供更为直接且能产生强烈共鸣的交互内容和活动。这样的设计能够有效激发学习者的存在感，使他们更加积极地参与到学习交互中去。

三、传播效应评估：智慧学习中的信息流动与影响

在任何社会体系中，成员的身份地位都呈现出不平等的特性。特别是在交流关系的研究中，研究者往往更加聚焦于那些拥有权力者的行为，即那些处于核心地位的成员。在社会网络分析领域，这种权力被赋予了特定的称谓，即"中心"。本研究中，数据分析工作主要围绕中间中心度、中间中心势及接近中心性等测量和控制指标展开，旨在精准测量用户在智慧学习网络结构中所拥有的权力效应。

（一）中间中心度的测量

中间中心度是衡量各用户所持权力的指标。在本案例中，1号是发帖者，1号、4号、5号的身份为社区助教，其他均为普通学习用户。通过UCINET分析数据，得到点的中间中心度示意图（见图5-2-4），1号、5号、2号、3号为该关系结构中的较大权力者，而1号的中心度数值最大，数值为101.5，成为权力最大者，占据着整个网络的核心地位。在社会网络理论视域下，弗里曼（Freeman）提出，处于网络权力核心位置的行动者，能够通过控制信息传播路径或改变信息传递机制，对网络整体结构及运行效能产生系统性影响。5号的身份为社区助教，在

整个网络关系中起到了相互协调与连接的作用,因此,其中心度也较大。2号、3号为普通学习用户,他们的参与积极性最大,不仅回复了发帖者,还在讨论主题的基础上提出了新的观点,发表新帖子或回答他人的疑问。因此,2号、3号在网络关系中较之其他学习用户的中心化程度更高。由此发现,对资源把控程度最深的即为网络的权力核心,而网络的成熟与可持续发展同样需要具有桥梁作用的普通用户成为权力较大者。

```
Un-normalized centralization: 1732.500

                     1              2
             Betweenness  nBetweenness
             ------------ ------------
   1   1       101.500       33.170
   5   5        33.200       10.850
   2   2        20.700        6.765
   3   3        20.000        6.536
   6   6        12.200        3.987
  16  16         3.500        1.144
   8   8         2.200        0.719
  12  12         2.200        0.719
   7   7         0.500        0.163
   9   9         0.000        0.000
  11  11         0.000        0.000
  10  10         0.000        0.000
  13  13         0.000        0.000
  14  14         0.000        0.000
  15  15         0.000        0.000
   4   4         0.000        0.000
  17  17         0.000        0.000
  18  18         0.000        0.000
  19  19         0.000        0.000
```

图 5-2-4　点的中间中心度

(二)中间中心势的测量

中间中心势是衡量整个关系网络一致性的指标。在所有类型的网络结构中,星形网络的中心势指数最大,为100%,即每个用户都是其他所有用户的衔接关系点。而环形网络的中间中心势指数为0。本案例的中心势指标为31.45%(见图5-2-5),说明在该网络中权力中心较为分散,网络的权力被多个核心个体所把持。

```
DESCRIPTIVE STATISTICS FOR EACH MEASURE

                         1            2
                Betweenness  nBetweenness
                -----------  ------------
   1    Mean         10.316         3.371
   2    Std Dev      23.376         7.639
   3    Sum         196.000        64.052
   4    Variance    546.427        58.356
   5    SSQ       12404.000      1324.704
   6    MCSSQ     10382.105      1108.773
   7    Euc Norm    111.373        36.396
   8    Minimum       0.000         0.000
   9    Maximum     101.500        33.170

Network Centralization Index = 31.45%
```

图 5-2-5　图的中间中心势

（三）接近中心性的测量

接近中心性是衡量关系网络中个体用户与其他用户之间依赖关系的指标。接近中心性数值越大，说明该用户在信息传播过程中对他人的依赖程度越高，在关系网络中的权力地位越低，无法独自传递信息。在本案例中，除了1号用户（发帖者）的接近中心性相对较低，还有多个用户的该指标数值也较低，因此可以判断，本案例的整体中心度较低（见图5-2-6），即信息传播过程中节点间相互依赖的程度较低、影响程度低，或相互关系不密切，不是社区圈型结构[①]。

中心指数之间存在着密切的相关性，通过深入分析这些指标，我们能够得出更为深入的结论。例如，当用户的中间中心势较低而中间中心度较高时，这通常意味着该用户与其他具有权力的用户之间存在着紧密的关联。在这种情境下，用户1与其他关键性人物之间的关联尤为密切。因此，对

---

① 翟延祥.基于社会网络分析的网络社区信息传播模式研究[D].南京：南京航空航天大学，2011.

用户 1 的有效控制不仅可能影响其他权力核心，甚至可能对整个网络产生深远影响。

```
Closeness Centrality Measures
                 1            2            3            4
            inFarness    outFarness    inCloseness  outCloseness
            ----------   ----------   -----------   ------------
  1   1       74.000       168.000       24.324        10.714
  4   4       83.000       342.000       21.687         5.263
  6   6       84.000       173.000       21.429        10.405
  3   3       86.000       178.000       20.930        10.112
  5   5       86.000       169.000       20.930        10.651
  2   2       86.000       171.000       20.930        10.526
  8   8       88.000       173.000       20.455        10.405
 12  12       88.000       172.000       20.455        10.465
  7   7       98.000       180.000       18.367        10.000
 16  16       98.000       175.000       18.367        10.286
 14  14       99.000       176.000       18.182        10.227
 18  18      324.000       342.000        5.556         5.263
 10  10      324.000       342.000        5.556         5.263
 11  11      342.000       155.000        5.263        11.613
 13  13      342.000       154.000        5.263        11.688
 15  15      342.000       156.000        5.263        11.538
 17  17      342.000       142.000        5.263        12.676
  9   9      342.000       142.000        5.263        12.676
 19  19      342.000       160.000        5.263        11.250
```

图 5-2-6　接近中心性

具体来说，中间中心势较低但靠近中心的用户，在网络结构中往往拥有多个通信通道，这使得他们与众多用户都保持着较为接近的关系。以本案例中的 6 号用户为例，其社交范围极为广泛，与其他用户之间的关系都相当紧密。因此，6 号用户在网络中扮演了一个重要的桥梁角色，通过影响他，我们可以接触到网络中的更多用户，从而实现更为广泛的影响。

四、传播效应

凝聚子群分析作为研究社会网络结构的关键指标，为深入洞悉社会网络的传播效应提供了有效的手段。在复杂的社会网络中，众多重要信息的传递往往依赖桥梁节点的枢纽作用。这些节点之间并非都是直接相连的，大量间接关系同样普遍存在，共同构成了网络的多样性和复杂性。在本案例中，这种相对松散的网络结构尤为突出。因此，在审视这些非紧密相关的凝聚子群时，可以借鉴莫坎提出的 n- 宗派（n-clan）概念进行深入分析，从而更精准地把握网络结构的特征和动态。

用 UCINET 软件分析数据矩阵，得到 6 个 2- 宗派（见图 5-2-7）。在整个网络社区中，存在多个派系，这反映出智慧学习网络平台上的交流话题广泛多样，传播与交流过程呈现出较大的离散性。其中，第一组宗派与第二组宗派是整个社会网络中规模最大的两个，且这两个子群中的行动者大部分相同或存在紧密关联，因此两组宗派之间的关系十分紧密，信息在它们之间的传递迅速而高效。然而，其他四组宗派之间几乎不存在交叉节点，它们各自独立运行，信息的传播环境相对封闭。由此可见，整个网络结构中的子群间形成了弱关联关系，即任意两个节点之间并非都是双向连接的，只要网络结构中存在一条从一个节点到达另一个节点的路径，就能实现信息的传递。

```
6 2-clans found.
    1:  1 2 5 6 8 9 11 12 13 14 15 16 17 19
    2:  1 2 3 5 6 8 11 12 13 14 15 16
    3:  1 2 3 4
    4:  1 3 5 6 7 11 12 13 14
    5:  1 9 10
    6:  1 17 18
```

图 5-2-7 "学堂在线" 2- 宗派数据图

这充分表明，在智慧学习系统中，应当充分利用数字交互技术，以提升交互双方信息传递的有效性。同时，还需加深人与人之间在智慧媒体环境下的相互关注度，从而构建出个体建立存在感的交互体验边界。这样不仅能提升学习体验，还能促进学习者之间的深度互动，使智慧学习系统真正发挥其应有的作用。

第三节　交互设计与社会存在感的互动关系

一、交互体验与社会存在感的内在联系

智慧学习生态，宛如一个开放而包容的大型教学社区，它拥有无与伦比的包容性和广泛的自由度。在深入研究智慧学习的教学交互体验边界时，对社会存在感的深入剖析显得尤为重要。这一分析不仅有助于更好地理解学习社区中的互动模式，还能为优化学习环境、提升学习效果提供有力的理论支持。

（一）存在感：交互行为的自然产物

Garrison 在英国的法尔墨构建 21 世纪在线教育框架时指出，可以通过认知存在、社会存在与教学存在之间的相互作用来了解教学交互的结果和质量。国内外大量的学者通过各种实验方法得到相关的数据，证明了社会存在感与教学交互之间的因果关系。比如，葛楠等人在研究非正式网络学习共同体中社会存在感影响因素时，采用 SPSS 软件对调查问卷数据进行分析，探讨了管理官关注、隐私关注、群消息设置对非正式网络学习共同体中社会存在感的影响。[1]

（二）交互动力：存在感的激发与强化

社会存在感是实现学习者进行交互的基础与条件保障。奥兹托克

---

[1] 葛楠，孟召坤，徐梅丹，等. 非正式网络学习共同体中社会存在感影响因素研究［J］. 中国远程教育，2017（1）：37-44.

(Oztok)根据建构主义学习理论,概括出社会存在感是交互的先决条件,学习者的行为与社会存在感呈正相关的态势。也就是说,存在感能够激发交互的运行,即一旦学习者体验到自己属于社群的一员,便会更主动地与其他学习者、教学组织者、学习内容、学习资料发生交互,体验效果更真实;而且社会存在感的体验越强,交互就进行得越为顺畅和有效。

(三)条件性关联:交互与存在感的双向作用

皮卡西诺(Piccaciano)在研究中指出,社会存在感与教学交互并不是完全的因果关系,由教学交互所产生的社会存在感,或者由社会存在感所带动的教学交互都是在一定条件下产生的。斯万(Swan)认为,教学交互与存在感之间具有某种对等关系,即学习者与学习内容之间的交互对等激发认知存在感,学习者之间的交互对等激发社会存在感,而学习者与教师之间的交互对等激发教学存在感。诚然,这种划分对于智慧学习灵活自由的交互模式而言显得过于机械和刻板,实际的对等关系并不如此严谨。以社会存在感为例,其激发并不仅仅依赖学习者之间的交互,而是智慧学习生态中整体的交互情境与模式共同为学习者营造的"真人""真实存在"的体验。正是这些体验的累积,才逐渐激发出学习者的社会存在感。因此,本书认为交互与存在感之间存在紧密的关联性,但这种关联的形成依赖体验的累积与激发,是一种条件性的关联。这种理解有助于我们更深入地探究智慧学习生态中交互与存在感之间的复杂关系。

二、社会存在感引导下的智慧学习交互多态模型

经过上述深入分析,可以清晰地看到,尽管智慧学习通过调整传播方式已经与传统教育模式有所不同,但在互动效果方面却并不尽如人意。尤其是在与社交网络功能的互动中,智慧学习仍然无法有效地实现其预设的

功能。因此，对智慧学习的交互模式进行重构显得尤为重要，这将是提升互动效果、推动智慧学习进一步发展的关键。

（一）生态龛①结构：教师–学生协同进化的新生态

在传统教育互动模式中，传播者角色被明确赋予教育者，这一角色具有清晰的概念界定。教育者不仅掌握着丰富的教学资源，而且以教学管理者的身份主导教学方向。

但是，在互动性完备的教学智慧生态中，知识的中心不仅仅是老师，交互的角色应该是多元化的。更多的用户，甚至一些企业与专业组织，也由于其独特的观点、信息共享和准确的答案等因素，成为网络中的权力关系的核心，也就是拉扎斯菲尔德在媒体传播学中定义的"意见领袖"。这些"活性分子"在信息传播过程中扮演着中介或过滤的关键角色，甚至被接受者提升为传播者（见图 5-3-1）。随着传播者在协同进化过程中发挥的信息交互作用，不断丰富智慧学习传播模式的内涵，拓展其生态位广度和深度的传播，使网络平台与课堂融合的现实进一步深化②。

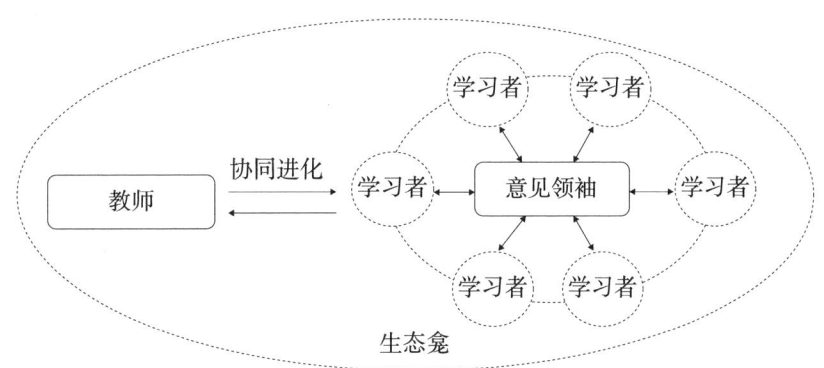

图 5-3-1　智慧学习生态龛结构示意图

---

① 丁汉青.重构大众传播中传播者与受传者之间的关系："传""受"关系的生态学观点［J］.现代传播，2003（5）：27-30.
② 马世骏.现代生态学透视［M］.北京：科学出版社，1990：221.

（二）学习内容标准化：精准定位与"吸睛"设计

智慧学习已经对传统高等教育中传播内容的完整性与连贯性进行了深刻的改造。互联网的兴起不仅打破了教育的时空限制，也改变了学习者传统的 45 分钟一堂课的学习习惯。为了提高学习效率并节约网络资源，智慧学习普遍采用慕课这一新兴的教育形式。然而，多数慕课由于制作者并非数字视频的专业人员，因此其形式多以随堂录制的授课视频为主，不具备时间短、发布频繁、内容精简等特点，这大大降低了其传播效果。因此，大量用户对智慧学习平台提供的视频资源并不感兴趣，除了学分的硬性要求，他们很少会主动通过智慧学习平台学习其他免费内容。

智慧学习的持续发展，离不开用户稳定的访问量，而课程内容的建设则成为制约其发展的关键因素。深入分析发现，这主要是由于智慧学习课程或企业缺乏统一的内容制作标准，因此整个行业和学术界都处于摸索和探索的阶段。智慧学习作为一个刚需与非刚需相结合的内容提供平台，其内容定位可以借鉴国内在中小学远程教育领域的佼佼者——101 网校。101 网校不仅在技术上不断创新，还在内容上做到了精准化和标准化，成功突破了智慧学习的诸多限制。

101 网校的邵涛，作为 O2O 部门的负责人，曾在 BBS 上的微博中分享道："101 网校从提供简单的文本课程，发展到如今分年级、分版本、分省份的精细化教学课程，每一步都基于技术的发展和用户的真实需求。O2O 事业部的成立，也是根据市场的变化和需求，对原有 O2O 模式进行升级，致力于为学生制定更具个性化的学习方案。"这种高度的网络学习自我独立与时间自主化水平，有效保持了学习者的积极性。因此，可以预见，标准化的传播内容、定位精度及视觉效果的优化，将成为智慧学习内容发展的必然趋势（见图 5-3-2）。

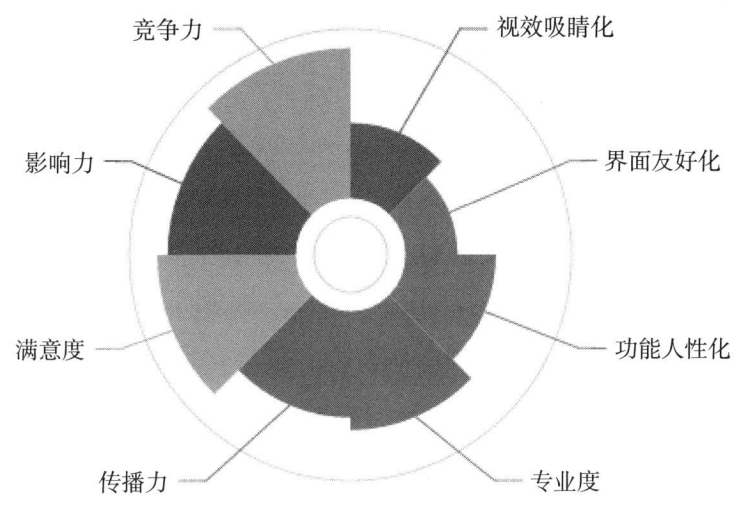

图 5-3-2　智慧学习传播内容标准化体系

（三）交互渠道优化：衍射化与增值服务

在传统的教育模式下，通常采用"一对多"的教学方式，这种方式形成了单向的信息传递路径。然而，互联网的崛起推动了智慧学习的发展，使其形成了"多对多"的交叉性、多维度的交互渠道。在这种网络关系中，每个学习者都展现出了"以自我为中心"的自媒体交互模式，他们的行为会对其他学习者产生影响，进而在一定程度上改变了网络关系的形态。以"学堂在线"中的"讨论课"为例，老师提出问题后，学生们通过发帖的方式进行讨论。虽然发帖是一种个人行为，但在网络环境下，这些帖子会成为其他学习者浏览的对象，可能引发共鸣或辩论，从而影响整个讨论的走向，甚至对课程或学术思考的深度产生影响。

本研究将这种类似于"蝴蝶效应"的现象称为"衍射现象"（见图 5-3-3）。然而，目前这种衍射现象在智慧学习网站上的表现并不如在娱乐类社交网站上那么显著。事实上，衍射现象的成熟化不仅能够充分发挥多元化用户的优势与能力，使智慧学习的传播过程从艰难的"自营"模式过渡到更为自由的"共营"模式，而且还能通过这一途径实现微服务营销、产品买卖、广告推广等增值业务的经营，从而确保智慧学习的正常运营。

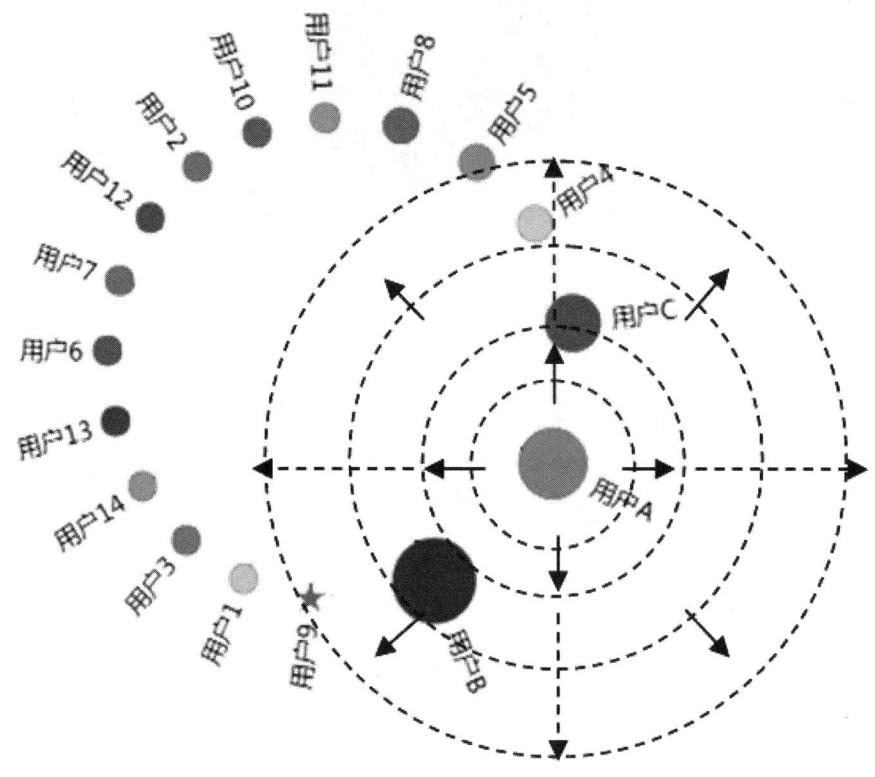

图 5-3-3　智慧学习的传播渠道衍射现象

（四）层级化交互结构：提升学习深度与广度

根据中心性分析的结果，除了教育组织者，还存在其他的网络结构中心，即被称为"意见领袖"的个体。任何信息的有效交互都离不开这些"意见领袖"的参与和协作，他们往往成为信息流通的核心，围绕他们形成了各种子群。而这些子群之间的信息传递，则需要桥梁节点的支持和连接。

因此，本研究发现，尽管智慧学习平台在传播结构上进行了分层的尝试，但至今尚未形成一个稳定且清晰的层次结构。

展望未来，智慧学习的传播结构将更加倾向于以社会网络结构的层次结构为基础进行构建。这种层次结构不仅能够更好地反映信息的流通路径和节点的重要性，还能够进一步引导人们认识到"意见领袖"在信息传播中的权力价值。因此，与"意见领袖"建立紧密的合作与沟通机制，将是保持未来智慧学习互动模式正常运作的关键。通过充分发挥"意见领袖"的引领作用和桥梁节点的连接作用，智慧学习平台将能够构建一个更加高效、稳定且富有活力的信息传播网络。

智慧学习的层级化交互结构清晰分明，其中"源发级"构成了第一层次，即作为信息源头和始发传播者的关键节点。他们是信息流通的起点，扮演着引领信息传递的重要角色。

紧随其后的是"领袖级"层次，这是信息交互过程中的权力核心力量。在这个层次中，"意见领袖"、大V等角色占据着核心地位，他们既是信息的传播者，也是信息的接收者，双重身份使得他们在整个交互过程中发挥着举足轻重的作用。

而"大众级"则构成了第三层次，这是信息交互过程中的普通接受者群体。他们以聆听、隐身、小范围信息沟通等方式积极参与其中，形成了社会网络结构的中坚力量，为整个信息交互过程提供了坚实的基础。

在这个层级化交互结构中（见图5-3-4），层级下行体现了一种以智慧学习传播者为权力核心的管理结构，确保了信息的有效传递和管理。而层级上行则代表了以学习者为中心的个性化学习结构，关注学习者的个性化需求和学习效果。这两种结构形成了互逆的关系，相辅相成，以确保在任何一个环节出现问题时，都能从问题节点处重新出发，顺利完成"教"与"学"的任务。

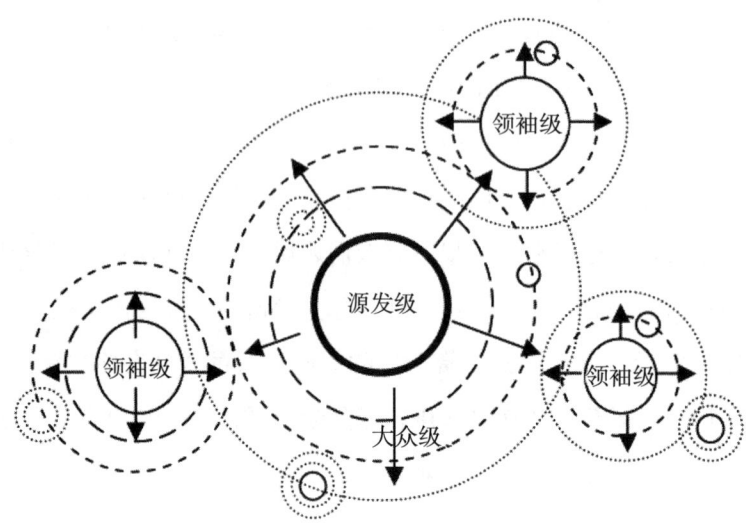

图 5-3-4　智慧学习的层级化交互结构

第四节　V&R 边界突破：心流交互设计下的真我体验

一、精神熵与 V&R 边界：理解认知负担的边界

（一）精神熵概念引入

心理学家米哈里·契克森米哈赖（Mihaly Csikszentmihalyi）认为，每当信息的涌入对意识目标形成压迫的时候，意识就会变得紧张而无秩序，自我体验也受到了损害，他称这种现象为"精神熵"（psychic entropy）。这种现象的出现会使注意力转移到错误的方向，因而无法充分发挥功能，精神能量不再起作用。

在智慧学习的环境下，大量的数字化信息如同潮水般涌入学习者的视野。当这些信息与学习者自身的认知相吻合时，它们并不会对意识结构造成冲击；然而，一旦信息量变得庞大，或者信息与学习者原有的认知发生冲突，抑或这些信息是学习者从未接触过的，那么学习者原有的心理信息结构就有可能受到损害。这种损害会导致学习者的意识变得混乱，难以有序化，从而成为精神熵的源头。

具体表现为，学习者在这种状态下可能会陷入自我认同的困境，无法为自己准确定位，更不知道如何有效地吸纳这些有意义的信息。因此，对于智慧学习而言，精神熵是一个极为严重的问题。这是因为智慧学习与传统的课堂环境不同，教师无法面对面地帮助学习者解开心中的疑惑或情绪的纠结，将混乱的意识结构再次有序化。

要应对这一挑战，不仅需要学习者个人的深度接纳与努力，还需要外部力量的支持。这种支持可以以各种形式出现，旨在加固学习者的自我认同意识结构，并对新信息进行适当的包装，使其更易于学习者的认知与接纳。这样，学习者才能在这场有序化的战斗中取得胜利，有效地处理并吸收智慧学习中的大量信息。

精神熵是可以衡量的，高值的精神熵意味着无序，而低值的精神熵意味着有序，有序化则是对抗熵增的过程。智慧学习应该是一个负熵过程。

（二）V&R 边界与精神熵的关联

对于 V&R 交互体验边界而言，其对真我感知体验的阻碍主要源于精神熵。因此，降低熵值就能够较好地突破 V&R 交互体验边界，实现智慧学习中理想状态下的真我体验。负熵的过程是信息有序化的过程，因此，智慧学习中的数字交互应从辅助学习者构建有序化的意识结构角度出发进行设计，即心流交互设计。

二、心流理论在交互设计中的应用

（一）心流概述：沉浸体验的理论基础

心流的提法最早源自 2500 多年前的佛教用语"心底有佛，佛入心流"，道教"水流心不惊，云在意俱迟"也体现出对于心流的思考[①]。国外对于心流起源于近代，很多学者将心流的研究纳入心理学的范畴，并对其进行了系统的总结与定义。其中集大成者是心理学家 Mihaly Csikszentmihalyi 根据水流载人前行的隐喻所提出的心流体验（Flow Experience）的概念，并将其定义为一种人在活动中完全沉浸在充满活力、完全参与和成功体验的心理状态。其他学者也在自己的研究领域里对心流进行定义。1983 年，普里韦特（Privette）和邦德里克（Bundriek）将心流体验定义为一种内在愉悦的体验，是一种与马斯洛提出的"高峰体验"类似的感觉。1994 年，克拉克（Clarke）和哈沃斯（Haworth）将心流定义为当挑战与个人技能匹配时人们获得的一种完全满足的主观体验。埃利斯（Ellis）等人在他们的研究"Measurement and analysis issues with explanation of variance in daily experience using the flow mode"中认为心流是一种包含积极的情感、自由的感知、高水平的激励和内在动机的最佳体验。加尼（Ghani）和德什潘德（Deshpande）认为心流应是能够完全沉浸于某项活动中，并从中获得愉悦的状态。

综上所述，心流或者心流体验是一种在参与某项活动中，获得的沉浸感、忘我感、满足感和愉悦感的主观情绪。在智慧学习中，学习者在参与学习交互活动时所实现的自我行为认同、自我属性认同、自我认知认同和自我价值认同能够与心流产生的体现效果相吻合。自我行为认同对应沉浸感、自

[①] 邓鹏．心流：体验生命的潜能和乐趣［J］．远程教育杂志，2006（3）：74-78.

我属性认同对应忘我感、自我认知认同对应满足感、自我价值认同对应愉悦感。因此，在智慧学习中的交互设计能够引入心流的理论加以建构。

（二）心流特征解析：九个关键要素

根据契克森米哈赖的研究，心流状态具有九大显著特征，这些特征为我们深入理解和把握心流状态提供了有力的工具。当我们将这些特征与智慧学习的交互过程相结合时，可以清晰地描绘出学习者在智慧学习生态下，因交互而引发心流体验时的状态。

1. 明确的目标导向

这打破了日常学习中的盲目与随意，使学习者在智慧学习的交互中能够清晰地知道自己的学习目标，以及在目标的引领下应如何有条不紊地推进学习进程。

2. 即时反馈的获取

智慧学习的交互中，学习者能够实时了解自己的认知与行为状态，获得及时的反馈，这种元认知体验有助于他们更好地调整学习策略，优化学习效果。

3. 挑战与技能的平衡

在智慧学习的交互中，学习者体验到的是一种恰到好处的挑战，既不会因难度过高而产生挫败感，也不会因过于简单而失去兴趣，这种平衡使得学习成为一种愉悦的过程。

4. 行动与意识的融合

学习者在明确的目标和及时反馈的引导下，实现了学习行为与学习意识的同步，全身心投入到学习中，达到全神贯注的状态。

5. 免受外界干扰

在心流状态下，学习者能够忘却时间、空间等外界因素，将注意力高度集中在学习内容上，形成一种专注而忘我的学习体验。

6. 无畏失败的勇气

在智慧学习的交互中，学习者展现出一种对失败的无所畏惧，他们专注于学习过程本身，而非过分关注结果，这种心态有助于他们更加放松、自信地面对学习挑战。

7. 自我意识的淡化

学习者在心流状态下突破了自我的限制，忘却了个人的得失与评价，全身心地沉浸在学习中，达到了一种忘我的境界。

8. 时间的感知变异

在智慧学习的交互中，学习者常常感到时间过得飞快，甚至忘记了时间的流逝，这种对时间感知的变异正是心流状态的一种典型表现。

9. 活动目的的转变

最初，学习者可能因为需要获取知识而选择智慧学习的方式；然而，当智慧学习的交互带给他们上述心流体验时，他们便会由衷地喜欢这种学习方式，甚至主动选择它来进行更多知识的学习。这种从"必须做"到"想去做"的转变，正是心流状态对学习者学习动力与兴趣的巨大提升作用的体现。

（三）心流模型探索：从三通到PAT的全面解析

30多年里，各个科研团队对心流的产生与影响因素进行分析分解，对心流的模型进行了三次阶段性的大胆构建。

1. 三通渠道模型

契克森米哈赖将技能和挑战引入影响心流产生与变化的模型中，成为重要的影响因素[1]。从图5-4-1可以看到，心流的产生是由技能与挑战相互

---

[1] SCHAIK V P, MARTIN S, VALLANCE M. Measuring flow experience in an immersive virtual environment for collaborative learning [J]. Journal of computer assisted learning, 2012, 28 (4): 350-365.

平衡后产生的。如果技能过强，而挑战过小，则会使人产生厌倦；如果挑战过大，而技能过弱，则会使人产生焦虑。只有当技能与挑战强度相当时，才会让人产生愉悦、一切尽在掌握之中的成就感，即心流状态形成了。

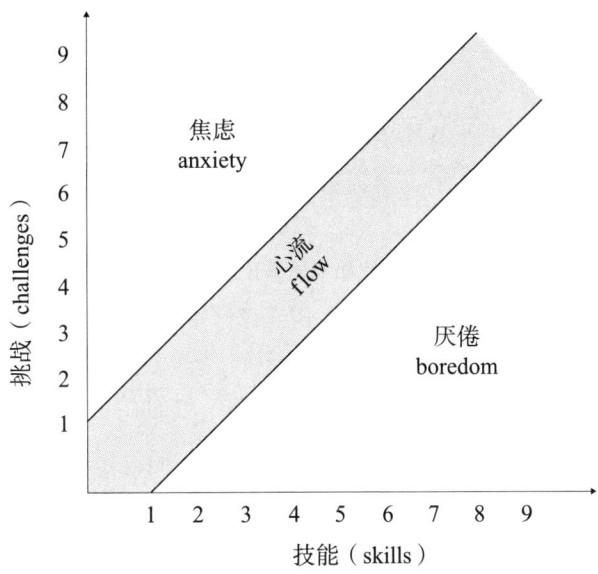

图 5-4-1　契克森米哈赖的心流三通渠道模型[①]

2. 修正后的心流体验模型

1985 年，在三通渠道模型的基础上，米兰大学的马西米尼（Massimini）等通过经验采样法（Experience Sampling Method）对青少年进行采样分析，提出了更为有说服力的心流模型。该模型中仍然以技能和挑战作为两个主要因素，但是强调心流的产生不仅需要技能与挑战处于平衡状态，还需要一项指标来衡量这个平衡状态，即该平衡状态应达到一定的强度水平——面临的挑战与技能的平均水平[②]（见图 5-4-2）。

---

① 邓鹏.心流：体验生命的潜能和乐趣[J].远程教育杂志，2006（3）：74-78.
② 吴小梅，郭朝阳.心流体验概念辨析与测量评析[J].现代管理科学，2014（4）：108-110.

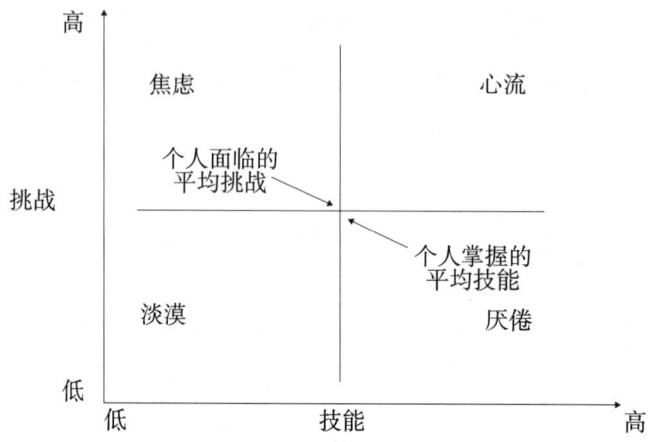

图 5-4-2　马西米尼和卡里修正后的心流体验模型

3. 八通渠道模型

在修正的心流三通渠道模型的基础上进一步研究，马西米尼和卡里继续对技能和挑战进行细化和梳理，最终形成了八通渠道模型（见图 5-4-3），产生了八种对应组合关系（见表 5-4-1）。

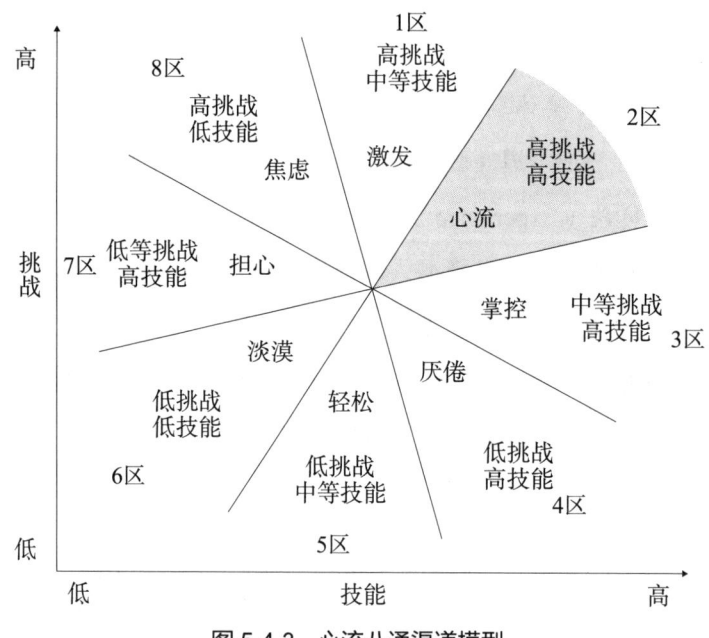

图 5-4-3　心流八通渠道模型

表5-4-1　八通渠道模型的八种对应组合关系

体验	挑战	技能
心流（flow）	高	高
厌倦（boredom）	高	低
冷漠（apathy）	低	低
激发（arousal）	高	中
掌控（control）	中	高
轻松（relaxation）	低	中
焦虑（anxiety）	高	低
担心（worry）	低	高

4. PAT模型

克莉斯汀·芬纳兰（Christina Finneran）和张平将心流引入计算机环境中，对人机交互设计提出指导性、实践性、可控性的意见，从而产生PAT（Person、Artifact、Task）心流模型。其中的P指心流体验的主体，A是能够实现交互的媒介，T是通过媒介完成的任务。当产生交互的媒介与任务相匹配时，便可产生心流状态。

三、真我体验的实现路径：突破V&R边界

根据Harms的社会存在感的五维度模型理论，本章以学习者为核心，结合智慧学习的交互结构模式，将学习者在教学交互中形成的五种感觉与元认知体验相匹配，发现由交互引发的社会存在感能够实现学习者在虚拟时空下得到真我[①]的体验（见图5-4-4）。在智慧学习的交互过程中，学习者有时可能会遭遇学习内容的理解难题，这可能导致精神熵的产生或加剧。

---

① 真我，即真实存在、可感知的自我本体。

为了维持学习动力，学习者需要努力冲破意识的无序状态，降低精神熵。尽管学习者自身的内部调节机制能够发挥一定作用，但外在环境的支持和功能辅助同样至关重要。这些"外援"能够帮助学习者重新构建有序的意识结构，降低精神熵的值。

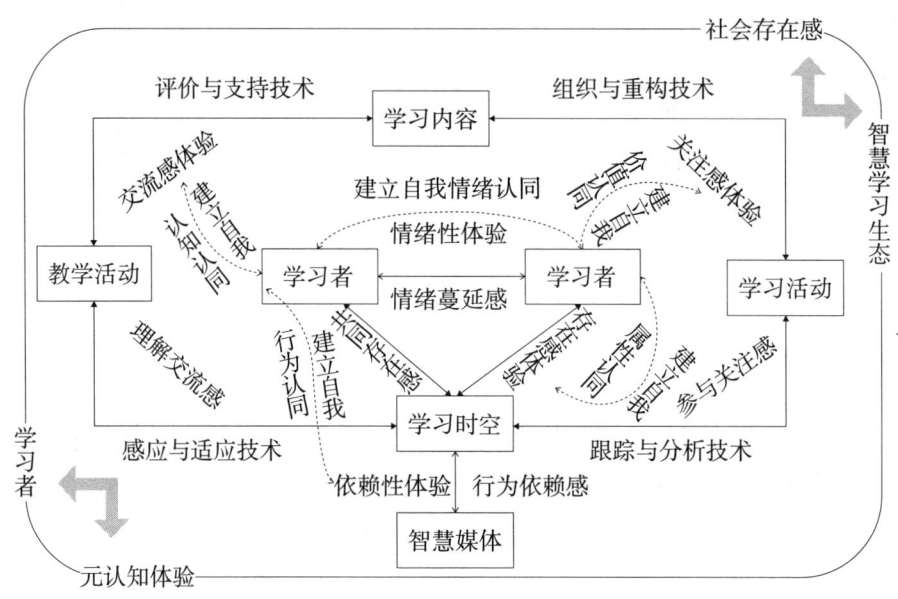

图 5-4-4　真我体验关系模型示意图

如果缺乏这样的外部支持，学习者原有的有序化、结构化的心理场面临崩塌的风险将显著增加。因此，持续、稳定、高度结构化和有序化的外援信息对于学习者而言至关重要。当这些外援信息能够增强学习者的内部结构，或者与内部结构相融合时，它们便成为推动学习者前进的正能量。这种正能量的存在，不仅有助于学习者克服学习中的困难，还能提升他们的学习效果和体验。

由此，本书设计了心流状态交互设计突破 V&R 边界示意图，整个流程图展示了人工智能系统在学习过程中的各个环节和交互过程（见图5-4-5）。从图中可以看出，该系统主要由学习者、智慧媒体、交互活动、教学活动和学习活动五个部分组成。

学习者通过参与交互活动来获取信息和进行思考。这些交互活动可能包括问答、讨论、实践操作等多种形式,旨在促进学习者与系统的互动和知识的获取。在交互过程中,学习者会产生多种情感体验,如行为依赖感、共同存在感、理解交流感等,这些体验有助于增强学习效果和学习者的参与度。

智慧媒体作为系统的核心部分,为学习者提供各种服务和支持。它可能包括智能教学平台、学习资源库、数据分析工具等,用于辅助学习者的学习活动和提供个性化的教学方案。智慧媒体的存在使得学习者能够更高效地获取信息、解决问题和掌握知识。

交互活动作为连接学习者与智慧学习系统的核心纽带,其设计融合了多模态交互技术与情境化学习需求。这些活动以问答对话、协作讨论、虚拟实操、智能测评等多元形式呈现,构建起学习者与智慧媒体、教学内容及其他参与者之间的动态交互网络。在交互过程中,系统通过自然语言处理、情感计算等技术实时捕捉学习者的认知状态与情感反馈,形成闭环机制。

教学活动和学习活动是流程图的另外两个重要环节。教学活动通常由教育者或系统根据学习者的需求和能力来设计和实施,包括课堂讲解、实践操作、小组讨论等。学习活动则是学习者在系统的指导下进行的自主学习过程,包括阅读资料、完成作业、进行练习等。

在整个学习过程中,系统通过明确的目标设计和及时的反馈设计来促进学习者更好地完成任务。明确的目标能够帮助学习者明确学习方向和预期成果,而及时的反馈则可以让学习者了解自己的学习进展和需要改进的地方。

此外,系统还注重学习者的情感体验和认知过程。通过设计挑战与技能平衡的活动,系统帮助学习者在适度的挑战中提升能力,同时避免过度压力。同时,系统还关注学习者的自我意识和情绪状态,通过提供必要的支持和引导,帮助学习者实现自我价值认同和情感平衡。最后,整个系统旨在帮助学习者达到心流状态，即一种高度专注、忘我投入的状态。在这种状态下，学习者能够实现行动与意识的同步，忘记时间的流逝，全身心投入到学习活动中。这种状态有助于提升学习者的学习效果和学习体验。进入心流状态的学习者，会体验到对自我行为的认同、对自我属性的认同、对自我认知的认同、对自我价值的认同。这种正面元认知体验不仅巩固了学习者对智慧学习生态中真我的肯定，也稳固了心理场的有序结构。最终，学习者能够突破 V&R 体验边界，持续进行智慧学习，实现自我提升和发展。

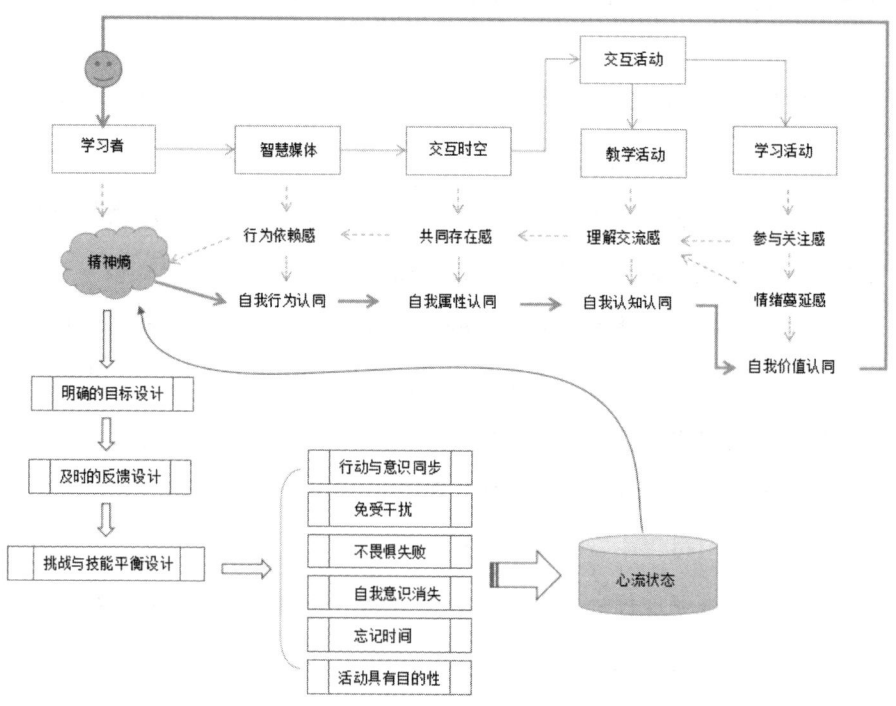

图 5-4-5　心流状态交互设计突破 V&R 体验边界示意图

（一）自我行为认同

在智慧学习的交互结构中，社会存在的五维度与学习者的互动并不仅限于学习者本身，智慧媒体同样扮演着举足轻重的角色。因此，在构建真我体验关系模型时，需要引入智慧媒体这一要素，并将其与学习时空紧密结合，因为学习的时间和空间正是通过智慧媒体得以实现与支持的。

根据五维度模型理论，学习者在使用学习媒体或分享学习资源的过程中，其行为对他人产生的影响及受到他人影响的程度，被称为行为依赖感。这种依赖感在行为互动中逐渐深化，进而转化为一种行为依赖性的元认知体验，从而建立起自我行为认同。换言之，学习者通过智慧媒体进行的学习行为，在元认知层面得到了自我认同。这种对自我行为的认同，是智慧学习得以启动的原动力，它塑造了愿意学习的"我"。

（二）自我属性认同

学习者在与技术互动的过程中，通过感知和适应技术所提供的个性化学习时序与虚拟化学习空间，对其他学习者的存在产生了意识。同时，其他共同学习者也对学习者自身产生了存在意识，这种相互的感知共同构建了共同存在感。共同存在感是学习者对自身所处具体时间和空间的认知。当时间与空间能够以一定的标尺进行衡量与标记，或者与他人形成参照时，学习者便实现了对自我属性的认同。这种认同不仅是对处于虚拟空间、碎片化时序中的"我"的认同，还是在元认知层面对自我属性的确认。对自我属性的认同，是评估智慧学习可行性的重要指标，它确保了学习者在虚拟环境中的自我定位和认同。

（三）自我认知认同

学习者在教学活动的交互过程中，通过评价与支持技术能够衡量自己对从同一学习社区其他成员那里接收的学习评价等信息的理解程度，以及他人对自己发出信息的理解程度。这种相互理解的深度被称为理解交流感。基于这种交流感，学习者会形成一种独特的元认知体验，即对自己在知识认知与理解方面的认同。这种认同不仅体现在对知识的获取能力上，还体现在对知识的理解能力上。在元认知层面，学习者认可自身在知识获取和理解方面的能力，这种自我认知的认同有助于构建学习者持续接受智慧学习的自信心，逐渐塑造出一个自信的"我"。

（四）自我价值认同

学习者通过智慧学习平台设定学习任务，同时利用组织与重构技术提供的学习支持，感知自身在学习过程中的被关注程度及他人对自身的关注程度，这种感知即为参与关注感。参与关注感的产生，进一步触发了学习者的元认知体验，这种体验是对自我价值的深刻认同。在元认知层面，学习者认可自己在参与学习活动和被他人关注中所展现的自身价值。这种价值认同不仅加深了学习者参与智慧学习交互的深度，还在无形中塑造了一个有价值、有意义的"我"。

（五）自我情绪认同

借助跟踪与分析技术，学习者在学习活动中的学习热情和学习效果对他人产生的影响，以及受到他人影响的程度，被称为情绪蔓延感。这种情绪蔓延感所引发的情绪性元认知体验，对于学习者建立自我情绪认同具有重要意义。

在学习活动的过程中，学习者与其他人及学习效果的交互往往会引发各种情绪反应，无论是正面的喜悦、兴奋，还是负面的挫折、焦虑，这些情绪都在无形中影响着学习者继续学习或交流的进程和效果。这些情绪的产生并非偶然，它们都有其深刻的原因和特定的作用。正面的情绪体验有助于学习者认同那个积极、充满活力的"我"，从而更加乐于投入学习；而负面的情绪体验则让学习者更加深刻地认同那个在困难面前不屈不挠的"我"，进而以更加认真、积极的态度面对接下来的学习任务。因此，无论是正面还是负面的情绪,都是学习者自我认同的重要组成部分,它们共同构成了学习者丰富而真实的情绪体验。

通过以上五个方面的深入探讨,学习者在智慧学习生态的交互过程中,社会存在感的激发催生了深刻的元认知体验。这种体验使得学习者逐步实现了对自我行为的认同,确认了自身在学习活动中的行为价值;同时,对自我属性的认同也让学习者在虚拟空间中找到了自己的定位,确认了自身的存在意义。此外,对自我认知的认同使学习者更加肯定自己的知识获取和理解能力,为持续学习提供了自信;对自我价值的认同则进一步加深了学习者对自身价值的认识,提升了参与学习活动的积极性。最后,对自我情绪的认同让学习者能够正视并接纳自己在学习过程中产生的各种情绪,从而更好地调整学习状态,面对学习挑战。

这一系列认同的达成,标志着学习者成功完成了从"虚拟世界的我"到"虚拟世界的真我"的转变。在这个过程中,学习者不仅提升了自己的学习能力,也实现了自我认知的深化和自我价值的升华。

四、心流交互设计对真我体验的实证研究

心流交互设计的核心原则在于实现学习者在虚拟世界中对"真我"的深刻感知。为此,数字交互技术,特别是那些能带来强烈存在感和沉浸感的技术,成为不可或缺的支撑。混合现实技术,作为数字交互设计的第二阶段代表,在这方面尤为突出。作为虚拟现实的延伸,混合现实能够基于心流交互设计,自然融入智慧学习的流程之中。

近年来,混合现实在教育领域的发展与应用为学习者带来了前所未有的新体验,使他们能够更加真切地感知世界与自我。在这一感知过程中,学习者完成了对自我的认同,深化了智慧学习的内涵。混合现实技术的引入,不仅丰富了教学手段,而且在深层次上推动了学习者对知识和自我的

双重认知，为智慧学习的发展开辟了新的道路。

在国外，心流交互设计已经迈向数字交互设计的第二阶段，展现出显著的进步。特别是在智慧学习领域，混合现实的应用已趋向成熟。一个值得瞩目的例子是比尔和梅琳达·盖茨基金会资助的混合现实教学实训系统 TeachLivE。该系统由中佛罗里达大学教育与人类学院教授迈克·哈尼斯领衔开发，他汲取了丰富的教育心理学成果，为系统注入了深厚的理论基础。

TeachLivE 系统中的核心亮点在于能够与学习者互动的虚拟人物化身 Avatar（见图 5-4-6）。这个以 Avatar 为核心的技术与互动机制，通过精心设计的课程环节为学习者提供了沉浸式的学习体验。这些课程包括实训室考察、差异化合作教学及教育实习等，旨在帮助学习者完成从"认识你"到"课程评估"等一系列学习环节。

图 5-4-6　混合现实教学实训系统（TeachLivE）的实施效果

这种类游戏式的学习体验让学习者在轻松愉快的氛围中完成了自我行为认同、自我属性认同、自我认知认同、自我价值认同及自我情绪认同。它打破了传统学习的界限，让学习者在虚拟与现实的交织中发现了自我，

第五章　交互设计：突破 V&R 边界，实现元认知真我体验

实现了自我价值的提升。混合现实技术的引入，不仅丰富了教学手段，还为智慧学习带来了革命性的变革。

在数字交互设计的演进历程中，第一阶段的案例同样丰富多样。以美国亚拉巴马州为例，该州地域辽阔，其教育环境与中国的中西部地区学校存在诸多相似之处。为了提升教育质量，亚拉巴马州教育部创新性地建设了一个覆盖全州的在线与交互视频系统，旨在连接课堂教师与学生，确保农村地区的学生也能接触到原本学校无法提供的课程。参与这一系统的学生都遵循统一的学习日程，同时拥有根据个人学习进度调整学习计划的灵活性。通过名为"入口"的项目，学校的课程、教师和学生得以紧密相连，形成一个紧密的学习共同体。依托亚拉巴马州的丰富资源和独特教学模式，网络课程历经十年发展，涵盖了高中教育、职业教育及大学入学教育等多个层次。这一案例充分展示了数字交互设计第一阶段在教育领域的实际应用，并通过心流设计帮助学习者实现自我认同。亚拉巴马州的经验不仅为当地学生带来了更广阔的学习机会，也为全球范围内的教育创新提供了宝贵的借鉴。

在国内，心流交互设计目前仍处于数字交互设计的初级阶段，主要体现为虚拟现实桌面的实现。这一阶段主要依赖特定的计算机主机和带有鼠标与键盘的显示器，使用户能够与虚拟人物进行互动。通过对南京市学校从数字化校园到智慧校园的发展进程进行深入分析，可以明显看出，信息技术应用的前沿探索是目前数字化校园与智慧校园之间差距最明显的领域[1]。特别是在构建智慧学习者体验方面，现有的努力还远远不足。

尽管存在这样的差距，但在心流交互设计领域的探索并未停止，反而取得了一些令人瞩目的成绩。以安徽省电教馆为例，他们致力于帮助农村学生获得更优质的教育资源，成功实现了在线课堂的常态化教学。通过智

---

[1] 曹梅，沈书生，柏宏权. 数字化校园到智慧校园的差距与行动：来自南京市若干学校的调研分析[J]. 电化教育研究，2018，39（1）：49-54.

慧媒体的应用，学习者得以在互动中逐渐实现对自我行为的认同。这一在线课堂模式由主讲课堂和接收课堂组成，主讲课堂通常设立在中心校区或城区的优质小学，而接收课堂则遍布各个教学点，共计1046间教室（见图5-4-7）。通过这些网络连接的教室，教学点得以开设英语、美术、音乐等课程，让农村学生也能享受到与城区学生同等的教育机会。

在教学组织管理上，主讲学校和教学点保持着统一的教学计划、课表和教学进度，确保教学内容的一致性和连贯性。主讲教师和辅助教师在课前共同备课，充分考虑教学点学生的学习状况，合理安排教学内容。在授课过程中，主讲教师面对显示器内的学生，能够根据需要灵活切换画面，掌控整个教学环节，实现与教学点学生的高效互动。这种教学模式不仅丰富了农村学生的学习体验，也促进了他们自我认同感的形成。

图 5-4-7　安徽省电教馆设立的 1046 间在线课堂

北京四中秉持集团教育的先进理念，致力于构建网络学习空间，其愿景在于整合教学资源、创新教学模式、连接家校社区、增强协同学习及实现随时随地学习。通过这一努力，北京四中成功地将实体校园与网络校园无缝结合，形成了一个全面、高效的学习生态。在网络空间建设方面，北京四中针对教师、学生、家长三个维度进行了精心的规划和实施。对于教师而言，网络学习空间提供了虚拟学习环境的支持，贯穿课前、课中、课后，显著提升了教学效率。对于学生，网络空间不仅关注学习，还注重娱乐和交流，为学生提供了一个更加全面、多元的学习体验。而对于家长来说，网络空间成为一个窗口，让他们能够全方位地了解孩子的学习情况和成长轨迹。

天津市和平区岳阳道小学在数字化教育方面同样取得了显著成果。学校拥有官网、微信公众号及丰富的资源平台,形成了一个立体化的学习网络。学校通过实践性和体验性的学科活动,让学生在数字化交互环境中提升学、思、做、创的能力,实现了学习方式的深刻转变。例如,在语文月活动中,学校利用网络平台对学生进行书法培训,并通过微信平台推送朗诵课文的微课视频,让学生在轻松愉快的氛围中学习。

澳大利亚昆士兰职业技术学校为解决移民学生在新环境下的学习问题,特别设立了网络学习空间。这一空间不仅提供学习资源,还通过有实用价值的学习任务,如制作智能手表等,促进学生与新学习环境的融合。通过这一学习交互时空的心流设计,学生不仅学到了知识,还在过程中实现了对自我的认同。

根据真我模型的构建,其形成的主要因素为学习者对自我行为的认同、对自我属性的认同、对自我认知的认同、对自我价值的认同和对自我情绪的认同。从以上五个方面出发,问卷中设置了相关的题目进行评估。其中5—13题、49题用来检测当前智慧学习中学习者对自我行为的认同情况;14—20题用来检测自我属性认同的情况;21—26题用来检测自我认知认同的情况;27—30题、45—47题、56题用来检测自我价值认同的情况;31题、32题、64题用来检测自我情绪认同的情况。

通过数据反馈,学习者对于自我行为的认可度良好,量表题的平均值为2.635,表明态度为"满意"。对于自我属性的认可度良好,量表题的平均值为2.60,表明态度为"满意"。对于自我认知的认可度良好,量表题的平均值为2.68,表明态度为"满意"。对于自我价值的认可度良好,量表题的平均值为2.49,表明态度"满意"。对于自我情绪的认可度良好,文字多选题选项均集中在"满意"的选项。综上所述,心流交互设计对于学习者实现真我体验的作用是重大的,影响是深远的。

第五节　社会存在感理论基础上线上自主学习能力的发展策略

数字时代的今天，尤其是在新冠疫情的深刻影响下，在线教育已经成为教育的常态化模式。对于高等工程教育而言，学生已经普遍开展线上学习，并逐渐显现出其重要性。线上学习为学生们突破了时空的局限，汇集了丰富的工程教育资源，因此得到了师生的广泛认可。然而，囿于学生自主学习能力的不足，且先进的数字技术难以融入当下在线教育平台，学生在线上学习的过程中难以获得真实的体验与感受，导致其学习获得感不突出、学习效果不明显。根据我国工程专业认证标准，对于工科学生特别是对于卓越工程师的培养，毕业生必须具备自主学习能力。2010年与2017年，教育部先后启动了"卓越工程师教育培养计划"和"卓越工程师教育培养计划（2.0版）"，旨在培养一大批具有创新能力、终身学习能力、适应社会经济需求的工程技术人才。线上自主学习能力的塑造对于数字时代卓越工程人才的培养具有重要的意义。因此，对于卓越工程师线上自主学习能力发展的研究越发凸显其重要性与必要性。

一、线上自主学习能力构建与系统框架

（一）线上自主学习能力构建

1. 数字时代对于卓越工程师能力的新要求

数字时代是一个以信息数字化为存在形式、以数字技术为运作规则的时代。数字时代背景下，以互联网、移动互联网，甚至物联网作为工程教

育的连接桥梁，以大数据和云计算作为工程教育的信息处理手段，以AR、VR、XR等数字交互技术作为工程知识传播与用户体验的驱动工具，以共享、共创、共荣作为工程意识的理念牵引，以立体网络为学习依托，使得高等工程教育呈现出"工程信息皆数""工程知识互联""工程人才自主""工程教育更新"的状态。特别是2018年发布的《关于加快建设发展新工科 实施卓越工程师教育培养计划2.0的意见》更是强调了"注重培养工科学生的数字化思维"的重要性。因此，对于卓越工程师能力的需求，还应包括是否有能力拨开数字面纱、在线上学习时空中探寻自我的本质。唯有具备数字时代下特有的学习能力，才能够实现在解决工程问题时充分发挥自我潜能，迸发出无限的创新与创意。而探究高等工程教育中线上自主学习能力的发展，对于数字时代卓越工程师的培养是至关重要的。

2. 线上自主学习能力对于卓越工程人才培养的重要性

传统的工程教育更注重技术能力的培养与发展。随着信息技术的发展，对于工程技术人才的基本素质与能力提出了更高的要求，也赋予工程教育更"宽广的"的可能性，更关注自身发展，更强调人与环境的和谐共生，即非技术能力的发展。无论是技术能力，还是非技术能力，都需要自主学习能力的发展与之配合与协助。我国《工程教育认证通用标准解读及使用指南（2020版，试行）》中强调工程人才应"具有自主学习意识"。对于传统工程教育而言，自主学习能力能够增强学生掌握专业知识、增强专业素养、锻炼专业能力等技术能力，同时培养创新能力和协作精神等非技术能力；对于现代工程教育而言，尤其是"后疫情时代""元宇宙时代"的接踵而至，线上自主学习能力的发展更有利于学生适应学习环境的新变化、学习模式的新交叉、学习思维的新融合。线上自主学习能力的内涵包括：在数字时代，学习者对于线上自主学习重要性与必要性的认识；对于线上自主学习整体流程的把控能力，如明确学习目标、自我监管、自我评价等能力；对于线上学习环境的适应能力，如数字能力、协作能力与社交能力等。

（二）线上自主学习系统框架

1. 自主学习系统框架

齐莫曼将自主学习的过程以问题的形式进行了拆解，即包括"为什么"（对应学习的动机）、"怎么样"（对应学习方法）、"何时"（对应学习时间与时长）、"学什么"（对应学习行为）、"在哪里"（对应学习环境）、"与谁在一起"（对应学伴）等一系列问题。只有当以自我为中心并自主控制解决这些问题时，才能够真正实现自主学习。同时，齐莫曼也解释了自主的本质与过程。自主学习动机的本质是学习者的自我驱动，再以自定目标作为实现自我效能感、价值观的评价标准；自主学习方法的本质是学习者有计划的控制方法，自主控制策略的运用；自主学习时间的本质是规律守时且有效地把控时间；自主学习行为的本质是意识到自主的行为与结果，通过自我监控、判断时间对学习过程进行调整；自主学习环境与学伴的本质是学习者对于学习环境的认识与适应，与学伴进行的深度交互。通常情况下，学习者会十分注重对环境的选择与营造，关注学伴的学情与沟通。

2. 线上自主学习系统构架

对应齐莫曼提出的自主学习系统框架，可以将学习者的线上自主学习过程进行重构。首先，线上自主学习开始之前，学习者要明确线上学习的动机，通过对于线上学习主体（学习者自身与他人）的认知、对于线上学习材料（文字、图形、视听觉内容等）的认知、对于线上学习策略（具体策略及其优缺点等）的认知，激发学习者自主进行线上学习。其次，在线上自主学习进行的过程中，学习者通过制订计划、实际控制、检查结果、采取补救措施等具体行为，自我把控线上学习的方法、时间与行为。最后，线上自主学习受环境的影响，学习者通过激发出专注、兴趣、信息与满意等体验，与线上虚拟学习场域和拟身人替（即数字化虚拟替身）进行实时交互，促进提升线上自主学习的效果与顺利进行（见图5-5-1）。

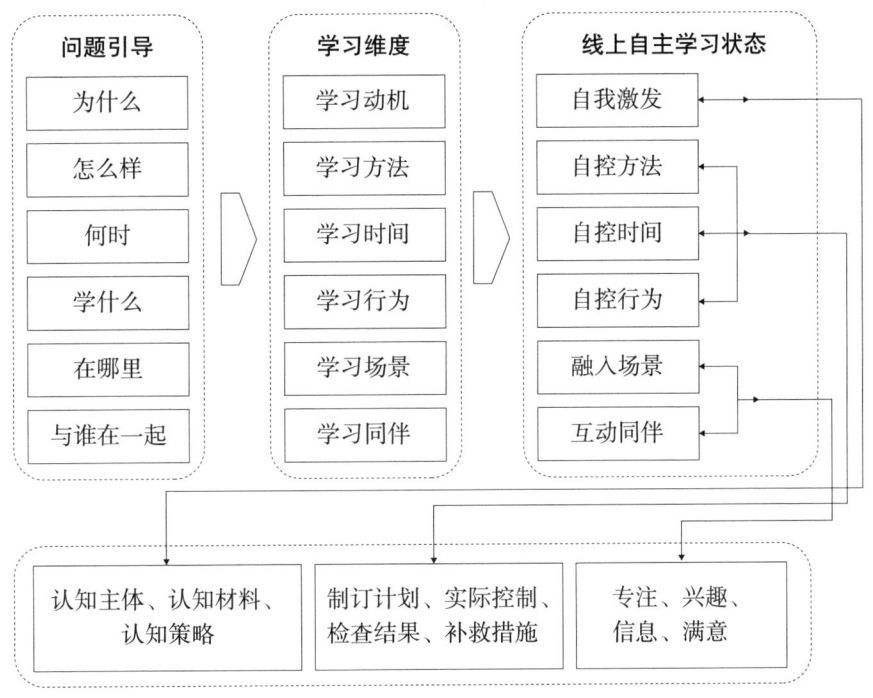

图 5-5-1　线上自主学习系统构架

二、基于社会存在感理论的逻辑推演

（一）现实阻碍分析：认同感、沉浸感与愉悦感的缺失

1. 学习者身份的认同感缺失

线上学习系统中，学习者很容易从网络虚拟学习者的身份中抽离出来。尤其对于工程教育而言，将传统课堂或生产实验室中进行的工程技术学习与训练转移至线上，学生无法全神贯注地将现实中的自己投影到网络环境中，即从认知层面没有给予虚拟身份以肯定，阻碍了学生认知线上自主学习中真实的自我，继而影响学生全身心地投入到线上的自学进程中。学习者身份的认同感缺失。

2. 学习者身份的沉浸感缺失

线上学习系统中，学习者很难达到一种忘我的境界，这与传统面对面的工程实践教育相较而言，在情感共鸣方面产生了缺失。在线上自主学习的各个环节与过程中，由于视知觉与其他因素的干扰，割裂感骤增，线上的教师没有亲和力、线上的实践缺乏体验、线上的学伴无法互助、线上的学习过程缺少代入感等。因此，这些阻碍了学生在自主学习中所必需的沉浸感的产生，进而影响了学生对于线上自主学习的信心与忠实度。

3. 自我成长的愉悦感缺失

线上学习系统中，学习者难以感知自我的成长，即在心智上、学习认知上、团队互助上均鲜有形象化的指征方式辅助学习者感受到成长与进步的愉悦。目前，大多数的线上学习平台多以分数进行考量与呈现，冰冷的数字无法让学生感知自我的进步，无法给学生以游戏般进阶的快感，从而导致缺失激励自我突破的动力。

上海交通大学材料科学与工程学院在新冠疫情期间进行了以远程直播教学为主的线上教学，但由于转至线上教学的过程中仅仅微调了教学的速度，而对于数字技术、数字平台与数字思维并未进行有效的设计，故而工科基础课程的教学效果不佳，据此提出了"慎用网络替代传统教师授课"的观点。这也正是当下国内高等工程在线教育所面临的现实困境。对于学生而言，将传统的课堂教学或实践教学移至线上进行，很难实现对自我虚拟身份的肯定，而由各种原因导致的割裂感也使得学生无法沉浸于线上自学的氛围中，生硬与简单的交互更无从给予学生成长的喜悦感。

（二）理论动力探索：社会存在感的基础保障与条件性关联

社会存在理论是社会心理学中关于人际交流的理论。20世纪70年代，肖特首次提出"社会存在感"这一概念，并给予"个体在群体交互或人际关系中的凸显程度"的概念。1999年，Garrison将社会存在理论引入以计算机为媒介的人际交互的研究中,经过多年的积累与发展,社会存在理论已经成为在线教育研究的重要基础理论之一。Gunawardena 教授认为社会存在感是学习者在参与媒体交互时感觉作为真实的人的程度。涂志雄和 Marina McIsaac 则认为社会存在感是一种对学习者在网络环境下进行学习交互时对于社区感觉的测量。根据社会建构主义理论,社会性交互有利于个体知识建构,社交情境能够促进个体知识的内化,很好地提升学生的在线学习能力。

1. 社会存在感是线上自主学习的基础保障

社会存在感是实现学习者自主学习的基础与条件保障。一般而言,社会存在感使线上的学习者具备学习共同体的意识,自主并自愿与线上其他学习者、学习组织者、学习内容和资料等学习对象发生实时交互,体验真情实感。根据建构主义学习理论,作为线上自主学习的先决条件,社会存在感与学习者的自主学习活动呈现出正相关的关系。因此,社会存在感越强,线上自主学习的实践就越有效。

2. 社会存在感与线上自主学习的条件性关联

Piccaciano 在研究中指出,社会存在感与教学并不是完全的因果关系,由教学所产生的社会存在感,或者由社会存在感所带动的教学都是在一定条件下产生的。Swan 认为,教学与存在感之间具有某种对等关系,即学习者与学习内容之间的交互对应激发认知存在感,学习者之间的交互对应激发社会存在感,而学习者与教师之间的交互对应激发教学存在感。当然,这样的划分相对于灵活自由的线上自主学习交互模式而言过于死板,这种对应关系实则并不是那么局限的。比如,就社会存在感而言,它不仅仅是学习者之间的交互才能够激发的,而是整个线上学习系统中的交互情境与模式都能够带给学习者以"真人""真实存在"的体验,正是这种感受的累积才激发了学习者的社会存在感。因此,线上自主学习与社会存在感之间是具有紧密关联性的,但是这种关联需要体验的累积与激发才能形成,因此是一种条件性关联。

3. 社会存在感是线上自主学习的结果

Garrison 在构建 21 世纪在线教育框架时指出，可以通过认知存在、社会存在与教学存在之间的相互作用来了解线上教育的质量。国内外大量的学者通过各种实验方法得到相关的数据，证明了社会存在感与线上学习之间的因果关系。

（三）认同感跃迁：从行为到情绪的全面升级

Harms 等人对社会存在感制定了量表（Social Presence Inventory，SPI），从自我感知与他人感知两个方面对社会存在感进行了五个维度的划分，包括共同存在感、参与关注感、情绪蔓延感、理解交流感和行为依赖感。根据社会存在感的五个维度，将其嵌入线上自主学习系统中，以学习者为中心，可以诠释线上自主学习的认同感跃迁。

1. 共同存在感——对自我属性的认同

学习者自身通过数字技术中感应与适应技术，VR、AR 等技术所提供的个性化学习时序、虚拟化学习空间而对其他学习者具有存在意识，与此同时，其他共同学习者也对自身具有存在意识，即建立了共同存在感。共同存在感是对自身处于具体的时间和空间的认识。当时间与空间能够以一定的标尺进行衡量与标记，或者与他人形成参照时，就对自我的属性实现了认同，认同自己归属于虚拟的空间、碎片化的时序，即对自我属性的认同。对于自我属性的认同，是肯定线上自主学习可行性的度量衡。

2. 参与关注感——对自我价值的认同

学习者对其自身通过线上学习平台设定的学习任务、通过数字技术中组织与重构技术提供的学习支持而对其他人的关注程度，以及感知到他人对自己的关注程度，即为参与关注感。它是学习者对自我价值的认同，即在认可参与学习活动和被他人关注所产生的自身价值。这种价值的认可能够加深学习者参与在线自主学习的深度，形成有价值的"我"。

3. 情绪蔓延感——对自我情绪的认同

通过数字技术中跟踪与分析技术进行记录与反馈，学习者在学习活动中与其他学习者之间产生的学习热情和学习效果影响其他人的程度和被其他人影响的程度，称为情绪蔓延感。情绪蔓延感能够帮助学习者建立对自我情绪的认同。在学习活动过程中，学习者通过与其他人的交互、与学习效果的交互可能会产生一些正面的情绪或者负面的情绪，这些情绪会影响学习者继续学习或交流的进程或有效性。在线上自主学习中，各种情绪的产生都是有原因的，同时也有相应的作用。无论是正面情绪，抑或负面情绪，都有助于学习者形成对自身的认同。正面的情绪能够辅助学习者认同积极的"我"，从而更有兴趣地学习；负面情绪会导致学习者认同遇到困难的"我"，从而更加认真、积极地面对后面的学习任务。

4. 理解交流感——对自我认知的认同

当学习者参与线上自主学习交互时，通过数字技术中大数据、云计算、评价与支持等技术对从同一个学习社区其他人那里接收的学习评价等信息的理解程度和他人对自己发出信息的理解程度，称为理解交流感。理解交流感是自我对知识认知与理解的认同，即认可自身对于知识的获取能力与理解能力。这能够帮助学习者构建持续接受线上自主学习的自信心，逐渐形成自信的"我"。

通过以上五个部分，学习者在线上学习系统的交互过程中，通过社会存在感理论实现了对自我行为的认同、自我属性的认同、自我情绪的认同、自我价值的认同与自我认知的认同，完成了从"虚拟世界的我"到"我的虚拟世界"的转变，进而提升了学生在线自主学习的体验与能力。

5. 行为依赖感——对自我行为的认同

学习者通过使用线上数字交互媒体、分享学习资源的行为影响其他人的程度和被其他人影响的程度称为行为依赖感。在行为影响与被影响的过程中，学习者对数字交互媒体产生了一种依赖感，继而建立了自我行为的认同。这种对于自我行为的认同是开启线上自主学习的原动力，形成主动学习的"我"。

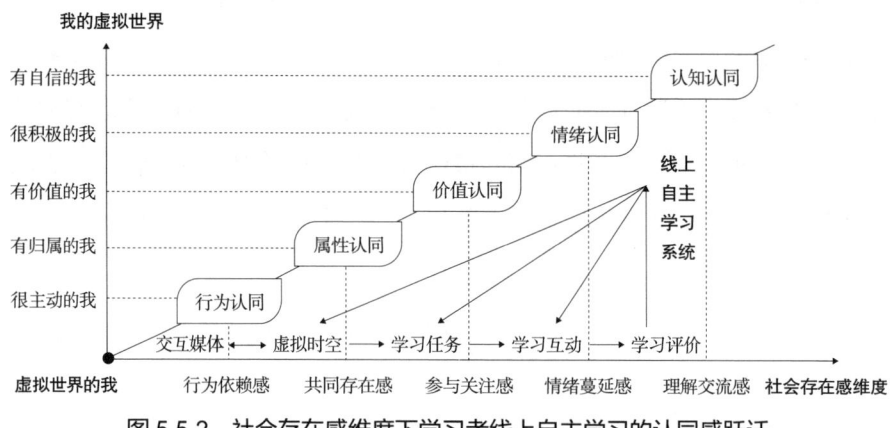

图 5-5-2　社会存在感维度下学习者线上自主学习的认同感跃迁

三、数字时代提升社会存在感的策略

（一）数字技术赋能：提升学习体验

数字时代背景下，数字技术不断升级与演进，为社会存在感理论的践行提供了有力的保障。Dieker 等人把数字技术按照发展的成熟度与出现的时间分成四个阶段：初级阶段——虚拟现实桌面，用户使用特定的计算机主机和带有鼠标与键盘的显示器与虚拟人进行互动；第二阶段——混合现实，利用大屏幕显示器、背投屏幕和带有用户运动跟踪装置的头戴显示器等多样化显示手段，将真实世界和虚拟世界进行深度融合和叠加，给用户带来极具冲击力的临场感和沉浸式体验；第三阶段——沉浸式 3D，虚拟人可以从虚拟空间来到现实世界与用户进行完全互动和交流；第四阶段——

人机交互，未来的技术可以让用户通过感官和环境实现远程互动。数字技术对于学习体验与效果的影响十分深刻。就目前而言，线上自主学习的技术因素包括以感知与适应技术、评价与支持技术、组织与重构技术、跟踪与分析技术、虚拟空间、AR/VR、情感计算等时下流行的技术为前端，为人机交互体验提供了高效、丰富的技术手段，也为工程教育学生提供了更多的认同感跃迁的机会，成为发展线上自主学习能力更具人性化、更具舒适度的交互接口。目前，线上学习系统的数字技术处于第二阶段，仍有极大的提升空间。

（二）数字平台搭建：优化学习环境

数字学习最早发端于20世纪90年代的中后期，是依托因特网的覆盖与信息技术的迅猛发展，在教育教学领域掀起全新的学习方式。随后经过几年全世界范围内的研究与实践，在线学习的局限性逐渐暴露，人们开始反思教师课堂教学的重要性，而混合式学习（Blending Learning）也就应运而生了。混合式学习强调线上学习与线下学习的配合与互补。实践的过程中，数字技术也正在经历指数级的发展，人们又再次关注到线教育所提供的强大的信息技术与交互环境，由钱学森先生于1997年提出的"大成智慧学"的思想也再现光芒。于是，在2008年IBM提出智慧地球战略的隔年，智慧教育（Smart Education）正式进入部署阶段。2021年是元宇宙元年，学者对于元宇宙的内涵与模式充满了好奇，各行各业都在元宇宙概念的基础上做进一步的实践与探索，教育界也谨慎地构想着教育元宇宙（Edu-Mateverse）的样态，期望这个线上虚拟数字平台能够成为教育教学改革创新发展的新兴实践场域。时至今日，在线教育不断挖掘着巨大的市场潜力，并迅速向移动互联网扩张，在线教育逐步取得了巨大的发展。几十年间，在媒体类型的多样化、教学过程的个性化和政策机构的扶持化等方面进行了彻底且全面的检验，由此所建立的开放、大型的数字教育平台蓬勃发展，尤其在亚洲的发展更为迅猛。在线数字教育平台为学习者提供自主学习的全过程交互环境，提升了学习者的社会存在感，帮助学习者养成自学习惯与培养自学意识。

（三）数字思维培养：引导自主学习

数字思维是线上学习者使用数字手段解决跨领域问题的意识和能力，能够激发学习者的社会存在感。2013年，"互联网+"作为一种对数字时代重新审视企业的组织形式、运营模式、产业链、价值网等商业内涵的思维方式出现。2016年，我国大数据战略的实施，使得以大数据为技术基础的创新与创意不断涌现。2017年，党的十九大报告中提出人工智能与实体经济的深度融合，又掀起各行各业与人工智能的交叉渗透。2019年，国家互联网信息办公室发布《区块链信息服务管理规定》，意味着区块链已经成为我国核心技术，是自主创新的重要突破口。"互联网+"、大数据、人工智能、区块链等作为数字时代不同阶段的数字思维，已经被大量迁移并应用到教育领域，使得在线教育逐步向智慧教育迈进。具备丰富的数字思维的线上学习者能够更好地适应未来教育，与线上教育的新环境、新技术更好融合，进而有力地提升与发展其线上自主学习能力。

表5-5-1 提升线上自主学习能力的数字因素

数字因素		第一阶段	第二阶段	第三阶段	第四阶段
	数字技术	虚拟现实桌面	混合现实	沉浸式3D	人机交互
		始于1996年	始于2004年	始于2009年	始于2021年
	数字平台	数字化学习	混合式学习	智慧教育	教育元宇宙
		始于2013年	始于2016年	始于2017年	始于2019年
	数字思维	互联网+	大数据	人工智能	区块链

四、卓越工程人才线上自主学习能力的发展路径

（一）技术引领新体验

通过数字交互技术的有效使用，能够提升学习者的体验。国外对于数字交互技术在教学中的应用一直在探索中。由美国俄勒冈大学和 Second Story 公司共同研发的体验性装置，为学习者提供了一种参与性和启发性都很强的体验，通过在界面设计中添加一系列的动感触碰、视频墙面和 LED 墙，展示了各种各样的"浸"媒体效果，使学习者获得了一种沉浸式体验。阿德勒天文馆（Adler Planetarium，美国芝加哥）的天文知识展览项目中，用交互动画的形式展现太空探索并实时回答科学界的一些重大问题。该项目将四面互动投影墙面装饰在天文馆的走廊里，过往的参观学习者就能够通过投在墙面上的影子控制投影出来的其他物体，并能与墙上的问题和实时陈述进行互动。当参观学习者与展览发生交互时，其参与的层次和水平就会提高。参观学习者可以通过自己的行为沉浸在环境和内容中，实现良好的体验感受。国内对于数字交互技术在教学中的应用突出体现在虚拟仿真技术的应用方面。比如，西安交通大学依托核电厂与火电厂建设的国家级虚拟仿真实验教学中心，有序地开展了线上实践活动，解决了核工程与核技术实践中存在的安全隐患与成本过高等问题，有效地突破了工程人才培养的实践瓶颈。由此可见，对于高等工程教育而言，数字交互技术的应用是十分有效的举措。

（二）社区构建新平台

拥有多维交互模式，提供"场景式、体验式学习"的社区化平台，能够更好地为培养卓越工程人才提供内生动力。2022 年 3 月，中央网信办、

教育部、工业和信息化部、人力资源社会保障部联合印发《2022年提升全民数字素养与技能工作要点》提出要"打造智慧学习社区"。智慧学习社区，即在真实时空中将相互分离的学习者基于网络、通过信息技术形成"聚居"，并通过交互产生共同的社区意识与文化，以构成完整的教育生态系统。智慧学习社区具有开放性（Openness）、层次性（Hierarchy）、复杂性（Complexity）、涌现性（Emergence）和动态性（Dynamicity）五种表现形式，能够从不同的角度促进学习者对线上自主学习的控制。2021年由教育部推出的"基础学科拔尖学生培养计划2.0全国线上书院"，通过创设虚拟学习生活社区为学生打造了线上线下融合式学习模式。其中，线上学习部分以"开放性信息资源"、"层次性学习流程"、"复杂性学习交互"、"涌现性学习场景"和"动态性学习时效"为特点，能够较好地吸引拔尖学生参与其中，更好地为学生提供良好的学习体验，营造自主学习的氛围。

（三）心流设计新思维

Mihaly Csikszentmihalyi根据水流载人前行的隐喻提出心流体验的概念，并将其定义为一种人在活动中完全沉浸在充满活力、完全参与和成功体验的心理状态。线上自主学习中的交互设计可遵循心流理论，通过功能设置与界面设计为学习者提供明确的学习目标，给予学习者及时的反馈，将学习过程智能化地设计为挑战与技能相互平衡，从而辅助学习者实现行动与意识的同步，达到免受干扰、不畏惧失败、自我意识消失、忘记时间，进而将学习活动转变为有目的的追求，即学习者进入了心流状态。该状态使得学习者体验到了对自我行为的认同、对自我属性的认同、对自我认知的认同、对自我价值的认同，使其对线上学习系统中的自我进行肯定，稳固了心理场的有序结构，促进学习者持续有效地进行线上自主学习。混合现实作为虚拟现实的拓展版，能够以心流交互为设计基础，融入线上学习系统自主学习的交互过程中。近几年，混合现实技术在教育领域的发展与应用让学习者感受到了前所未有的感知世界,感知自我的新体验,并在感知的过程中完成对自我的认同。在工程教育中,通过"混合现实+"的方式,对工程实践进行全数字化管理,运用相应的 MR 软件与硬件平台,用 3D 投影的方式呈现虚拟实验的数据,加强了人机交互的紧密性,同时,实时交互也能够产生实时的反馈信息,对于运行成熟度高的工程实验具有十分明显的优势。

数字时代对于高等工程人才线上自主学习能力的培养与发展需要更具有效性。本研究中提出通过社会存在理论对学习者的自主学习能力进行培养。对于学生而言,应有效地加强线上自主学习的意识,活跃线上自主学习的思维,提升线上自主学习能力。对于高校而言,应有效地加强数字技术、数字平台在教学中的应用,提升数字思维在工程专业学生培养中的重要地位。对于教师而言,应有效地提升自身的数字素养,大力拓展对于数字技术、数字平台的理解和应用。通过学生、高校与教师的共同努力,以期使学生在缺少外界监督与管理的线上学习中,进行具有高强的约束力、高度的自主性、明确的学习动机、优化的学习方法、稳定的学习时间、客观的学习评价的线上自主学习活动。

本章小结

本章将深入探讨社会存在理论,并将其与智慧学习背景下学习者的元认知体验相结合,旨在构建一个理想的真我体验模型。通过运用针对性的数字交互设计突破 VR 交互体验边界,进而实现这一真我体验。具体论述分为以下四个小节。

首先,将对社会存在理论及其核心概念——社会存在感进行详细介绍。通过阐述其内涵、维度与功能,把社会存在感置于智慧学习生态中进行全面描述，揭示其在现代学习环境中的重要作用。

接下来，利用社会网络分析法对当前智慧学习的交互现状进行深入挖掘与分析。通过数据的收集与处理，揭示存在的问题与特点，为后续的讨论提供坚实的数据支持。在第三小节中，深入探讨交互与社会存在感之间的内在联系。从多个角度出发，构建智慧学习模型，以更好地理解和指导学习过程。

在第四节中，基于前三节的内容，引入精神熵的概念。本书认为，智慧学习本质上是一个负熵过程，需要寻求一种有效的交互设计理念来支持这一过程。因此，我们重点介绍心流交互设计理念，并阐述如何通过这一设计理念实现学习者对自我行为、属性、认知和价值的认同。这种正面元认知体验将巩固学习者对智慧学习生态中真我的肯定，稳定心理场的有序结构，最终突破 VR 边界，促进学习者持续进行智慧学习。

以工程人才的线上自主学习能力的发展为着眼点，紧扣数字时代的特征和对卓越工程师的新要求，揭示当前学生线上自主学习能力无法适配在线教育实施的问题。为了更好地帮助学生提升线上自主学习能力，基于社会存在感理论，推演发展卓越工程人才线上自主学习能力的逻辑，得到社会存在感的五维度下学生线上自主学习认同感跃迁的具体过程。最后，提出通过数字交互技术、智慧虚拟社区与心流设计思维强化提升在线自主学习能力的数字因素，以期对数字时代工程人才的培养提供有效的途径。

第六章
交互设计：突破 E&O 边界，实现元认知共我体验

钱学森早在 1940 年就提出"一个教育机构中的从容的学术氛围肯定能够引导人们思索：什么是获得智慧的最重要的也是唯一的途径"[①]，即学习者与学习氛围和学习环境的融合度对于学习者开拓创新的智慧和能力紧密关联。E&O 交互体验边界的产生与学习者同智慧环境无法深度融合有密切的关系。移情作为能够唤醒学习者的原有经历，能够激发学习者产生情感体验和元认知体验，激活学习者的经验结构，运用数字交互设计实现多样化的移情方式和移情体验类型，达到多层次、多向度的情感共鸣，物我共生，体验共我感知，突破 E&O 交互体验边界。本章将依托移情理论对智慧学习的理想交互体验模型进行构建，并选用具有针对性的交互设计突破 E&O 边界，实现元认知共我体验。

---

① 李佩.钱学森文集：1938—1956 海外学术文献［G］.上海：上海交通大学出版社，2011：395.

第一节　移情理论与交互设计中的移情模型

一、移情的深度剖析

（一）移情的本质含义

被人们所熟知的"移情（Empathy）"是一个文学上的概念，是作者用以传递情感和引起读者共鸣的修辞手法。心理学和现象学同样将这样一个概念运用到了各自的专业领域中。其中，艾森伯格（Eisenberg）对于移情的研究十分深入，且相关的研究与结论都得到了广泛的认可，她对移情定义为一种由于了解或理解他人的情绪状态或情况而产生的与他人的感觉或预期的感觉一样或者相似的情感反应。关于移情的构成，费什巴赫（Feshbach）和库亨贝克尔（Kuchenbecker）在1974年提出了一个具有深远影响的观点，他们认为移情是由认知和情感两大部分共同构成的。具体而言，认知部分主要涵盖了分辨和定义他人情感状态的能力，以及设身处地地从他人角度看待问题的能力；而情感部分则侧重于个体在特定情境下做出情绪反应的能力。在教育领域，对于移情的探讨多聚焦于传统的课堂教学场景中师生之间的交互。然而，随着数字交互技术的迅猛发展，教育的传播方式和途径发生了翻天覆地的变化。在这种背景下，智慧学习应运而生，从单一的课堂交互逐渐演变成为丰富多彩的全媒体交互。这种以学习者为中心的教学理念与技术的实现，为教育的智慧化开辟了更为广阔的发展道路。

在智慧学习的背景下，移情在学习者教与学的过程中扮演着举足轻重的角色，它与教学设计、学习内容及交互技术的设置等方面紧密相连，并对这些方面产生着深远而重要的影响。对智慧学习中移情作用的研究，不仅有助于更全面地认识学习者的心理现象，对于有效促进学习互动也具有十分重要的现实意义。因此，深入探索和研究移情在智慧学习中的作用，对于提升教育质量、优化学习体验具有积极的推动作用。

（二）移情的独特属性

1. 交互依附性：移情在交互中的核心地位

移情的产生并非无中生有，它深深根植于交互之中。无论是文学中"感时花溅泪、恨别鸟惊心"的描绘，还是心理学中对于移情依托对他人理解、认知与经验分享的解读，都揭示了一个共同点：移情离不开交互的土壤。在智慧学习的背景下，学习者的主体性得到了极大的凸显。他们在教学过程、学习时空、教学活动、学习活动及学习内容中，以数字交互技术为媒介，进行着频繁或实时的交互。正是在这样的交互过程中，学习者心理活动的移情应运而生。

移情产生的效应会反馈给媒介，进而再次作用于智慧学习系统，使学习者与智慧学习系统通过移情效应实现更高效的互动，从而进一步提升学习效果。因此，可以说移情与交互是紧密相连、不可分割的。交互为移情的产生提供了可能，而移情又源自交互的深入。

作为一种情感现象，移情对大脑的信息认知与加工产生着深远的影响。特别是在当今社会，节奏快速，工业化、复制品大量充斥，交互中产生的移情显得尤为珍贵。它不仅能够帮助学习者更好地理解他人、分享经验，还能够提升学习效果，使智慧学习更加深入人心。

2. 体验增强性：移情如何提升交互感受

在智慧学习的场景中，教育内容所触发的教学互动主要是认知层面的互动，而教育体验所催生的互动则更多地表现为情感层面的交流。这种划分恰好与 Feshbach 和 Kuchenbecker 所阐述的对移情的认知和情感两大组成部分相契合。在这个过程中，移情不仅影响着认知互动的深入发展，同时也作用于情感互动，为学习者带来了更为丰富的体验效果。

以时下流行的 VR 全景技术为例，这种技术为体验式教学提供了新的可能。通过构建模拟教学场景，学习者无须购买昂贵的设备，便能在虚拟现实中实现那些在真实环境中难以实现的或成本高昂的训练内容和场景（见图 6-1-1、图 6-1-2）。这不仅突破了传统教学在时空、设备、成本、内容等方面的限制，还为学习者带来了前所未有的教学体验，推动了教学的飞跃性发展。

图 6-1-1　广东南方电力科学研究院的 VR 课堂训练

图 6-1-2　青岛实验高中教师采用 VR 全景技术给学生上了
　　　　　这样一堂生动形象的生物课——"基因的表达"

这种基于 VR 全景技术的体验式教学，正是移情在智慧学习中发挥作用的生动体现。它使得学习者能够更深入地理解教学内容，同时也能够在情感层面与教学内容产生共鸣，从而增强学习效果和学习体验。

3. 情绪阶段性：移情过程中的情感变化

通过移情效应学习者会产生相应的情绪，且能够与学习过程的阶段匹配。2002 年，格罗斯（Gross）提出情绪调节过程模型，该模型将情绪的发生与影响分为五个阶段，分别为情景选择（situation selection）、情景修正（situation modification）、注意分配（attentional deployment）、认知改变（cognitive change）、反应调整（response modulation）。

基于上述模型，可以对移情在智慧学习教学交互过程中发生的情况与影响进行分阶阐述。

首先是媒介选择阶段，当学习者首次接触某种教学方式时，通过与交互媒介的接触会产生一定的指向性移情，从而判断自身是否对这种媒介下的教学方式感兴趣。这一阶段的移情体验为后续学习奠定了基调。

接下来是自我匹配阶段，学习者需要面对学习过程中的挑战，通过运用移情的方式使自己与整个教学环境相匹配，努力跟上教学的节奏。这种自我匹配有助于提升学习者的学习体验和效果。

在注意分配阶段，学习者需要面对智慧学习中多种交互形式所传递的丰富学习内容。通过移情于特定的教学内容或下一个教学任务，学习者能够更专注于某一或某些关键信息，从而提高学习效率。

认知改变阶段则是学习者通过移情来内化新接触到的知识，重新认知自我与世界的过程。这一阶段的移情有助于加深学习者对知识的理解与掌握，促进其认知结构的更新与发展。

最后是情绪调整阶段，移情被激发后可能会产生各种反应趋势，包括积极和消极的情绪。学习者需要及时调整自己的情绪状态，降低消极趋势的反应，保持积极的学习态度，以应对学习过程中的挑战。

综上所述，移情在智慧学习的教学交互过程中发挥着重要作用，通过分阶阐述其发生情况与影响，有助于我们更深入地理解移情在智慧学习中的作用机制。

二、交互移情的多元分类

在智慧学习的环境中，多种交互途径、方式与内容与学习者之间产生了深入的互动，这种互动进一步激发了学习者的移情反应。对在这种特定情境下产生的移情进行分类，不仅有助于我们更深入地理解其内在机制，还能为智慧学习的研究与开发者提供宝贵的启示。通过关注以人为中心的教育内核，我们可以更加精准地把握学习者的需求与特点，进而利用技术手段优化学习过程，实现更高效的学习效果。因此，对移情进行分类研究，对于推动智慧学习的发展具有重要意义。

根据交互动因、交互媒介、交互内容、交互结果等四个教学要素对交互移情进行分类。

（一）动因视角下的分类

学习者在智慧学习中参与交互的动因各异，有的出于主动意愿产生的移情，有的则是被动刺激下产生的移情。这种分类方式有助于深入理解学习者参与交互的内在动机，从而更精准地满足其学习需求。

（二）媒介视角下的分类

学习者与不同媒介的交互会产生不同类型的移情。直接移情通常发生在与学习者能够进行物理形式交互的媒介中，如手机、电脑等；而间接移情则更多地出现在与学习者通过光电形式进行交互的媒介中，如 VR、AR

等。这种分类有助于了解不同媒介对学习者移情的影响，进而优化媒介设计。

（三）内容视角下的分类

学习者与学习内容的交互可以划分为认知、情感和行为三个层面的移情。认知层面的移情涉及学习者从感知角度理解和认识学习内容；情感层面的移情则强调学习者从情感角度体验学习内容；行为层面的移情则关注学习者在实际操作中获取学习内容的过程。这种分类基于格拉德斯坦（Gladstein）和费尔德斯坦（Feldstein）对移情体验的划分，有助于全面评估学习者在学习过程中的移情体验。

（四）结果视角下的分类

根据学习者交互的结果，可以将移情分为正向移情和负向移情两种。正向移情指的是能够在交互中对现有体验或情感产生积极影响的移情，而负向移情则相反。这种分类有助于评估交互设计的有效性，并针对性地进行优化，以提升学习者的学习体验和效果。

三、构建交互移情模型：理论与实践的融合

基于上述内容对移情内涵的深入梳理与类别划分，可以构建一个关于智慧学习中学习者因交互而产生的移情模型（见图6-1-3）。在此模型中，学习者经历了一个闭合的环路，这一环路始于交互动因的激发，进而通过选择合适的交互媒介，从交互中汲取学习内容，最终获得交互结果。此后，这一结果又会进一步激发新的交互动因，从而形成一个循序渐进的智慧学习循环。在这个环路中，学习者会在不同阶段产生不同层次、不同属性、不同类型的移情。对于移情的详细分类及描述，将在后文中进行展开。通

过这一模型，能够更加清晰地理解移情在智慧学习中的作用与影响，为优化学习体验和提升学习效果提供有力的支持。

通过构建这一模型，可以清晰地洞察到移情与交互之间的紧密关系。具体而言，移情源自交互过程，而交互则为移情的产生提供了必要的场所和条件。同时，交互还进一步助力移情的增强，使学习者在智慧学习中获得更为深刻和丰富的体验。这一发现不仅深化了对移情与交互相互作用的理解，也为优化智慧学习环境、提升学习效果提供了有力的理论支持。

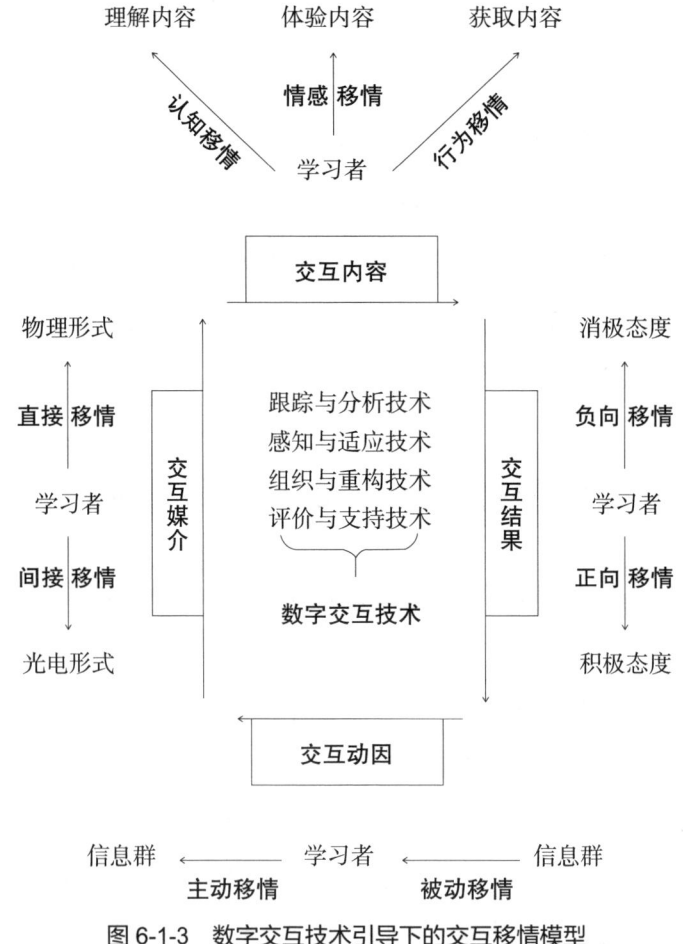

图 6-1-3　数字交互技术引导下的交互移情模型

第二节　移情模型与元认知体验的内在联系

一、元认知体验的移情本质

（一）感性与直接的元认知体验

在智慧学习的研究中，对于体验的关注由来已久，因为体验是学习者与学习内容之间的桥梁，也是一种过程性存在。德国哲学家汉斯-格奥尔格·伽达默尔（Hans-Georg Gadamer，1900—2002）曾认为"体验是从经历转化而来的"，而经历是与生活、生命紧密相连的，也就是说，体验也继承了经历的属性。[①]然而，当前的智慧学习尚处于初级阶段，尚未充分将体验的预设与生成融入教学活动中。多数教学活动仍局限于知识认知层面的单向灌输，如当前众多的 MOOC 多以视频教学方式传授知识，但缺乏有效的技术手段来强化学习者的体验刺激。因此，教育的重心更多地偏向于"认知的正确性"，而非"体验的愉悦性"。智慧学习的目标不应止于传递理性的、抽象的认知概念，而应借助数字交互技术实现感性的、直接的元认知体验。这种体验旨在让学习者感受自我、认可自我、激励自我，从而全面促进学习者的个人成长与发展。

在叶朗所著的《美学原理》中，他深入剖析了"美感"（审美体验）的独特性质。他指出，美感是与人的生命和人生紧密相连的体验，而认识则能脱离人的生命和人生，将事物单纯地视作物质世界（对象世界）来探索。

---

① 叶朗.美学原理［M］.北京：北京大学出版社，2009：89.

美感是直接的、感性的，它是当下的、即时的经验，而认识则致力于迅速超越这种直接性（感性），迈向抽象的概念世界。美感是一种瞬间的直觉，通过这种直觉，人感受到的是世界万物的生动整体；而认识则依赖逻辑思维，它在逻辑思维的框架内对事物的整体进行拆解。美感为人创造了一个充满意蕴的感性世界（意象世界），而认识则追求构建一个严谨的抽象概念体系。

值得一提的是，这里所提及的美感或审美体验同样涵盖了人对自己认知过程的体验。学习作为一种特殊的过程，同样具备审美的属性，能够带给人美感与快感。因此，元认知体验也具备感性的、直接性的特质。它与其他学习中产生的理性认知有着鲜明的区别，扮演着促进学习者完成知识认知与自我认知的催化剂角色。元认知体验不仅深化了对学习过程的理解，还为人提供了一种全新的视角，让人能够更加全面地认识自我、完善自我。

（二）体验的核心：移情的深度介入

智慧学习作为数字交互技术深度介入的教育模式，要求重新审视学习者在学习过程中伴随产生的体验。这种体验的核心便是移情。在智慧学习的活动中，预设与生成无法与这种体验割裂。教育过程中，若缺乏移情，自我认知的调试便无从谈起，学习的经验也将无从获取。在智慧学习语境下，正是通过移情，人机交互得以被赋予深远意义。因此，深入理解并珍视这种移情体验，是推动智慧学习向更高层次发展的关键。

关于"移情作用"的探讨，历来为中外哲学家所热衷。德国的劳伯特·费肖尔（Robert Vischer）是首位提出此概念的哲学家。他深入剖析了各类活动，认为其中或多或少都涉及外射作用，这种外射的并非单纯的感觉，而是情感。他将感觉细致划分为"前向感觉"、"后随感觉"和"移入感觉"三个层次，而"移入感觉"即为我们所说的"移情"，它是"物我"

交融之际所产生的独特体验,被视为审美活动的巅峰之境①。

中国美学大师朱光潜先生则对移情有着独到的见解,他认为,移情就是"在审美观照时由物我两忘进入物我同一的境界",即"把原来没有生命的东西看成有生命的东西""把自己的情感转移到外物上去,仿佛觉得外物也有同样的情感,这是一个极普遍的经验"。②这种对移情的诠释与智慧学习中的移情产生与作用有着惊人的契合。元认知体验的本质即移情,它是智慧学习交互过程中最为普遍的心理现象,贯穿学习的每一个环节,深刻影响着学习者的认知与情感体验。

二、解析移情模型与元认知体验的互动关系

认知体验及与体验相关的行为对移情作用有增强的效果。这些在教学交互过程中产生的元认知体验分为三个环节,与交互移情模型中的四个层次相互对应。第一环节是认知前期的体验,与交互动因层次相对。通过显性体验与隐性体验③分别增强了学习者的主动移情与被动移情。第二环节是认知中期的体验,与交互媒介、交互内容层次相对。在交互媒介阶段,通过实感体验和虚拟体验④分别增强学习者的直接移情和间接移情。在交互内容阶段,通过认同体验、情绪体验和重构体验⑤分别增强学习者的认知移

---

① 叶朗.美学原理[M].北京:北京大学出版社,2009:108.
② 叶朗.美学原理[M].北京:北京大学出版社,2009:107.
③ 显性体验,指由学习者在智慧学习系统中主动要求交互时产生的体验;隐性体验,指学习者在智慧学习系统中被动实现交互时产生的体验。
④ 实感体验,指由学习者在智慧学习系统中与具有实体的媒介交互时产生的体验;虚拟体验,指由学习者在智慧学习系统中与以虚拟方式构建的媒介交互时产生的体验。
⑤ 认同体验,指由学习者在智慧学习系统中与学习内容交互并对其进行理解的过程中产生的体验;情绪体验,指由学习者在智慧学习系统中与学习内容交互并对其内容产生情感互动的过程中产生的体验;重构体验,指由学习者在智慧学习系统中与学习内容交互并对自我知识构架进行重构时产生的体验。

情、情感移情、行为移情。第三环节是认知后期的体验,与交互结果层次相对。在交互结果阶段,通过积极体验和消极体验[①]分别增强学习者的正向移情和负向移情(见图6-2-1)。

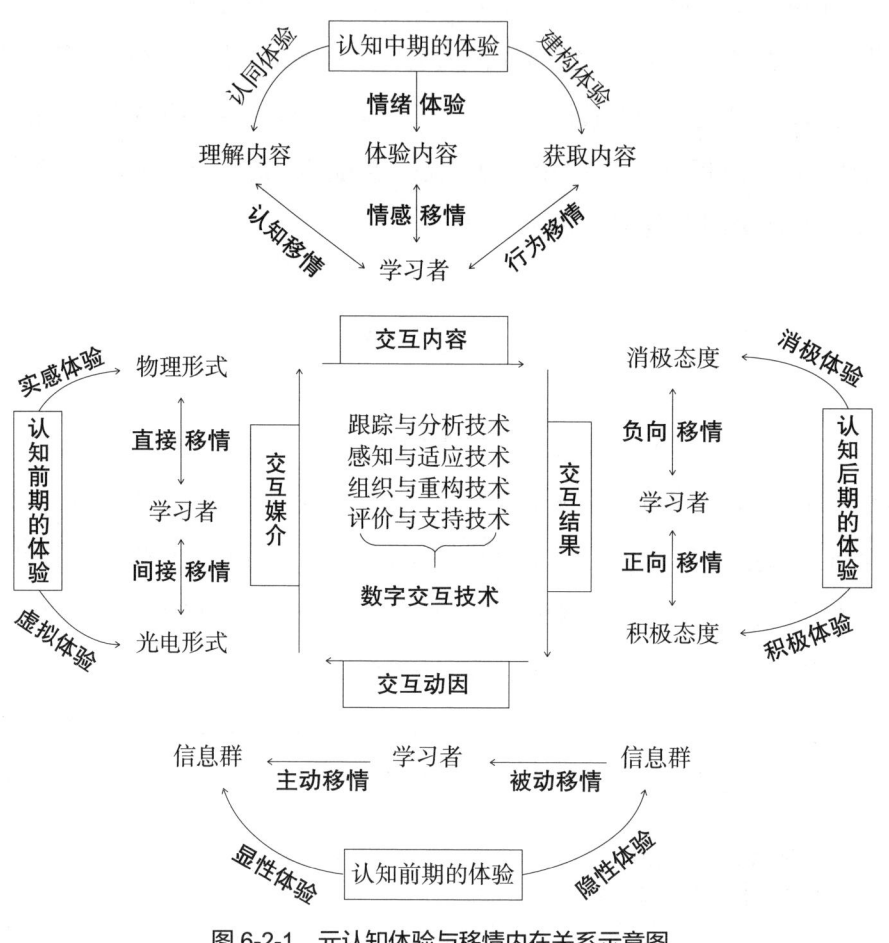

图6-2-1 元认知体验与移情内在关系示意图

---

① 积极体验,指由学习者在智慧学习系统中与学习结果互动时产生积极向上、自我认可的体验;消极体验,指由学习者在智慧学习系统中与学习结果互动时产生消极悲观、自我否定的体验。

第三节　共我体验：交互设计的元认知新境界

一、E&O 边界与阈下意识：探索体验的边界

（一）阈下意识的起源与影响

"阈下意识"即无意识，卡尔·荣格在《原型与集体无意识》一书中写道："我把无意识定义为所有那些未被意识到的心理现象的总和。这些心理内容可以恰当地被称为'阈下的'——如果我们假定每一种心理内容都必须具有一定的能量值才能被意识到的话。一种意识内容的能量值变得越低，它就越容易消失在阈下。可见，无意识是所有那些失落的记忆，所有那些仍然微弱得不足以被意识到的心理内容的收容所。"在探讨"阈下意识"这一主题时，本章并未采取心理学上对无意识所持有的严苛视角，而是选择了更为宽松的、自由的定位。这种定位不仅涵盖了潜意识、下意识等层面，还包含了后知后觉等与无意识紧密相连的意识和感知形态。通过这种宽泛而深入的探讨，我们得以更全面地理解阈下意识的丰富内涵和多样性。

日本知名的艺术产品设计师深泽直人（Naoto Fukasawa），将阈下意识理论应用到自己的产品设计中，他将这种设计理念称为"无意识设计"（without thought），并获得了很好的交互效果。如图 6-3-1 中左侧这张将牛奶盒放在扶手栏杆上的生活实例，深泽直人也多次把这个分享在他的书中或者演讲中。当人们下意识地将一个牛奶盒放在栏杆上，而这个栏杆和牛奶盒的底部又是那么贴合，好像就是为这个牛奶盒提前准备的一样，深泽直人就把这种无意识的交互关系概括为"刚刚好"。驾驶车辆的司机经常把

胳膊放在窗外（见图 6-3-1 中右侧图片[①]），也正是车窗的位置和高度"刚刚好"可以和人的手臂进行这种肢体交互。正是这种无意识为交互设计提供了一种全新的思路，而满足人类这种对于无意识的需求，就能抓住用户的最佳体验点。深泽直人在这个领域进行了大量的尝试，他为使用雨伞的人设计了可以辅助提袋的雨伞把手（图 6-3-2）。下雨时，不少人会收伞避雨，顺势将购物袋挂在撑地的伞把上借力固定。这一日常行为极为普遍，然而伞把圆滑的弧面结构导致购物袋极易滑落。此处一个细微的凹陷设计看似简单，实则巧妙解决了交互痛点，精准契合用户需求，充分彰显出对交互体验的深刻洞察，堪称深谙用户心理的典范之作。

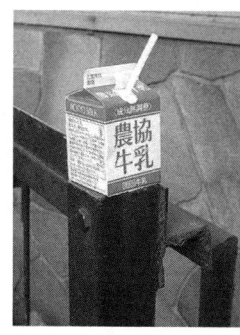

图 6-3-1　生活中阈下意识案例

图 6-3-2　深泽直人的设计

---

① 引自 Stylepark 的文章 "Down with the window! And out with your elbow" 中的图片。

（二）E&O 交互体验边界与阈下意识的交融

E&O 交互体验边界的产生，源自学习者对智慧学习环境的有意识植入，以及对智慧学习过程的特殊关注。学习者无法与智慧学习环境自然融合，无法与智慧学习中的设置形成和谐的共鸣，无法在阈下意识的驱使下自然而然地完成学习。因此，学习者难以进入忘我的状态，无法沉浸其中，感受那种共我体验。为了解决这个问题，智慧学习中的数字交互设计应当从有意识地引导学习者进入阈下意识的角度出发，即采用可供性交互设计。这样的设计能够更好地满足学习者的需求，提升学习体验，使学习者能够更加自然、流畅地参与到智慧学习中。

二、可供性交互设计：共我体验的基石

（一）可供性概念解析

詹姆斯·J. 吉布森（James J. Gibson）是 20 世纪最重要的认知心理学家之一，他的生态学式视知觉论和直接知觉为认知心理学开辟了新的领地。affordance（可供性）是吉布森于 1979 年创造的词语，并将其定义为环境中各种行为的可能性[1]。1988 年，Donald A. Norman 在 *The Design of Everyday Things* 一书中又提出了"感知功能可供性"（perceived affordance），并由此限定可供性概念的范围。[2] 无论是在现实生活中还是在虚拟世界里，当希望用户去操作某个物体或利用某个功能时，确保这些物

---

[1] GIBSON J J. The ecological approach to visual perception [M]. Boston: Houghton Mifflin, 1981: 227-235.
[2] NORMAN D A. The design of everyday things [M]. Cambridge: the MIT Press, 1988.

体或功能能够被用户轻易地察觉并理解其用途至关重要。举例来说，当人们想要推开窗户时，他们会自然而然地寻找可以推动窗户的把手或其他相关工具，无须过多思考或寻找。这种直观性和易用性是设计优秀用户体验的关键。

可供性这一理念在设计领域中已经赢得了用户广泛的好评。深泽直人以其独特的"超常规"设计理念，创作出了一系列简单却极具实用性的作品。这些设计并不依赖复杂的高科技，而是通过呈现大多数人自然状态下的功能实现了与用户的和谐共鸣。在艺术设计领域，可供性的应用逐渐得到了人机界面交互领域（HMI）的认可。1990年，拉斯穆森（Rasmussen）和韦森特（Vicente）首次提出了"生态人机界面设计（Ecological Interface Design，EID）"的设计原则，为复杂的社会技术系统构建了一套系统的人机界面交互设计理论体系。尽管生态人机界面设计在国外多数仍处于实验室阶段，但它已经在航空运输、网络管理、医学诊断等多个领域得到了应用。相比之下，国内对于这一领域的应用尚显不足，需要进一步加大研究和推广力度。

（二）可供性的直接性特征

在交互设计的探讨中，从心理学角度切入主要聚焦于间接知觉论，这也是被广大学者广泛认可的认识论，包括结构主义和格式塔等流派。相较之下，吉尔森提出的可供性理念，则归属于另一种以视觉刺激为起点的直接知觉论的核心思想。直接知觉与间接知觉之间的根本分歧在于知觉的产生是源自外部环境的刺激，还是源于对个体自身的加工。对于间接知觉论而言，知觉的形成是基于大脑对视网膜接收到的信息的处理与解读，这意味着个体的主动参与是认知产生不可或缺的条件。然而，直接知觉论则认为知觉的产生远非如此复杂，它似乎是人类与生俱来的一种本能反应。在这种观点下，感知者无须对输入的信息进行任何形式的处理或加工，知觉便能自然而然地产生。一个生动的例子便是视错[①]。对于间接知觉论者而言，视错是一个涉及认知心理学的复杂问题；然而，在直接知觉论者看来，这是一个再自然不过的事实，即只要观察者在运动状态下保持自由，视错现象（见图6-3-3）就有可能发生。

图 6-3-3　视错图像

吉布森对于可供性的研究将直接知觉论带入了一个全新的领域，从传统的认知心理中剥离开来，脱离了科学实验的证明，将人的自我属性提升到了一种真理的高度。正如盖弗所说的，直接知觉论观点的优势在于，它或许能够为人造物提供与之相关联的理想即时行为的清晰设计思路。尽管这种理论在多个学科领域中仍饱受争议，但它所激发的关于人类认知体验的思考，在交互设计领域却具有显著的价值。作为交互设计的重要原则之一，在智慧学习的交互设计中，学习者的交互可供性同样是一个不可忽视的因素。设计的核心应当聚焦于拓展学习者的感知边界，并将这一理念深

---

① 视错就是当人观察物体时，基于经验主义或不当的参照形成的错误判断和感知。

入应用于提升学习者潜意识满意度的元认知体验之中，以创造出更为和谐、自然的交互体验。

（三）可供性的多元类型

对于可供性的分类有很多种，从设计意图的传达情况来看，分为正确的可供性、错误的可供性[①]；从用户参与交互的程度来看，分为潜在的可供性、现实的可供性；从感知主体的性质来看，分为个体的可供性、群体的可供性；从感知信息的能力来看，分为可被感知的可供性、隐藏的可供性、错误的可供性；从信息的内涵来看，分为信息中的可供性、表达中的可供性；从可供性的驱动行为方式来看，分为主动可供性、被动可供性；从可供性在交互过程中的重要程度来看，分为主要的可供性、次要的可供性；从用户的交互层次来看，分为认知的可供性、物理的可供性、感知的可供性、功能的可供性。

在探讨智慧学习中交互对学习者元认知体验的影响时，可以借鉴哈特森对可供性的分类进行深入分析。这种可供性的类型与沉浸（共我）模型中的四个交互过程紧密对应，有助于学习者突破E&O交互体验边界的限制，实现更为深入和高效的学习体验。

三、共我体验的四维突破：感知、物理、认知、功能（见图6-3-4）

（一）感知可供性

感知可供性是一种交互设计类型，旨在引导学习者无论是被动接受还

---

① 马超民.可供性视角下的交互设计研究［D］.长沙：湖南大学，2016.

是主动投入智慧学习，都能获得丰富的认知体验。在学习者开始智慧学习之前，他们需要通过各种方式（可能是被推荐、被要求，也可能是自己主动搜索或偶然发现）产生学习欲望。感知可供性设计则致力于将与学习者紧密相关的信息群进行巧妙的重新包装，以打通学习者与信息之间的连接通道，使信息变得更为易于感知，并快速与学习者的感官建立联系。这一过程能够促使学习者从隐性的情感共鸣转变为显性的情感投入，由原本可能不自觉的隐性体验升华为对知识的热切渴求这一显性体验，从而深刻影响其元认知体验。在这一层次上，设计应注重提升交互的辨识度，以实现阈下意识的跳跃式刺激，使学习者能够更加迅速和有效地获取并处理信息。

（二）物理可供性

物理可供性是通过数字媒介对学习者施加直接或间接的刺激，进而引发其认知活动的交互设计类型。与智慧媒介的接触成为触发学习者元认知体验的关键。智慧媒介所提供的物理形式与光电形式，能够直接或间接地激发学习者的情感共鸣，带来实体与虚拟的多元体验，进而深刻影响其元认知体验。在这一层次上的交互可供性设计，应追求简易化原则，确保提供的是一种阈下意识的连续式刺激，使学习者能够顺畅、自然地与媒介进行互动。

（三）认知可供性

认知可供性旨在促进学习者对学习内容进行层次化的深入认知。学习者在与学习内容进行互动时，会经历从理解到体验再到掌握的认知过程。可供性设计在这一过程中发挥着关键作用，它辅助学习者清晰地把握学习内容的脉络，并引导其逐渐产生认知上的情感共鸣、情感投入及行为上的转变。这一过程催生认同、情绪与重构等多重体验，从而深刻影响学习者的元认知体验。在这一层次上的交互可供性设计，应注重逻辑性，确保提供的是一种阈下意识的渐进式刺激，使学习者能够逐步深化对学习内容的理解。

（四）功能可供性

功能可供性关注的是如何通过交互设计引导学习者积极看待学习结果，实现从负向认知到正向认知的转变。学习者对学习结果的认知至关重要，而如何有效地传达这一结果则是一个核心问题。优秀的交互设计能够化解学习者在面临不佳成绩时的消极情绪，转而激发其积极情绪。因此，从负向情感共鸣到正向情感投入的转变，需要功能可供性的交互设计来巧妙实现。在这一层次上的交互设计，应强调情绪引导性，确保提供的是一种阈下意识的引导式刺激，帮助学习者以更加积极的心态面对学习结果。

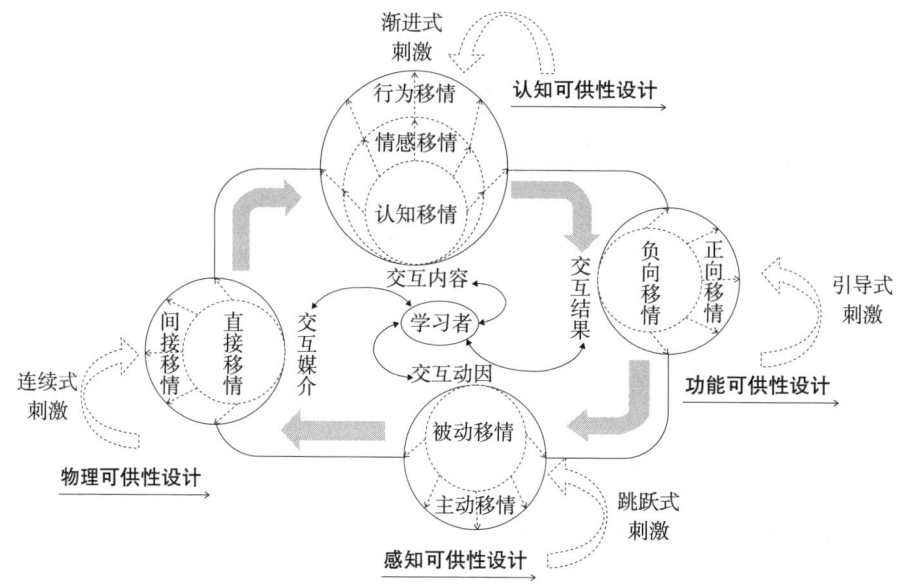

图 6-3-4　智慧学习交互可供性设计思维导图

四、实证研究：可供性交互设计对共我体验的影响

可供性交互设计是一个涵盖甚广的领域，其中数字交互技术发挥着举

足轻重的作用，而技术的运用又必须紧密围绕可供性原则展开。在智慧学习的实践中，可供性交互设计对于营造移情的情境至关重要，这种情境营造与共我体验紧密相连，共同构成了学习者深入理解和掌握知识的重要桥梁。通过巧妙地运用可供性交互设计，可以有效地强化学习者的共我体验，进而提升其学习效果和认知深度。沉浸式 3D 设计作为数字交互设计的第三阶段，能够很好地融入可供性设计中，为智慧学习带来体验渗透力强的新资源、新工具、新环境、新平台和新范式[1]。

在视知觉显示领域，3D 技术以其卓越的表现力，为学习者营造出身临其境的沉浸式情境。这种跨越时间与空间的立体化感知，为移情的产生提供了最佳的交互体验途径。因此，与 3D 技术相关的智慧学习设计已在全球范围内引起了广泛关注。众多解决方案、培训项目和体验性试验正在国内外的高校、中小学乃至社会公共服务中逐步推进。例如，美国的德州仪器（Texas Instruments，简称 TI）公司推出的 3D 投影机领航项目已在美国多个州、学区和学校得到广泛应用；同时，美国的 Infinite Z 公司研发的 3D 全息投影产品 ZSpace 也已入驻美国的部分高校。这些实践不仅展示了 3D 技术在教育领域的巨大潜力，也为未来的智慧学习设计提供了宝贵的经验和启示。

在全球范围内，众多知名高校已纷纷投身于 3D 硬件设施的构建之中。例如，阿卜杜拉国王科技大学（KAUST）设立了先进的 3D 立体显示数字化实验室，印第安纳大学（Indiana University）建立了领先的可视化实验室，新加坡国立大学则实施了全面的 3D 校园监控系统。在美国，Ocoee 中学更是创建了独特的 3D 教室，为学生们带来前所未有的学习体验。而在国内，全息投影技术、裸眼 3D 技术、Kinect 技术等也在智慧学习中发挥着举足轻重的作用。兰州四中的 3D 教室通过数字投影系统和声光电技术的

---

[1] 王娟，吴永和，段晔，等. 3D 技术教育应用创新透视［J］. 现代远程教育研究，2015（1）：62-71.

完美结合，极大地提升了学生的学习参与度。河北工程大学附属学校的 3D 教育示范基地则利用 3D 技术与设计，为学生们营造了一个沉浸式的学习环境。湖州职业技术学院的 3D 影视仿真数字学习平台，为教学提供了一种全新的体验式、创新型、交互式、实践型模式，极大地丰富了教学手段。此外，西溪中学的航天动力研究室借助 3D 打印和激光雕刻机等先进技术，为学生们打造了一个充满创新氛围的课堂。

此外，3D 虚拟现实设计已经成功实现了情境模拟，为学习者提供了更为真实的学习体验。目前，多所知名学府，如北京大学、浙江大学、北京四中以及上海交通大学等，纷纷推出了各自的虚拟校园系统，为学生们提供了沉浸式的校园探索环境。同时，北京师范大学、北京林业大学等也积极开发了 3D 虚拟数字图书馆，为学术研究和知识获取提供了全新的途径。中国科学技术大学更是在物理教育领域探索出一系列虚拟互动实验，将抽象的理论知识转化为生动的实践操作。

在国际上，美国明尼苏达大学的交互式计算机图形实验室及新加坡的 Web3D 虚拟校园与虚拟课堂等项目同样实现了情景化学习，引领了全球教育技术的发展潮流。随着技术的进步，越来越多的 3D 数字仿真模拟教学系统、Quest3D 虚拟测绘实验室、X3D 虚拟网络平台、CLO3D 虚拟人体、Cult3D 虚拟产品展示及合作虚拟场景[1]等研究与实施逐渐兴起。这些创新性的项目不仅丰富了教学手段，也为学习者提供了更加多元化、个性化的学习体验。3D 交互设计在提升学习体验和学习效果方面展现出了显著的优势。国际研究机构主任安·班福德（Anne Bamford）教授的一项对比性研究显示，将 3D 技术融入教学环节能够为学习者带来超乎预期的良好体验，并显著提升学习效果。在其《教育中的 3D 白皮书》一文中，她高度评价

---

[1] PRASOLOVA-FØRLAND E. Analyzing place metaphors in 3D educational collaborative virtual environments [J]. Computers in human behavior, 2007, 24 (2): 185-204.

了3D技术为学习者提供的更为直观和易于理解的可视化及肌肉运动知觉形式。这一形式满足了高达85%学习者的需求,他们更倾向于通过观察和实际操作来获取知识。实验数据表明,有33%的学生能够完全沉浸在3D打造的虚拟世界中,实现注意力的高度集中。

通过对比前期和后期的测试成绩,使用3D技术进行教学能够使86%的学生普遍提高学习成绩,而仅使用传统教学方法,仅有52%的学生能够取得进步。此外,在采用3D交互设计教学的教师中,100%的教师认为使用3D交互设计能够更有效地吸引学生的注意力,其中70%的教师特别指出,在3D体验的引导下,学生的学习行为有了显著的提升[1]。2012年,香港理工大学联合香港科技大学、香港城市大学对香港小学进行了3D裸眼教学效果评估研究。研究指出,对于如今被称为"数字土著"的学生来说,3D多媒体内容能够有效吸引学生的注意力,通过使物体呈现得更加真实为学生提供接近真实的体验,并有助于他们更好地回忆起课堂上的深入信息[2]。因此,诸如3D、虚拟现实等数字交互设计能够生动地模拟情境,带给学习者强烈的代入感,从而引发移情效果,使他们感受到"物我统一"的共我体验。

最后,通过本次研究的主观性调查,以共我模型为基础,从与学习者能够产生交互设计的动因、媒介、内容与结果四个角度出发,在问卷中设置了相关的题目进行评估。其中33题、34题用来检测交互设计对于学习者交互动因产生的影响;35—37题、52题、53题、61题检测交互媒介;38—40题、48题、57题检测交互内容;41—44题、62题检测交互结果。通过数据反馈,数字交互设计对于学习者交互动因产生的影响良好,文字

---

[1] 参见 http://www.dlp.com/downl, oads/The_3D_in_Education_White_Paper_US.pdf。

[2] LEE H, LEUNG H, LAU A, et al. Evaluation studies of 2D and glasses-free 3D contents for education—case study of automultiscopic display used for school teaching in Hong Kong [J]. Advances in education, 2012(2): 77-81.

多选题选项集中在"满意"的选项区间中。数字交互设计对于学习者交互媒介产生的影响良好，其中量表题的平均值为2.54，文字表述题的情感分析为正面，表明态度"满意"。数字交互设计对于学习者交互内容产生的影响良好，量表题的平均分为2.53，表明态度"满意"。数字交互设计对于学习者交互结果的影响良好，量标题的平均分为2.72，文字多选题选项多集中在"满意"区间。综上所述，可供性的数字交互设计对于学习者实现共我体验的影响深刻，意义重大。

本章小结

本章以Eisenberg的移情理论为基础，结合智慧学习教学过程中数字交互技术的实践应用，精心建构了交互移情模型，进而将此模型与元认知体验相结合，深入探索了两者之间的内在关系模型，从而开辟了一个新视角，以智慧学习数字交互技术为支撑，审视学习者的元认知体验。

第一节对移情理论进行了细致的梳理，并成功构建了交互移情模型。首先，对移情的内涵与属性进行了重新梳理。在智慧学习的背景下，学习者的移情产生与交互紧密相连，对元认知体验具有显著的提升效果，并且呈现出情绪的阶段性特点。其次，根据交互动因、交互媒介、交互内容及交互结果等四个关键学习要素，对交互移情进行了系统的分类。最后，通过将交互过程与移情类别相互融合，构建了一个全新的交互移情模型。

第二节则进一步探讨了移情模型与元认知体验的内在关系模式。基于已构建的移情交互模型，结合理想的元认知体验，构筑了一种新型的关系模式，为深入理解两者之间的相互作用提供了理论支撑。

第三节引入了阈下意识的概念，认为智慧学习的交互设计实质上是对学习者下意识、潜意识的巧妙引导。在此基础上，探寻了可供性交互设计的有效策略。运用这种交互设计，学习者能够体验到感知可供性、物理可供性、认知可供性和功能可供性，从而激发他们的移情反应，增强元认知体验，达到共我的状态，最终突破 E&O 的界限。

第七章
交互设计：跨越 N&A 边界，塑造元认知新我体验

教育是一个交互的过程[①]，而学习是一个认知世界、认知他人和认知自我的过程。在智慧学习的崭新领域中，数字交互技术如同一道绚丽的风景，不仅拓展了课堂的空间，还深刻转变了教育者与学习者的角色定位。根据本书第三章对交互的界定，即在智慧学习生态中，那些以数字交互技术为引导，能够在教学过程中触动学习者元认知内化体验的数字行为，被认定为交互。立足于学习者元认知内化的视角，我们借鉴认知心理学中的自我图式理论，整合形成了一种适应智慧学习环境的交互激活自我图式模式。这种模式旨在梳理数字交互设计在智慧学习中的应用及其效果，深入探究学习者在交互过程中所体验到的各种有助于知识内化的情绪与情感，进而推动他们的自我成长。本章将依托自我图式理论，构建智慧学习理想交互体验模型，并选取有针对性的交互设计策略，以突破 N&A 交互体验边界，实现元认知新我体验，为智慧学习的发展注入新的活力。

---

① 早在 1916 年杜威就在其著作中提出交互是教学过程的重要组成部分。

第七章 交互设计:跨越 N&A 边界,塑造元认知新我体验

第一节 自我图式理论概览

一、自我图式的核心概念

马库斯(Markus)认为自我图式是关于自我的认知结构和自我的认知总结。它来自过去的经验,并在个人的社会经验中组织和指导了自我相关的信息处理。个人自我图式得以构建并逐步稳固,这一过程本身便凸显了其对个体无可替代的重要性与独特价值。

自我图式涵盖两种认知表现方式。其一,它体现在特定事件或情境下的认知展现,如"我在早上的汉语课上注意力不够集中"这样的自我描述。其二,自我图式还体现在一般情况下的认知表现,这些认知表现来源于个体自身或他人的评价,如"我是一个正直的人"。自我图式的形成基于个体处理过的信息,它深刻影响着与自我相关信息的输入与输出过程。当新的信息输入时,自我图式会发挥其独特的认知功能,它会调用过去的行为表征库,与新输入的信息进行比对分析。在这个过程中,自我图式会选择性地吸收信息,并根据需要在一定条件下调整原有的自我图式。此外,它还能够对未来的自我状态进行预测和推测,从而帮助个体更好地认识自己并规划未来。

二、可能的自我:未来的镜像

在自我图式认知中,可能的自我是对个体的潜在能力与未来评价有关的要素。[①] 可能的自我既包括希望成为的理想自我,如成功的自我、受人敬

---

① MARKUS H R, NURIUS P S. Possible selves [J]. American psychologist, 1986, 41(9): 954-969.

仰的自我等；也包括害怕成为的负面的自我，如无能的自我、受人歧视的自我等。可能的自我是自我图式中与未来去向紧密相关的组成成分。[①] 可能的自我对于未来自我的形成影响巨大，因其具有的提供动机的功能与提供评价解释的功能，使得个体通过自身的认知反馈与外界的刺激响应对自我图式进行调试。

从提供动机的功能来讲，可能的自我为下一步的行动提供了取向性的指引，在个体的内化与外显之间建立起较为明显的行为关联。当积极的引导出现时，自我图式中会出现一个正可能的自我（个体呈现跃跃欲试的状态），反之则会出现一个负可能的自我（个体呈现畏首畏尾的状态），直到某一时刻正可能的自我战胜负可能的自我。出现正可能的自我有很多刺激因素，如奖励、掌声、赞美等，而且这些刺激因素的表现越详尽，对自我图式的调试作用就越大。

从提供评价和解释的角度来看，可能的自我扮演着为当下自我图式进行解读和评估的重要角色。以一次考试未取得理想的成绩为例，如果被激活的是负可能的自我，即持有"我学习不好"这样的自我认知，那么这种自我图式可能导向一连串的悲观解读，如"老师会对我产生厌恶""同学们会看不起我""未来考上大学的机会渺茫""可能一生都无法找到满意的工作"等消极预期。相反，如果激活的是正可能的自我，即具有"我学习不错"这样的积极自我认知，那么对于同一次考试失利的解读就会截然不同，可能会归因于运气不好或暂时的挫折，并有"只要继续努力，下次考试一定能够取得好成绩"等积极信念。这些评价和解释对于个体自我图式的调整具有深远意义，个体的前进或后退往往就取决于这一瞬间的认知选择。因此，积极培养和激活正可能的自我，对于个体在面对挫折时保持积极心态、促进自我成长至关重要。

---

① MARKUS H R, NURIUS P S. Possible selves [J]. American psychologist, 1986, 41（9）：954-969.

三、运作的自我：当下的实践者

运作的自我是一个关于自我概念集群的子系统，即某一特定时刻的自我。运作的自我主要通过两个过程对行为产生影响。一个过程是自我内化的过程，包括加工信息、调节情感及动机等；另一个过程是人际交互过程，包括对社会的知觉、与他人的交互作用等。

从运作的自我对自我内化过程的影响来看，自我概念发挥着至关重要的作用。它能够帮助个体在接收信息刺激时更加高效地进行处理与整合。同时，在接收外界信息的过程中，自我概念通过自我增强（self-enhancing）和自我察觉（self-awareness）等机制，对个体的情感进行调节，确保其在面对不同情境时能够保持适当的情感状态。此外，自我概念还能够根据个体的目标需求调节其内部状态，以更好地适应并达成目标。

而从运作的自我进行人际交互的角度来看，它同样展现出了其独特的作用。通过对情景和自身状态的深刻认识，个体能够更好地理解和解释他人的思想、情感及行为，从而增强彼此之间的理解与沟通。在互动的过程中，自我概念不仅帮助个体更好地向外界展示自我，同时也促进了自我内化的过程，使个体能够在与他人的交流中不断成长与进步。

第二节　交互与自我图式的动态关系

一、交互：自我图式结构的激活剂

根据自我图式中各要素间的紧密关联关系，我们将交互融入自我图式的激活过程中，从而构建了图 7-2-1 所示的自我图式交互激活结构。该结构清晰地展示了个体在面对纷繁复杂的信息群时，如何通过自我图式实现信息的选择性接收与过滤。在这一过程中，个体利用可能的自我激发出积极的情感，通过运作的自我进行状态的调整与内化，进而实现自我图式的有效激活与适时修正。这一模型不仅揭示了自我图式在信息处理中的重要作用，也为我们理解个体如何通过与环境的交互实现自我成长提供了有力的理论支持。

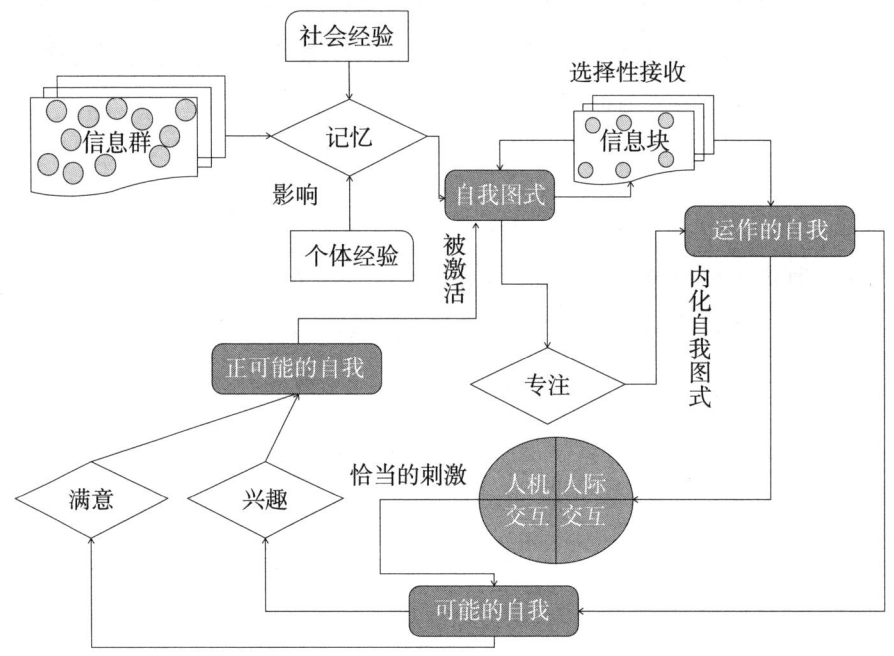

图 7-2-1　自我图式交互激活结构

二、对智慧学习交互的深度剖析

当智慧学习通过交互技术触及学习者的自我图式时，整个流程中会依次出现激活图式的多个关键阶段（见图 7-2-2）。

（一）自我图式的激活与强化

学习者置身于智慧学习系统之中，系统通过感知与适应技术向其提供学习空间、时序及社群等学习时空信息，同时利用组织与重构技术呈现学习所需的媒体、资料及目标等学习内容。这些信息汇聚成庞大的信息群 A，强烈刺激着学习者的自我图式。自我图式应激反应，有选择性地接收信息，进而筛选出个性化、可感知与适应的学习空间，以及能引发兴趣和关注的学习内容，共同形成范围缩小的信息群 B（B 包含于 A）。

（二）对运作的自我的动态调整

随后，信息群 B 继续激活运作的自我。智慧学习系统通过跟踪与分析技术，为学习者量身定制学习任务、提供学习方法，并检验学习成果，从而推动学习活动的顺利进行。

（三）对可能的自我的探索与塑造

在这一环节中，运作的自我结合先前的自我认知与学习活动反馈，激发出可能的自我，即情绪化的自我认知调试过程。

（四）正负可能自我的平衡与激励

最后，在评价与支持技术的辅助下，学习者完成教学策略的应用、学习支持的获取及学习评价的认定等教学活动。这一过程中，可能激发出正可能的自我或负可能的自我。若产生正可能的自我，则表明智慧学习的各个环节与学习者以往的自我认知相契合，且交互手段与形式带来正向的体验与情绪，学习者在自我图式调试过程中不断建立自信、激发兴趣，形成自我认可的图式，构建良性的学习循环。反之，若产生负可能的自我，则意味着智慧学习的交互手段与形式未能为学习者带来正向的体验与情绪。

此时,智慧学习系统需及时采取正向的交互体验策略,将学习者引回积极乐观的状态,最终战胜负可能的自我,重新进入正可能的自我的良性循环。

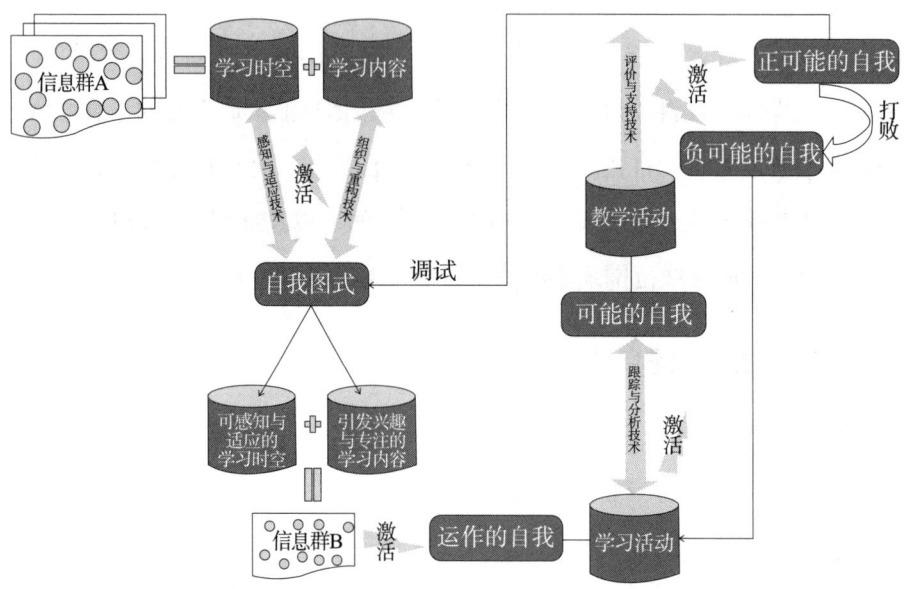

图 7-2-2　智慧学习交互对自我图式模型的激活结构图

三、自我图式激活后的元认知体验生长路径

体验的心理机制表明,体验的产生离不开一定的刺激对象。[①] 智慧学习中的交互技术在教学过程中对自我图式模型进行了激活,更好地实现了知识的获取。究其本质,自我图式模式的运转与调节源自学习者的元认知,而能够与交互技术进行深度关联的是元认知中的元认知体验。一个人在认知活动中,元认知体验能够伴随着学习认知活动而产生有意识的认知体验

---

① 张鹏程,卢家楣. 体验的心理机制研究[J]. 心理科学,2013(6):1498-1503.

第七章 交互设计：跨越 N&A 边界，塑造元认知新我体验

和情感体验，如完成感、努力感等①，它影响认知活动的质量②。由此可见，对于知识的认知、元认知体验与交互技术三者相互关联，构建出元认知体验的生长三元结构（见图 7-2-3）。

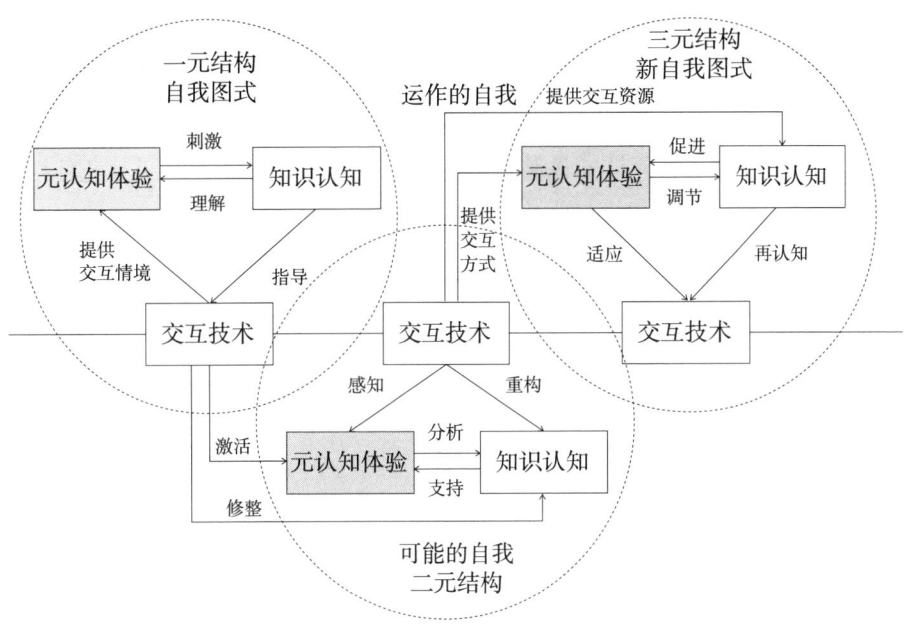

图 7-2-3 交互技术激活自我图式后刺激元认知体验生长三元结构图

从图 7-2-3 中清晰可见，在智慧学习运行的过程中，元认知体验的生长构建了一个三元结构，每一元都与对知识的认知、元认知体验与交互技术紧密关联。学习者置身于数字交互技术所创造的情境中，这一情境激发了元认知体验。这种体验结合学习者先前的记忆与经验，促使其主动吸收当前的知识。同时，所吸收的知识又反过来影响元认知体验的集合，同时

---

① EFKLIDES A. Metacognition and affect: what can metacognitive experiences tell us about the learning process? [J]. Educational research review, 2006 (1): 3-15.

② 吴红云. 大学英语写作中元认知体验现象实证研究 [J]. 外语与外语教学, 2006 (3): 28-30.

能够评价所使用的交互技术，为技术的优化提供指导。

在二元结构中，数字交互技术作为智慧学习与学习者之间的桥梁，一方面通过数据互联为智慧学习系统提供感知学习者元认知体验的机会，另一方面则利用可视化等数字手段重新定义了知识认知的途径与形式。学习者依据其元认知体验深入分析知识及认知状况，而这些知识认知又进一步支持了元认知体验的成长。

在三元结构中，元认知体验在智慧学习的进程中逐渐提升了其迁移性。这意味着学习者能够将智慧学习的活动过程与方式从一个具体的情境迁移至另一个与其相似或相同的情境中，从而使元认知体验达到新的高度。这一进阶过程不仅丰富了学习者的认知结构，也为其在不同情境中的学习提供了更为有效的策略与方法。

第三节　新我体验：交互设计的元认知未来

一、N&A 边界与自组织运行的奥秘

（一）自组织理论（Self-organizing Theory）的缘起

在 20 世纪 60 年代末，路德维希·冯·贝塔朗菲（Ludwig Von Bertalanffy）经过系统推演成功地将自组织理论发展为一种具有深远影响的系统理论。哈肯凭借其精准性和深刻性，对自组织的定义获得了广泛的认可。他指出，当一个体系在获取空间、时间或功能结构的过程中未受到外界的特定干涉，那么这一体系便可以被视为自组织的。

以学习过程为例，如果学习者在老师的明确指导下，按照预定的步骤

和规则去完成学习任务,那么这种学习方式便是一种有组织的行为。相比之下,如果学习者在没有老师明确指挥的情况下,而是根据自己的兴趣或意愿,通过不同的交互形式自发地配合完成学习任务,那么这种学习方式则可以被视为一种自组织的行为。这种自组织的学习方式展现了学习者在知识获取和构建过程中的主动性和自我调控能力。

(二)自组织理论在智慧学习中的适用性

根据自组织理论的定义,我们可以深入探索其对于智慧学习研究的适用性。当一个系统处于开放状态,外界的物质、能量或信息输入达到一定基数时,这些输入与系统内部的"涨落"作用相互影响,推动系统内部各子系统由竞争关系逐渐转变为协同运行,从而实现系统的自组织。

智慧学习系统正是由网络和相关软件技术共同构建的一种技术现象,同时也是学习者之间通过相互沟通形成的一种社会现象。因此,我们可以这样界定智慧学习的自组织现象:智慧学习系统在引入数字交互技术后,与该技术系统之间形成了相互影响的社会技术系统。在数字交互技术的支持下,该系统存在于特定的网络空间中,以满足具有共同学习兴趣、知识技能、经验的学习者的交流、互动与协作需求,并在学习者之间形成一定的社会关系。

智慧学习系统的建构和运作受到数字交互技术水平、学习者参与规模和组织规范程度的制约。因此,自组织理论在智慧学习的研究过程中具有适用性,能够为我们提供新的视角和工具,以深入理解和优化智慧学习系统的运作机制。

(三)N&A 交互体验边界与自组织运行的融合

智慧学习系统展现出典型的非线性复杂系统特征,其高阶次、多回路和非线性信息反馈结构赋予了系统独特的运作机制。这个系统为学习者提供了一个互动空间，使他们得以形成紧密的社会关系。在系统构架的内在逻辑和学习者共同兴趣与需求的双重作用下，学习者在海量、多层次的学习内容中实现了有序性表达，旨在探求学习的深层意义。

在智慧学习系统中，非线性复杂系统的五种表现形式得到了充分体现。

第一，系统的开放性使得它能够与外界进行物质、能量与信息的顺畅交换，并通过自控与自调机制灵活适应外界环境的变化。在智慧学习情境中，学习者的参与促进了系统与外界的信息流动，而系统则能够广泛吸纳各种信息，满足不同类型学习者的需求，进而促进学习者自我图式的动态调试。

第二，系统的层次性表现为多个层级的有机结合与相互作用。在智慧学习过程中，学习者与系统之间形成了层级化的交互结构，包括一元、二元和三元结构。这些结构之间紧密相连、相互影响，共同推动着学习者可能的自我的生成与发展。

第三，系统的复杂性源于其内部子系统的多样性和交互作用的丰富性。在智慧学习系统中，学习者与系统的交互形式多样、层次丰富，这种多样性的交互有助于激发学习者运作的自我的活力。

第四，系统的涌现性体现在其整体性质超越了个体要素之和。在智慧学习情境中，学习者与系统的交互是一个综合性的过程，它融合了多种交互形式和特点，形成了一个相互关联、协同作用的体系。这种交互的集成效应具有单一结构交互无法比拟的优势，能够有效地激发学习者新的自我图式的形成。

第五，系统的动态性使其能够根据内外环境的变化进行自适应调整。在智慧学习系统中，学习者与系统的交互促使系统不断个性化、人性化，以适应学习者连续、变化的需求。这种动态性有助于激发学习者可能的自我的不断演进与发展。

N&A交互体验边界的产生，主要源于学习者在调节自我图式生长时所

第六章　交互设计:突破 E&O 边界,实现元认知共我体验

第六章 交互设计：突破 E&O 边界，实现元认知共我体验

面临的挑战。而智慧学习的自组织运行，作为一种有效的方式，能够显著提升学习者的元认知体验，并有效调节自我图式的生长。在自组织运行过程中，数字交互技术发挥着至关重要的作用，它确保智慧学习系统作为一个典型的非线性复杂系统，能够实现交互的开放性、层次性、复杂性、涌现性和动态性。

因此，在智慧学习的设计中，数字交互应从辅助学习者实现自组织运行的角度出发，即采用仿区块链式的交互设计。这种设计能够充分利用数字交互技术的优势，帮助学习者更好地适应智慧学习系统的自组织特性，进而促进自我图式的健康成长，提升学习效果。

二、仿区块链式交互设计：新我体验的催化剂

（一）区块链技术的兴起与变革

2008年，中本聪（Dorian S. Nakamoto）在网络上发表了一篇关于比特币的文章"Bitcoin: A Peer-to-Peer Electronic Cash System"，其中提出了比特币的原型，同时也首次提出了区块链的概念。比特币的概念很快被人们应用和熟知，但是作为比特系统的底层核心技术——区块链技术，才刚刚进入人们的视野。

区块链（Blockchain）是指通过区块以链的方式组合在一起的数据结构（见图7-3-1）。这种结构是一种去中心化和去信任的数据关联结构。用通俗的话对区块链进行定义，即使用分布式记录的方式保证数据的可靠性与安全性。区块链技术被视为继物联网、云计算、大数据之后的又一项极具颠覆性的技术，虽然目前它还处于技术萌芽期，但是对人们生活的影响不可小觑。《福布斯》杂志曾把区块链比作"改变人类未来生活的新型互联网"。区块链技术被全世界各行各业关注，目前已经应用到金融领域、科技领域、

能源领域、食品领域、医疗领域等①，教育对于区块链的应用目前还不成熟，相关的研究也较少。但是区块链技术在教育领域的潜力是十分明显的。区块链作为一种技术，体现出的是一种设计理念，一种提高智慧学习交互能力的优化型设计。

图 7-3-1　区块链示意图②

（二）区块链技术的核心特征

区块链技术拥有四大显著的技术特征，它们分别是去中心化（Decentralized）、去信任（Trustless）、集体维护（Collectively Maintained）及数据库可靠化（Reliable Database）。从名称来看，区块链由区块（Block）和链（Chain）组成，这意味着在信息交互过程中，信息是以区块的形式进行交流的。每个区块都承载了特定时间段内系统的全部信息，因此这些区块在信息的层面上是平等的，从而实现了信息的去中心化。此外，任何一个区块的遗失、损坏或被篡改都不会对整个系统的安全性构成威胁。同时，这些区块之间能够相互验证，确保了信息的真实性和完整性，这体现了信息的去信任和集体维护的特性。从整体来看，这些区块彼此紧密相连，形成了一个强大且稳定的信息结构，从而保证了数据库的可靠性。

---

① 张波.国外区块链技术的运用情况及相关启示［J］.金融科技时代，2016（5）：35-38.

② 金义富.区块链+教育的需求分析及技术框架［J］.中国电化教育，2017（9）：62-68.

对于实现学习者与智慧学习系统交互的开放性、层次性、复杂性、涌现性和动态性而言，区块链的四个重要特征具有深远的意义。去中心化特征使得智慧学习系统能够保持开放性与层次性，每个学习者都能在系统中找到适合自己的学习路径；去信任特征则有助于实现智慧学习系统的涌现性，学习者和系统之间的交互更加自然、流畅；集体维护特征使得系统能够动态地适应学习者的需求，不断优化自身的性能；而数据库可靠化则确保了智慧学习系统在处理复杂信息时的稳定性和准确性（见图 7-3-2）。

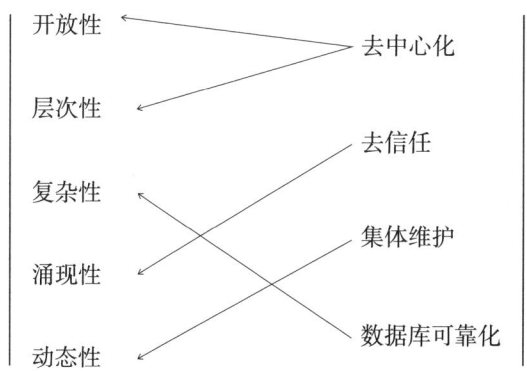

图 7-3-2 区块链技术特征与智慧学习系统的自组织特征对应图

（三）仿区块链式交互设计的创新实践

仿区块链式交互设计，其核心思想在于借鉴区块链的技术特征，为交互设计提供创新的指导。在当前的交互设计领域，越来越多的设计开始实现用户个人人工智能的共享，同时，用户在虚拟网络上的形象与信息展现也更为安全和有效。根据应用追踪记录网站 Eth Gas Station 的报道，在之前处理的 1500 个以太坊（Ethereum）[①] 区块链交易中，一款名为 *CryptoKitties* 的游戏占据了显著的份额（14%）（见图 7-3-3）。这款游戏以

---

① 以太坊是一款能够在区块链上实现智能合约、开源的底层系统。

仿区块链式的设计思维为核心，通过数字货币的形象化呈现，结合游戏的形式，让用户从购买第一只虚拟猫开始，经历配种、卖猫变现等过程，从而深刻体验区块链的自组织运行机制。这一过程不仅体现了区块链技术特征在交互设计中的巧妙应用，也展示了仿区块链式交互设计在提升用户体验和安全性方面的巨大潜力。

图 7-3-3　*CryptoKitties* 游戏的界面及动画形象

（四）教育与仿区块链式交互设计的深度融合

随着信息技术的日新月异，智慧学习正以其终身学习与自主学习的核心理念逐步深化发展。在这一进程中，慕课作为互联网与移动互联网环境下的重要学习形式，其迅猛发展的态势尤为显著。而仿区块链式交互设计的出现，恰好与个性化、自主化、多元化的网络学习模式相契合，为智慧学习注入了新的活力。因此，仿区块链式交互设计与教育的融合，不仅是技术进步的体现，还是教育发展的必然趋势。通过二者的深度融合，可以预见，未来的教育将更加智能化、个性化，为学习者提供更为丰富、高效的学习体验。

三、新我体验的边界突破：从理论到实践

在智慧学习系统中，学习者与系统的交互形成了一种自组织模式。这

一模式在运行过程中展现出了开放性、层次性、动态性、复杂性和涌现性的特质。这五个特质分别能够激发和增强学习者元认知体验三元结构中的自我图式、可能的自我、运行的自我及新自我图式的构建与发展。

2017年9月18日，北京举办了国家标准框架下的智慧教育应用生态建设研讨会，会议发布了智慧校园的标准架构。这一架构在顶层设计的系统融合思路下，以基础设施和核心引擎为支撑，在泛在的物联感知基础上以智慧管理、智慧环境、智慧服务和智慧资源四大平台及大数据应用为核心组成。这一构架充分考虑人性化设计，符合学校特色，遵循国家信息标准，并基于SaaS、PaaS、IaaS的架构基础。

而将仿区块链式设计思维融入智慧学习系统的交互设计中，其携带的去中心化、去信任、集体维护、数据库可靠化的技术特征，能够为自组织运行中需要实现的五个特质提供有力的支持。这种设计思维的应用，可以促使元认知体验三元结构顺畅运行，从而加强学习者的元认知体验，突破N&A交互体验边界，实现新的自我，并进一步提升学习效果（见图7-3-4）。

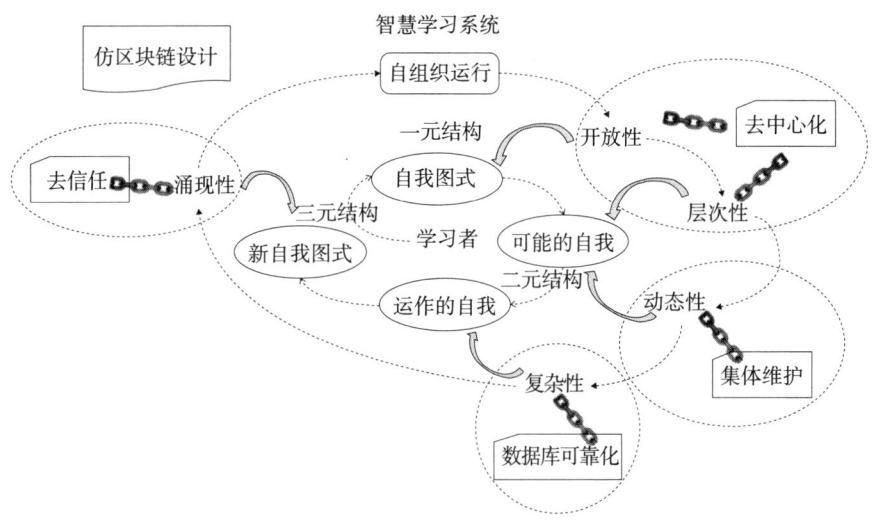

图7-3-4　智慧学习交互仿区块链式设计思维导图

四、实证研究：仿区块链式交互设计对新我体验的影响

仿区块链式交互设计作为一种深受技术特征启发的设计思维模式，其实现离不开坚实的数字交互技术作为支撑。这种设计能够渐进性、层次化地引导学习者体验前所未有的审视世界与自我的新境界，并在这一感知过程中促进自我图式的三元生长。而真正的人机交互，即用户通过感官与环境实现远程互动，作为数字交互设计的最新阶段，与仿区块链式交互设计的结合，无疑将开启科技界两大前沿领域的深度合作。两大IP联手，共同打造出名为"深脑链"的"未来物语"，这不仅标志着智慧学习的一次飞跃，还将智慧学习推向了智慧的巅峰。

2017年1月15日，中共中央办公厅和国务院办公厅发布的《关于促进移动互联网健康有序发展的意见》中明确强调"要加紧人工智能、虚拟现实、增强现实等新兴移动互联网关键技术的布局，争取在全球范围内率先取得前沿技术和颠覆性技术的突破"[1]。随后，1月19日，《国务院关于印发国家教育事业发展"十三五"规划的通知》中，也进一步指出"应全力推动信息技术与教育教学的深度融合，综合利用互联网、大数据、人工智能和虚拟现实技术，探索未来教育教学的新模式"[2]。从国家层面的政策导向中，我们不难发现，以增强现实、虚拟现实、混合现实、人工智能、物联网、3D等为代表的数字交互技术与设计，已然成为智慧学习领域的主流力量。

---

[1] 中共中央办公厅 国务院办公厅印发《关于促进移动互联网健康有序发展的意见》[EB/OL].（2017-01-15）[2017-02-23］. http://www.gov.cn/zhengce/2017-01/15/content_5160060.htm.

[2] 国务院关于印发国家教育事业发展"十三五"规划的通知［EB/OL］.（2017-01-19）[2017-02-23］. http://www.gov.cn/zhengce/content/2017-01/19/content_5161341.htm.

而"深脑链"的出现,对于人工智能领域而言,具有极其重要的意义。当前,人工智能行业的门槛高筑,全球科技巨头把控市场,中心化的组织架构形式不仅限制了创新,还带来了伦理风险。然而,通过去中心化的区块链技术赋能,有望解决这些潜在的"灰犀牛"事件。

随着技术的不断发展和设计模式的创新,学习者的体验也在持续提升。然而,未来的人机交互将呈现何种形态,目前尚无法定论。在《未来简史:从智人到智神——打开人类认知未来之窗》中,作者提出了一个引人深思的观点,即除了客观与主观,还存在第三种现实的层次——互为主体(intersubjective)。这种互为主体,并不是因为个人的信念或感受而存在,而是依靠许多人类的沟通互动而存在。这种互为主体的现实在智慧学习中得到体现,能够激发自组织的运行,引导学习者通过三元生长结构体验到新我的生成。正如书中所言:"在 21 世纪,历史和生物学的界线可能会变得模糊,但并非因为我们将发现如何用生物学来诠释历史事件,而是因为我们会因为一时形态的虚构故事而改写 DNA 链,为了政治和经济利益而改变气候,用网络空间来取代山川的地理环境。"在这个过程中,智慧学习正用人机交互逐渐取代传统学习中的人际交互,帮助学习者实现马斯洛需求理论中的高峰体验(peak experience)。

以人工智能为例,拉金·罗斯(Luckin Rose)在 2016 年提出了教育人工智能(EAI)的概念。他深入阐述了教育人工智能作为人工智能与学习科学交融产生的新领域,其重要性日益凸显。特别是在自适应学习环境的发展与人工智能工具在教育领域的广泛应用中,教育人工智能展现出其高效、灵活且个性化的特点。借助精确的计算和清晰的形式,教育人工智能能够表现那些在传统教育学、心理学和社会学中概念或含义较为模糊的知识,从而为教育领域带来全新的视角与可能。

目前,人工智能的形式与呈现方式多种多样。一方面,现实世界已经涌现出众多人工智能的实际应用,它们正在改变着我们的生活方式和学习模式。另一方面，影视剧也为我们描绘出对人工智能未来的无限想象，虽然这些想象在现实中尚未实现，但它们无疑为人工智能的研究与发展提供了宝贵的启示和方向。这些想象不仅激发了人们对未来的憧憬，也推动着人工智能技术的不断创新与进步。

在国外，教育机器人的研究热潮持续高涨。洛桑联邦理工学院的 Digital Humanities 实验室、意大利技术研究院的 iCub Facility 部门、郝特福德大学的 Adaptive Systems Research 团队、麻省理工学院的 Personal Robotics 团队、佐治亚理工学院的 Socially Intelligent Machines 实验室、卡耐基梅隆大学的 CORAL 团队等众多知名机构与组织，均积极投身于教育类机器人的设计、研发与实验工作，不断探索这一领域的无限可能。

与此同时，国内对教育机器人的关注也在逐步升温。北京师范大学智慧学习研究院与网龙华渔联手研发的"未来教师"机器人、北京紫光优蓝机器人技术有限公司研发的"爱乐优"家庭亲子机器人、智能机器人"小胖"等，都是国内团队在幼儿和青少年教育领域取得的显著成果。这些产品集合了机器人的外观设计、听觉视觉识别技术、RFID 技术、口说能力、同理心与情绪侦测技术、长期互动技术等先进功能，为孩子们带来了全新的学习体验。

据统计，目前教育机器人按照应用情况的不同可分为 12 类（见表 7-3-1）。黄荣怀教授指出，作为智慧学习的重要组成部分，教育机器人不仅可以作为教师的得力助手，支持教学设备的使用、提供丰富的学习内容、管理学习过程及解答常见问题，也可以作为孩子们的学习伙伴，协助他们管理时间和任务、分享学习资源、营造积极的学习氛围、参与或引导学习互动，从而形成一种全新的教学形态。这些机器人的出现，无疑为教育领域注入了新的活力与可能性。

根据新我模型的构建，其成形过程主要包括一元结构、二元结构和三元结构三个关键环节。针对这三个角度，问卷中精心设置了相关题目，旨在全面评估交互对模型各结构实现的影响。具体而言,58—60题专注于检测交互对一元结构实现的影响;54—55题则着重考查交互对二元结构实现的影响;而50题、51题、63题则联合用于评估交互对三元结构实现的影响。

通过对详细数据的分析,交互对于一元结构的实现展现出了良好的影响,量表题的平均得分达到了2.64,这充分表明受访者对交互在一元结构实现方面的表现持"满意"的态度。同样,交互对于二元结构的实现也展现出了积极的影响,量表题的平均得分为2.44,这同样表明了受访者对于交互在二元结构实现方面的满意度。此外,交互对于三元结构的实现也产生了良好的影响,量表题的平均得分为2.36,而矩阵多选题的情感分析也呈现出正面态度,进一步印证了交互对于三元结构实现的积极作用。

表7-3-1　12类教育机器人产品的应用情况[①]

产品类型	说明	产品案例
智能玩具	一种可随身携带的电子零件且拥有智能的玩具。在满足儿童玩乐需求的基础上加入教学设计,寓教于乐地引导儿童学习生活、语言、社交等知识	Pleo、Dash-Dot
儿童娱乐教育同伴	针对0—12岁孩童设计的同伴机器人。在家庭中,主要陪伴儿童学习,达到寓教于乐的效果	爱乐优、Kibot-2
家庭智能助理	实体化为家庭智能助理的机器人可为个人解决家庭生活的问题并提供相关服务。应用在教育上,可作为个性化学习服务的助理	Jibo、Buddy、Pepper
远程控制机器人	使用者通过远程控制机器人,异地参与教或学的活动	Engkey、Vgo

[①] 黄荣怀,刘德建,徐晶晶,等.教育机器人的发展现状与趋势[J].现代教育技术,2017,27(1):13-20.

续表

产品类型	说明	产品案例
STEAM 教具	科学、技术、工程、数学等多学科融合的综合教学方法，STEAM 教具则指根据 STEAM 教育理念设计的教学工具	Mbot、Lego、Mindstorms、Ev3
特殊教育机器人	为特殊症状使用者设计的教学机器人	Milo、Ask Nao
课堂机器人助教	协助教师完成课堂辅助性或重复性工作	网龙华渔的"未来教师"
机器人教师	扮演教师角色，根据不同的教学情境独自完成一门课程的教学，以达到教学效果	日本东京理科大学 Saya 教师
工业制造培训	通过对企业内专业人员的培训满足生产线的需求	Baxter
手术医疗培训	培训医疗专业的工作人员，增加其对机器人手术操作的熟悉感	达文西手术系统
复健照护	陪伴老年人专用的机器人，具备娱乐、脑力训练、复健教学等各方面复健照护的功能	Zora Bot、Sil-bot
安全教育机器人	通过角色扮演，利用机器人传递安全教育的知识	Robotronics

本章小结

本章深入探讨了认知心理学中的自我图式理论，细致梳理了其中的自我图式、可能的自我、运作的自我等因素，并根据各因素间的相互关系，将智慧学习中的交互技术巧妙地嵌入该模式中。通过这一分析，我们逐步揭示了自我图式交互激活结构及智慧学习教育对自我图式模式激活机制，从而发现了在智慧学习中，数字交互技术对于学习者的学习与认知具有举足轻重的作用。

第七章 交互设计:跨越 N&A 边界,塑造元认知新我体验

此外,本章还从学习者的元认知体验出发,构建了一个自我图式被激活后刺激元认知体验生长的图谱。这一图谱清晰地展示了元认知体验在智慧学习中的关键作用,它不仅是智慧学习得以顺利进行的关键指标,还是学习者深化知识认知的重要助力。而数字交互设计则通过其独特的三元结构有效地刺激了元认知体验的生长,为学习者提供了更为丰富的认知体验。

最后,本章引入自组织理论,将智慧学习系统视为一个自组织的运行场,并在此基础上探索出了仿区块链式的交互设计理念。这种技术型交互设计使学习者能够深刻体验到自我图式生长运转的元认知过程,感受到新我的状态,从而成功突破了 N&A 的交互边界。

第八章
数字交互体验设计模式探索

第一节　数字交互体验设计标准与理念

在2017年的未来媒体峰会上,新浪网副总裁、新闻总编辑周晓鹏发表了以"迎接浸媒体时代"为主题的演讲。他强调,未来的媒体不仅依赖技术的发展,还融合了艺术的魅力。他明确指出,技术手段虽然重要,但更重要的是思考如何运用这些技术,以及如何表达,这涉及技术形式和思维模式的创新。

随着数字时代的到来,人们在赞叹数字交互技术飞速进步的同时,也开始期待交互设计者能够超越技术的局限,从设计的思维和美感出发,将艺术与技术完美融合。这种融合不仅让技术更加生动和具象,还为用户提供了更加优质和深刻的体验。

在智慧学习的生态系统中,提升用户体验是激发学习动力与兴趣的关键策略。数字交互技术的介入,为依"网"而生的智慧学习系统注入了新的活力。然而,为了让学习者能够更全面、更深入地接受这些数字化学习内容,我们需要通过一套科学的设计标准来衡量和优化学习体验。

本节以马斯洛需求层次理论为基础,将其与智慧学习者的元认知体验层级相对应,进而对比分析与之相匹配的破界交互设计。通过这种对比分析,我们进一步探讨了数字交互技术在智慧学习生态中的应用,从而得出了智慧学习生态下数字交互体验设计的三个核心标准:技术标准、破界设计标准及理想元认知体验标准。这些标准为我们提供了指导和框架,有助于设计出更加符合学习者需求、更加引人入胜的智慧学习体验。

一、马斯洛需求层次理论视角下的元认知体验

需求层次理论作为心理学、社会学、管理学等学科的核心基础理论,由美国心理学家马斯洛提出,并在其多篇论著中得以不断完善。这一理论历经时间的洗礼与实践的考验,已经获得社会理论界的广泛认同,其深刻性和实用性不言而喻。

马斯洛的需求层次理论的核心观点可归结为两部分:第一,人类的需求可被划分为低层次和高层次两大类别。低层次的需求包括生理需求和安全需求,源自人类作为动物的本能冲动,它们对于维持个体的基本生存至关重要,并主要通过外部条件的满足来实现。而高层次的需求,如归属感的需求、自我尊重及自我发展与实现的需求等,则是随着人类文明的进步而逐渐形成的,它们更多地涉及精神和情感层面,其满足往往依赖个体内部的成长与变化。

第二,马斯洛认为,在大多数情况下,只有当低层次的需求得到一定程度的满足后,高层次的需求才会开始显现。然而,这并不意味着低层次的需求会因高层次需求的出现而消失,而是说随着高层次需求的产生与发展,低层次需求对个体行为的影响力会逐渐减弱。换句话说,个体可能同时拥有多个不同层次的需求,但在任何特定时刻,往往是那些占据主导地位的需求决定着其行为方向。在马斯洛的经典著作《人性能达到

的境界》中,他详尽而系统地解析了需求层次理论的核心要义。这一理论深刻剖析了人类需求的层次结构,为我们理解个体行为提供了宝贵的视角。

生理需求作为人类需求层次中的基石,涉及个体生存所必需的基本条件,如呼吸、水、食物、睡眠及生理平衡等。当这些基本需求尚未得到满足时,它们便成为个体行为的主导动机。一旦这些需求得到满足,个体便会追求更高层次的需求。

安全需求则是在生理需求得到相对满足后浮现出的需求层次。它涵盖了人身安全和心理安全两个方面。前者涉及个体的身体健康和生命安全,而后者则关乎家庭、生活和工作的稳定性。在数字化时代,个人隐私的安全性也成为这一层次需求的重要组成部分。

社交需求反映了人类作为社会性动物的本质。对于归属感和身份认同的渴望,是人类与生俱来的情感需求。在虚拟与现实交织的当下社会,社交需求的满足形式也在发生变化。虽然虚拟空间中的身份和时空关系与现实有所不同,但爱与归属感仍然是维系虚拟社交的心理基石。

尊重需求体现了人类对于自我价值的渴望。这种需求既包括对自我价值的认可和尊重,也涵盖了他人的尊重和认可。当个体感受到自己的价值和重要性时,自尊和尊重需求得到满足,这将激发他们对生活和事业的热情与动力。

自我实现需求位于需求层次的顶端。它代表着个体追求个人理想、发挥自身潜能的渴望。那些达到自我实现境界的人,通常具备高度的自觉性和独立解决问题的能力,他们善于处理各种事务,并追求在不受干扰的情况下实现自我价值。马斯洛强调,每个人实现自我需求的途径各不相同,关键在于个体如何发掘和发挥自己的潜力。

此外,马斯洛在晚年还提出了超自我实现的理论。这一理论描述了个体在充分满足自我实现需求后,所经历的短暂而深刻的"高峰体验"。这种体验通常发生在个体全身心投入某项工作或活动时，尤其是在艺术家和音乐家等创造性领域更为常见。这种忘我的体验，是个体在追求自我实现过程中所能达到的最高境界。

通过对智慧学习中学习者元认知体验的深入剖析与整理，可以清晰地划分出三个递进式的体验层次：真我体验、共我体验和新我体验。这三个层次逐层递进，精准地满足了学习者在不同阶段的需求。

位于体验塔底部的真我体验，是学习者在智慧学习生态中寻求自我存在感的关键。它涵盖了行为、属性、认知、价值、情绪等五个方面的需求，与需求层次理论中的生理、安全和社交需求层级有着紧密的对应关系。只有当学习者在智慧学习的环境中真正认清自我，感知到虚拟与现实交织时空下的真实自我时，这种基础的学习需求得到满足，才能进一步激发他们向更高层次的需求迈进。

处于中间层次的共我体验，是学习者融入智慧学习生态、满足归属感和社交需求的桥梁。它涉及感知、物理、认知、功能四个方面的需求，与需求层次理论中的尊重、社交需求层级相契合。当智慧学习环境能够精准地满足学习者的社交和归属感需求时，学习者便能更加自如地融入这种学习形态，为迈向学习的最高境界奠定坚实基础。

位于体验塔顶端的新我体验，是学习者通过智慧学习实现自我提升和完善的终极目标。它涵盖了生长、完善和可持续性等方面的需求，与需求层次理论中的自我实现需求层级高度对应。通过比较可以发现，智慧学习中学习者的元认知体验与马斯洛需求层次理论之间存在着良好的对应关系（见图 8-1-1）。这不仅证明了本研究在选择研究视角和思路上的科学性，也使得研究结果更加易于被理解和接受，为研究的可持续性提供了有力支撑。

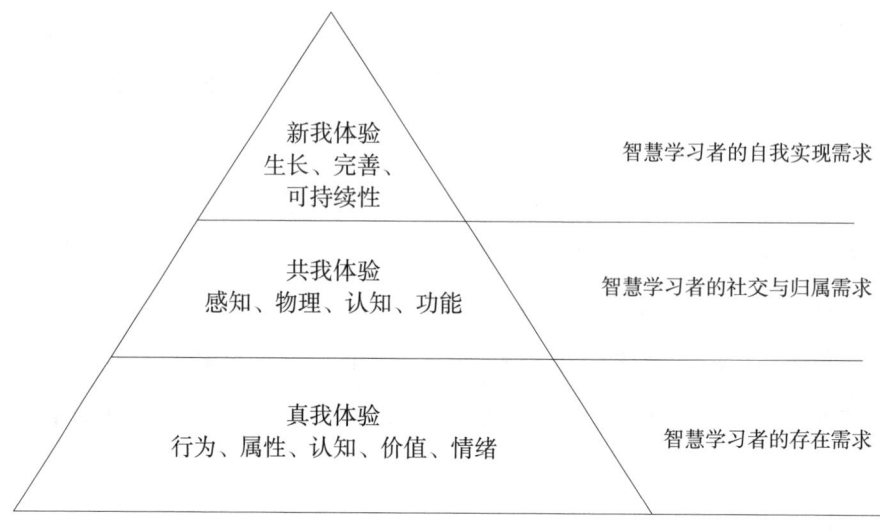

图 8-1-1　智慧学习者的元认知体验塔

二、马斯洛需求层次理论与数字交互体验

（一）元认知体验在破界交互设计中的应用

理想的智慧学习应能赋予学习者真我、共我和新我的丰富体验，进而满足他们在智慧学习生态中的多样化需求，包括存在需求、社交与归属需求以及自我实现需求。然而，现实中数字交互技术与设计的不完善，导致学习者的元认知体验往往未能达到理想状态，形成了一道无形的障碍。为打破这一障碍，真正实现学习者的需求满足，前文已提出通过心流交互设计、可供性交互设计和仿区块链式交互设计等方法来突破这一边界。这些设计策略的实施，旨在构建起一个完整的元认知体验塔，确保学习者能够在每一个层次上都得到充分的满足，从而推动他们不断向更高层次的学习需求迈进。

（二）破界交互设计与数字技术的融合创新

交互设计的实现与数字交互技术的不断升级和演进息息相关（见图8-1-2）。Dieker 等人对交互技术的四个阶段划分，与破界交互设计之间存在着明确的对应关系。在第一阶段，虚拟现实桌面的应用，通过特定的计算机主机和配备鼠标与键盘的显示器，使用户能够与虚拟人进行互动，这构成了交互设计的底层技术基础。进入第二阶段，混合现实技术的运用，借助大屏幕显示器、背投屏幕及配备用户运动跟踪装置的头戴显示器等多样化显示手段，将真实世界与虚拟世界融合，为用户带来强烈的存在感和沉浸感，这一技术与心流交互设计相契合。随着技术的进一步发展，第三阶段迎来了沉浸式 3D 环境，这种新兴技术使得虚拟人能够走出虚拟空间，与用户在现实世界中实现完全互动和交流，这正好与可供性交互设计的技术要求相匹配。展望未来，第四阶段的人机交互技术，将使用户能够通过感官与环境实现远程互动，这预示着仿区块链式交互设计的潜在应用方向。基于马斯洛需求层次理论，将数字交互技术的这四个阶段与突破真我、共我、新我数字交互体验边界的需求相结合，从而构建出完整的数字交互体验设计标准模式。

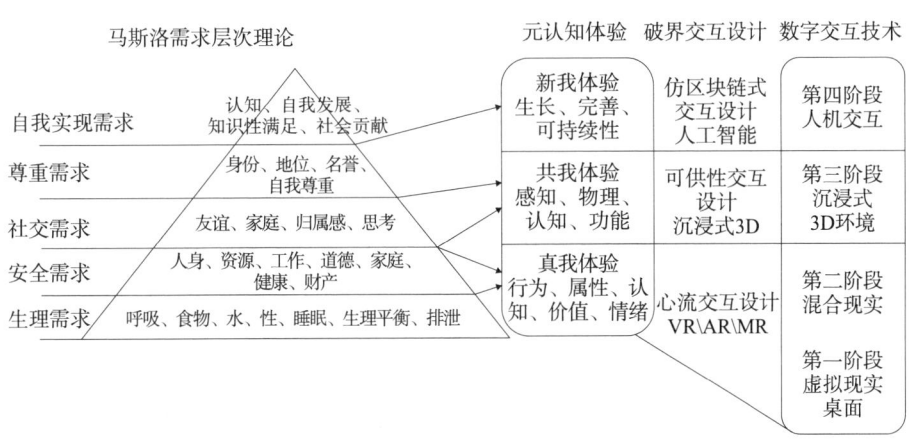

图 8-1-2 马斯洛需求层次理论与数字交互体验设计标准模式图

第二节 数字交互体验设计的关键要素

"设计,从本质上讲,是一种传达和交流方式,与媒体无关。交互设计越来越聚焦于通过叙事和情感联系创造一种新型的体验方式。"[①] "交互设计的表现形式是行为设计,所以可以将交互设计看作一种设计理念,而这种设计理念适用于所有的设计领域。"[②] 在智慧学习系统中,数字交互体验的设计扮演着至关重要的角色。它涵盖了叙事行为的精心策划、情境的细致营造及情感的深度激发等多个方面。这一设计过程严格遵循数字交互体验设计标准,确保每一步都精准而高效。在此标准指导下,设计中的四个核心要素——概念设计、架构设计、交互设计和界面设计——被赋予了全新的阐释与理解。这些要素不再是孤立的组成部分,而是相互关联、共同构建出完整而富有深度的数字交互体验,从而满足学习者在智慧学习系统中的多元化需求(见图8-2-1)。

一、概念设计:奠定交互体验的基石

在智慧学习系统中,交互的概念设计旨在提升学习者的元认知体验,从而为其带来更为深刻和全面的学习感受。首先,设计聚焦于增强以存在感为核心的真我体验,这以社会存在理论为基石,确保学习者在虚拟环境中能够感受到真实性和自我存在的重要性,进而满足他们对真实性的基本需求。其次,设计致力于提升以归属感为核心的共我体验,移情理论为

[①] 萨蒙德,安布罗斯. 国际交互设计基础教程[M]. 杨茂林,译. 北京:中国青年出版社,2014:6.
[②] 阿西UED. 交互设计那些事儿[M]. 北京:电子工业出版社,2016:7.

其提供了坚实的理论基础，通过构建富有情感共鸣的交互场景，满足学习者对社交和归属感的渴望。最后，设计着眼于强化以成就感为核心的新我体验，自我图式理论为这一目标的实现提供了有力的支撑，帮助学习者在智慧学习过程中实现自我提升和获得成就感，从而满足他们对自我实现的追求。综上所述，从这三个核心点出发，数字交互设计得以精准营造，触发学习者的元认知体验，为智慧学习系统带来更为丰富和深入的学习体验。

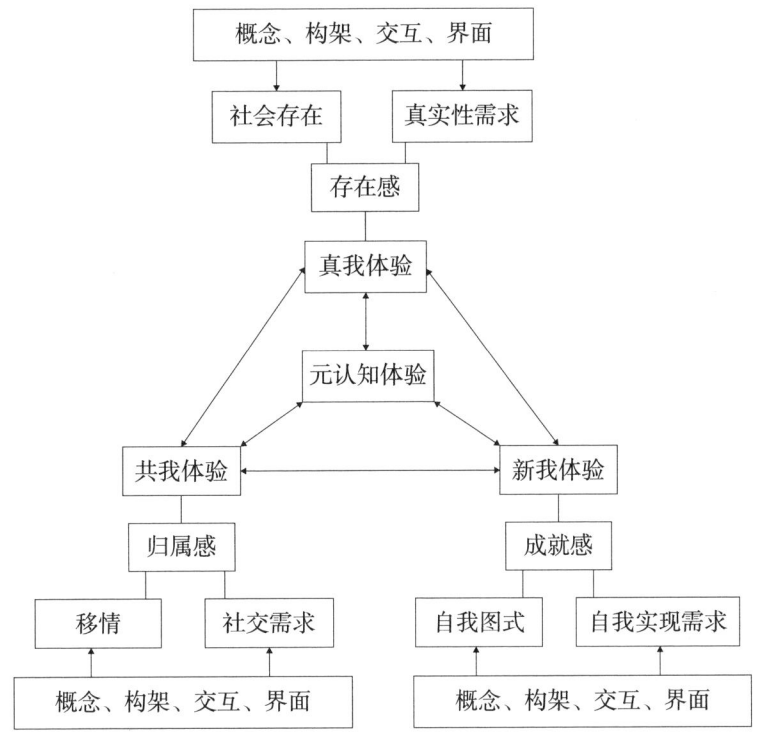

图 8-2-1　实现理想交互体验的相关理论与设计要素①

---

① 逻辑创意来源于金振宇的"达到体验创新的共同体验三要素与相关理论"示意图。

二、构架设计：构建系统的逻辑与框架

根据美国电气和电子工程师协会（IEEE）下属的学习技术标准委员会（LTSC：Learning Technology Standard Committee）提出的 IEEE1484 标准体系，远程教育系统构架被明确划分为元件模块和数据库模块两大核心组成部分。在元件模块中，学习者、评估、教学代理和投递等要素各司其职，共同构成了一个完整的学习系统。其中，教学代理发挥着至关重要的作用，它不仅是整个构架的核心，还是协调全系统正常运行的关键。

与此同时，数据库模块则包括学习者记录和学习资源两大关键要素，它们为整个远程教育系统提供了必要的数据支持。在 LTSC 系统构架设计图中（见图 8-2-2），元件之间及数据库之间的实线箭头清晰地展示了信息流的运动与方向，它们如同系统的血脉一样确保了信息的顺畅流通。而虚线箭头则代表着控制信息流，它们在系统中扮演着调控者的角色，确保整个系统能够按照预定的规则和逻辑运行。

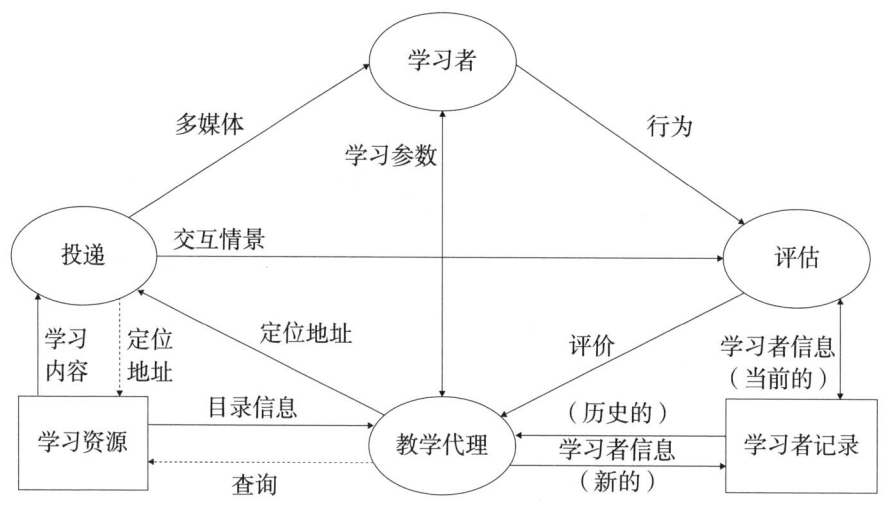

图 8-2-2　IEEE1484 中 LTSC 系统构架设计

电子科技大学的谭明杰博士与邵培基教授在2011年基于Web2.0的网络技术基础和构建主义学习理论，对LTSC构架进行了深入的研究。在这一理论框架下，他们成功地提出了演进后的远程教育构架设计，这一设计创新地融合了最新的网络技术与学习理论，为远程教育的发展注入了新的活力。如图8-2-3所示，这一构架设计不仅继承了LTSC构架的优点，还在多个方面进行了优化和创新，为远程教育的发展开辟了新的道路。

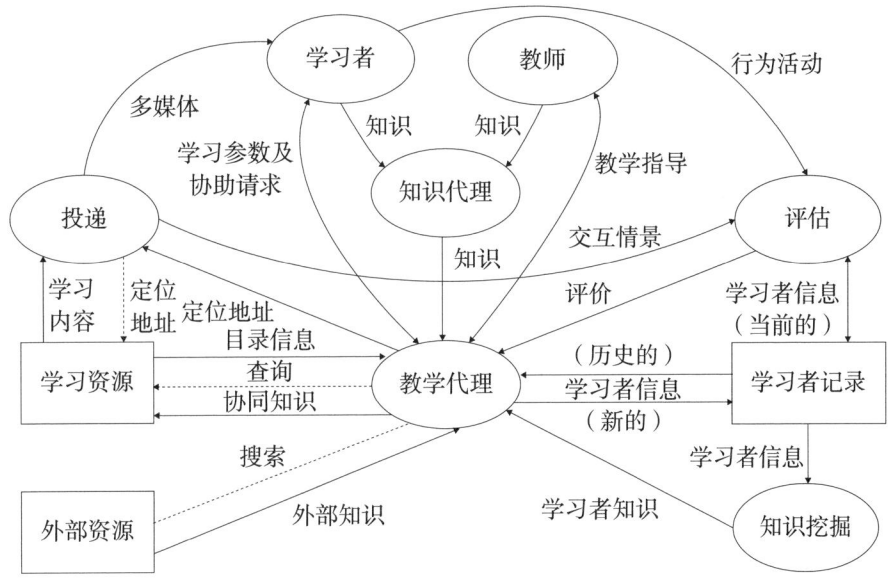

图8-2-3　基于E-Learning 2.0理念的远程教育系统结构[①]

智慧学习作为远程教育在数字时代的崭新升级模式，其系统构架正经历着翻天覆地的变革。IBM所提出的智慧学习（见图8-2-4）构架以其前瞻性的视角，精准地诠释了未来智慧学习的发展趋势与结构模式。基于这一构架的设计基础，数字交互技术、数字思维与数字平台得以在智慧学习系统中得到合理、有效的应用。这一创新性的融合不仅有助于实现学习者理

---

① 谭明杰，邵培基. 基于E-Learning 2.0理念的远程学习管理系统构架设计[J]. 中国远程教育，2011（9）：66-70，96.

想的元认知体验，而且标志着数字交互体验在智慧学习领域正迎来一场革命式的发展。通过不断的优化与提升，智慧学习系统将能够更好地满足学习者的多样化需求，引领数字教育进入一个崭新的发展阶段。

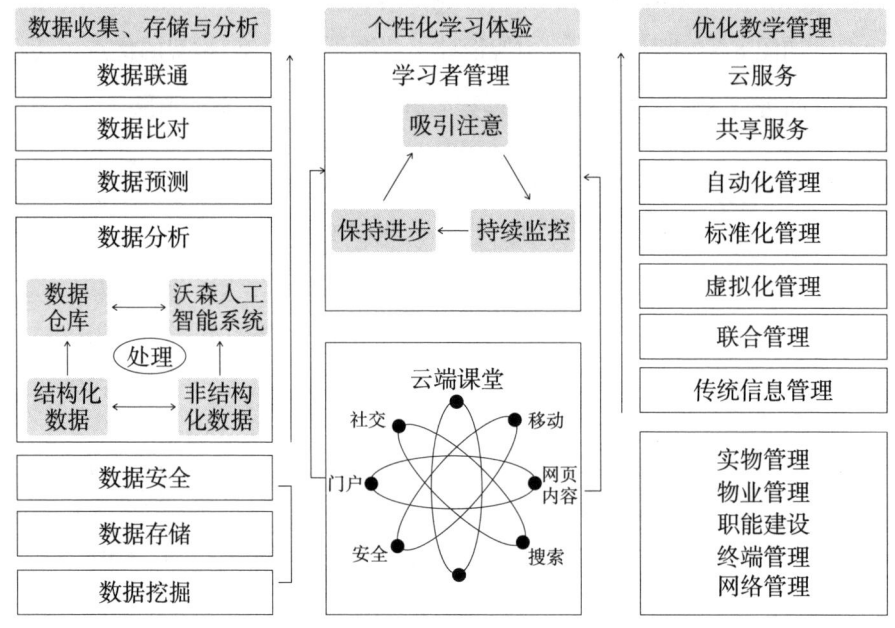

图 8-2-4　IBM 提出的智慧学习构架[1]

三、交互设计：优化用户与系统的互动流程

数字交互技术的革命性飞跃，使人类进入了以虚拟现实技术、增强现实技术、3D 沉浸技术，以及混合现实技术为推动力的新型媒介形态流行的"浸媒体"生活，并以 2016 年——虚拟现实技术元年——为典型时间分割线。智慧学习系统中数字交互设计在"浸媒体"环境下，更突出学习场景

---

[1] 杨现民，陈耀华，等.信息时代智慧教育研究[M].上海：上海交通大学出版社，2016：31.

的真实性、学习者学习体验的沉浸性,学习方式在互动与对话机制方面更加完善。在可穿戴设备的强势介入下,除了显在的外界变化,"更重要的变化是由此引发的人们信息接受需求"和视听内容的内在变化。[①] 丹麦技术大学的人机交互博士、Web 易用性大师雅各布·尼尔森（Jakob Nielsen）曾说:"期望越能被满足,用户就越感觉自己能控制整个系统,也就越来越喜欢用它。"因此,智慧学习系统的交互设计应该满足学习者的不同需求,遵循以下原则（见表 8-2-1）:

表8-2-1 智慧学习系统交互设计原则

交互设计原则	解释
独特性	每个智慧学习平台、智慧平台中的每个功能模块都应该给学习者以独特的体验。这种独特的体验可以借助不同的主题或概念为之定位。一些空间设计是非常出色的 UX 设计案例,如博物馆和主题公园。每一家博物馆和主题公园都有一个明确的体验环境,可以让观众沉浸在故事环境中。当观众浏览博物馆陈列柜中的人工装置品时,是不需要听故事的。交互技术赋予了人工装置品故事性和丰富的体验性,它们能使展品以一种更生动、更有意义的方式出现在观众面前。
确定性	学习具有确定性,智慧学习系统也应该提供确定性的主导体验,故而其中的交互设计的核心创意必须明确、直接。每个人都在影响和借鉴他人,设计者应该接受这个事实并有效利用它,来支撑交互设计的主题和体验性。一旦体验性建立起来,设计者就不应该再偏离他们一手建立起来的"秩序",而应该保持一贯的审美风格和概念。
关联性	优秀的交互设计的关键之一就是能够进入用户的心理。智慧学习中的交互设计应该熟知学习者的心理,以使交互设计尽可能满足学习者的需求。在传达知识内容和信息时应该反复发掘与学习者息息相关的信息,并对反馈即时做出回应。这对于增强学习者的参与性而言至关重要。

---

① 李戈,张瑞静. 浸媒体时代数字阅读的特点与交互设计模式分析［J］. 中国出版,2017（9）：21-24.

续表

交互设计原则	解释
故事性	故事性能够很好地让学习者感知交互设计的存在。体验在人与人之间传递的过程中发生了增值，每经过一次传递，体验就会变得更加丰富和深刻。智慧学习系统中的交互设计需要讲述一个引导性的故事，用它来加强学习者的体验。
可信性	智慧学习系统在虚拟与现实的时空中贯穿而行，其呈现出的可信性尤为重要。当操作一个新的智慧学习交互设计时，设计者应该认识到学习者可能对他们宣传的功能和服务一无所知。因此，邀请或吸引新用户参与进来是至关重要的。如果某个学习者用了 App 或享受了服务后，在社交网络平台上向他的朋友们传达正面的信息，言语相传之间，这个学习功能或产品就取得了可信性。
可实现性	故事和讲述是强有力的传达工具，但是如何确保积极的体验效果呢？解决方案是设计一个参与性更强的交互体验。例如，介绍北欧海运的发展史，通常是用文字和图片的形式展览一些船具或衣服。一个好的体验应该混合视频、动画和日常环境信息。这可以使学习者沉浸在那个时代的生活中，并使那个时代的物品变得有生命。这样知识的传递变得更具有参与性。
情感化	让学习者关心交互设计的应用。让用户参与的最好办法之一就是让他们对学习功能或产品产生感情。人类最初的创造起源于游戏、来自娱乐，情感化体验也同样来自有趣或娱乐，同时也来自与他人分享思想、梦想、希望和恐惧。因而，情感化的设计就像戏剧中的起承转合，带给学习者不同的感受，加深了学习的认知与联想。
空间性	学习者在使用智慧学习平台或系统时，可以借助不同的媒介在不同的空间完成学习。是在博物馆，还是迪士尼乐园？抑或在卧室？因此，进行交互设计时应该适应这些空间和场所。有能力想象出学习者如何参与学习，对交互的设计非常重要。如果学习项目发生在博物馆里，需要一块触控屏，设计的时候就应该考虑到用户的不同高度。

四、界面设计：以用户为中心的多维度考量

（一）学习者视角的优先性

界面设计的首要考量在于视角的选定，即明确交互的出发点。对于

智慧学习平台或系统而言，学习者自然成为核心视角，他们是平台或系统的使用者和体验者。因此，在界面设计实践中，需整合优势资源，聚焦于攻克如何深度契合学习者使用习惯、精准匹配其学习特性等关键的人性化设计难题。通过多次深入的需求分析与用户反馈，确保设计方案的精准性和有效性。在界面的各项功能与构成设计中，应特别关注学习者在使用智慧学习系统时的认知心理，同时严格遵循人体工程学的设计规范，以确保设计能够真正符合学习者的使用需求，提升他们的学习体验。

（二）交互深度的层次划分

贝朗格在其 2003 年出版的著作《远程学习的评估与实施——技术、工具和技巧》中，详细阐述了交互深度的四个层次：被动式、有限的参与、复杂的参与和实时参与。这四个层次不仅代表了交互的不同深度，而且与激发学习者认知能力、交互心理行为和情感体验的等级紧密相关。在各类交互的引导下，学习者展现出不同程度的参与行为，这凸显了交互深度对学习过程的重要影响。界面作为交互实践与用户之间的桥梁，其设计至关重要。为了确保界面的有效性和用户体验的优质性，界面设计应具备明确的信息指向性。具体而言，针对不同层次的交互深度，界面设计应采取分层的处理方式。这可以是颜色级别的分层，通过不同的色彩组合来标识不同层次的交互；也可以是功能选项的分层，通过合理的功能布局和选项设置，为学习者提供清晰的使用逻辑。这样的设计能够确保学习者在不同深度的交互中都能获得流畅、高效的学习体验。

（三）感性激发的设计策略

学习这项看似艰辛的任务，实则深受智商的影响，智商在其中扮演着举足轻重的角色。然而，当交互元素融入智慧学习系统时，情商的作用便凸显出来，成为激发智商高频活动的关键要素。对于众多学习者而言，古罗马诗人、文艺理论家贺拉斯在《诗艺》中提出的"寓教于乐"理念，无疑具有深远的指导意义。

在界面设计中，颜色、布局、动态效果、符号等元素共同构建了一种情感氛围，这种情感是感性的，它具备与学习者产生共鸣的特质。通过这种感性的表达方式，学习者与智慧学习系统得以紧密相连，形成深刻的情感体验。例如，日本产业技术综合研究所研发的海豹型机器人"PARO"，以及索尼推出的陪伴型机器宠物爱宝狗（Aibo），它们均以其独特的交互方式证明了感性设计在人机交互中的不可或缺性（见图8-2-5）。如今，人机交互设计已经不再仅仅关注用户界面的设计，而是更多地聚焦于用户体验的优化。

因此，优秀的交互界面设计不仅要确保智慧学习系统本身能提供感性设计，而且要为学习者提供一个能够自由表达情感的窗口。例如，"弹幕"这一形式的出现和盛行，正是基于满足观众渴望表达的需求而设计的，它提供了一个让学习者能够自由表达、交流情感的平台。在智慧学习中，同样可以借鉴这种形式，为学习者创造一个既富有智慧又充满情感的学习环境（见图8-2-6）。

图8-2-5　海豹型机器人"PARO"和机器宠物爱宝狗（Aibo）

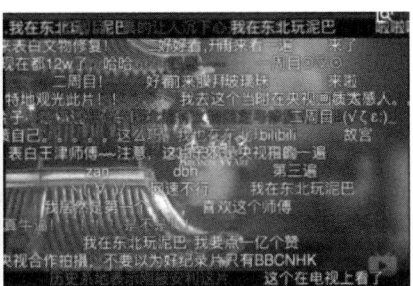

图 8-2-6　弹幕

（四）环境因素的融入

随着移动媒介的普及，学习场景从传统的课堂逐步拓展至虚拟课堂，进而演变至移动虚拟课堂，学习环境的变迁日益显著。这种变化使得学习者在不同环境下所获得的认知体验呈现出多样性。因此，在界面设计的过程中，环境因素应被置于至关重要的位置，确保学习内容和交互功能能够与环境完美融合，共同营造出适宜的学习氛围。

举例来说，美国的 Second Story 和 Snibbe Interactive 两家公司携手为阿德勒天文馆设计了一项颇具创新性的天文知识展览项目（见图 8-2-7）。该项目采用交互动画的形式，生动地展示了太空探索的壮丽景象，并实时回应科学界的重大议题。项目特色在于其巧妙地利用四面互动投影墙面，将其装饰于天文馆的走廊之中。当参观学习者走过时，他们可以通过墙面上的影子控制投影出来的物体，与墙上的问题及实时陈述进行深度互动。

这种互动设计的精妙之处在于，当参观学习者与展览发生交互时，他们的参与层次和水平会自然而然地得到提升。学习者可以通过自己的行为完全沉浸在展览所营造的环境和内容之中，从而获得无与伦比的体验感受。这种设计不仅增强了学习的趣味性，而且使得学习者能够在轻松愉悦的氛围中，深入探索天文知识的奥秘。

图 8-2-7　阿德勒天文馆互动展览项目

（五）行为感知的触控元素设计

界面的设计并非仅限于视觉层面的呈现，当其与数字交互技术相融合时，它还可以成为一种行为的集合。目前，以行为感知作为界面设计触控元的策略在业界颇为流行，其中几种典型的策略如下。

第一种策略，将动作作为界面的设计思路颇具创新。例如，亨利·西（Henry See）的作品 *Regard* 便巧妙地将动作的触控作为界面的核心元素。该装置被精心放置在特定的智能环境中，呈现出一个栩栩如生的虚拟人物正在阅读书籍的场景。参与者通过不同的动作与这位虚拟人物进行互动，并能在互动过程中对其产生影响，从而实现了一种新颖而富有趣味的交互体验。

此外，fuse* 工作室也是一个值得提及的典范（见图 8-2-8）。这家由创始人马蒂亚·卡雷蒂（Mattia Carretti）等人于 2007 年创立的工作室，在界面设计领域颇具创意。他们将社交网络数据与舞者的生物识别数据相结合，通过舞者的动作来激发社交网络数据的变化。这种设计不仅突破了传统界面的限制，而且将数字交互技术与艺术表现完美地融合在一起，为人们带来了一种全新的感官体验。

图 8-2-8　fuse* 工作室的交互作品

第二种策略，以触摸和触感作为界面的设计核心。举例来说，大卫·思莫和汤姆·怀特联手开发的《意识水流》装置，就展现了一种别出心裁的人机交互方式。装置呈现了一个小瀑布，其表面浮动着文字投影。当访问者尝试触摸这些文字时，水和文字会漾起微小的波纹，仿佛与访问者的触摸产生了共鸣。这种设计让访问者能够亲身感受水流的触感，通过搅动文字使字形产生变化，进而转化为新的文字，最终流入排水管，回到水流的源头，再次流出[①]。此外，由美国俄勒冈大学和 Second Story 公司共同研发的体验性装置，同样为学习者提供了一种参与性和启发性都极强的体验。这一装置通过巧妙地在界面设计中融入动感触碰、视频墙面和 LED 墙等元素，展示了丰富多彩的"浸媒体"效果。学习者在与其互动的过程中，能够深深沉浸于这种独特的环境中，获得一种前所未有的沉浸式体验。这种设计不仅增强了学习者的参与感，而且使得学习过程变得更为生动和有趣。

---

① 界面设计的研究方向与意义是什么［EB/OL］.（2017-08-25）[2024-01-24］. https://www.houxue.com/news/387169.html.

第三种策略，以凝视作为界面的设计基础。德里克·卢塞·布林克（Drik Luese Brink）和约阿希姆·索特（Joachim Sauter）的《不可见》（De-Viewer）作品，便以象征的形式深入探索了注视的力量。作品通过在绘画作品后巧妙地安置"眼睛追踪器"，以一种隐秘的方式实时追踪观众的凝视方向。当观众的视线发生变化时，绘画的界面也会随之产生相应的变化，从而形成一种独特的交互体验。

第四种策略，以呼吸作为界面的设计核心。在国际电子艺术大会ISEA的《渗透》展览回顾中，查·戴维斯（Char Davies）的《渗透》作品令人印象深刻。该作品通过捕捉观众的呼吸节奏来触发界面的交互反应。呼吸这一日常行为，在作品中成为控制交互运行和结果的关键因素，同时也深刻地影响着作品意义的传达。这种设计不仅增强了作品的互动性和趣味性，而且使得观众能够通过呼吸这一自然行为，与作品产生更深层次的情感连接。

第三节　数字交互体验设计模式的构建与实践

以学习者的体验作为衡量交互设计的核心标准，在智慧学习领域尚未确立一种统一的设计范式。众多国内学者基于个人理解与实践，对交互设计模式进行了富有创新性的探索。华东师范大学的赵海兰博士在《泛在技术环境中体验学习模型构建的理论分析》一文中，从知识和教育的本质出发，提出了以体验为主导的学习设计模式，并运用现象学方法论进行了深入的剖析。该设计模式涵盖了学习主体泛在差异分析、学习内容差异分析、学习空间分析和学习策略分析四个关键部分，但文中并未对各个部分的设计细节展开详尽的阐述（见图8-3-1）。

此外，在研究学习交互设计时，不少学者对数字交互技术在其中的应用与影响尚未进行足够深入的探讨。因此，本节的研究将基于前述章节的

第八章　数字交互体验设计模式探索

主要内容，从交互设计的视角出发，以学习者的元认知体验为关注焦点，系统整理并提炼出智慧学习的交互设计模式，以期为相关领域的研究与实践提供有益的参考。

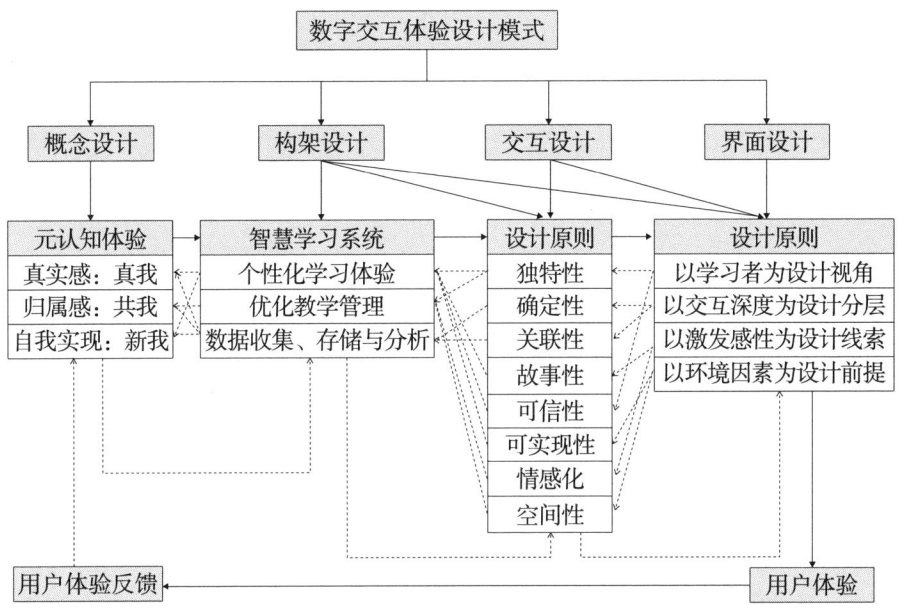

图 8-3-1　数字交互体验设计模式图

在数字交互体验设计模式中，除了交互设计的四个基本要素，还特别引入了用户体验和用户体验反馈两个关键模块（见图 8-3-1）。这一设计模式的基本流程如下：第一步，进行概念设计，明确如何达成学习者元认知体验的理想状态。这一步旨在奠定设计的核心理念和目标。第二步，进行构架设计，从学习者、教学管理和数据管理三个角度出发，精心设计它们之间的交互方式和关联机制。在这个过程中，三者之间的请求与响应关系被精确构建，以确保系统的流畅运行。第三步，进入交互设计阶段。在这一阶段，以八大设计原则为指导，结合先进的数字交互技术，对交互的种类、形式和程度进行细致入微的设计。第四步，进行界面设计。这一步骤旨在为既定的交互方式提供视觉化的包装，为学习者提供直观、易用的交互接口和响应状态。第五步，通过用户体验测试来评估设计的有效性。测试完成后，将用户体验反馈的信息返回概念设计阶段，以便对设计的可用性和准确性进行评估。基于这些反馈，设计模式将再次循环，对设计进行调整和扩充，以不断提升用户体验和学习效果。整个流程注重迭代和优化，通过不断循环和反馈，确保数字交互体验设计模式能够持续满足学习者的需求，提升学习体验的质量。

本章小结

本章精心构建了一套数字交互体验设计模式，旨在为智慧学习系统的设计者提供一套全面而系统的设计范式。

在第一节中，通过引入马斯洛需求层次理论，对数字交互体验设计标准进行了深入梳理和精准定位。这一举措使得设计评价有了明确的依据和标准，为设计提供了坚实的理论基础。

在第二节中，详细描述了交互体验设计的四个核心要素，即概念设计、构架设计、交互设计和界面设计。每个要素都有其独特的作用和重要性，它们相互关联、相互影响，共同构成了完整的交互体验设计体系。

在第三节中，成功构建出了数字交互体验的设计模式。该模式不仅包含了前两个小节所述的设计要素，还创新性地引入了用户体验和用户体验反馈两个模块。这两个模块的加入，进一步完善了设计的生命周期，使得设计能够不断迭代和优化，更好地满足学习者的需求。

综上所述，本章所构建的数字交互体验设计模式，为智慧学习系统的设计者提供了一套全面、系统且实用的设计范式，有助于提升学习者的学习体验和学习效果。

第九章
技术赋能：智慧学习社区体验价值的深度剖析

《国家中长期教育改革和发展规划纲要（2010—2020年）》把教育信息化纳入国家信息化整体战略，纲要指出"信息技术对教育具有革命性影响，必须予以高度重视"。智慧教育既是教育理念进步的必然选择，也是信息技术发展的必然趋势。[1]教育的智慧化建设是顺应网络智能环境下教育事业发展的重要举措，同样也是教育系统性变革的内生力量。[2]信息技术为教育赋能，通过智慧化解决了教育资源不平衡问题，实现了教育公平性，为信息时代的教育发展提供了坚实基础与技术保障。

社区因其活跃的社会传播和交互在网络学习中发挥着非常重要的作用[3]，社区化是教育发展的必然趋势。智慧学习社区是将真实时空中相互分离的学习者基于网络，通过信息技术形成"聚居"[4]，并通过交互产生共

---

[1] 王学严，吴洪. 新技术驱动下智慧教育生态环境构建研究[J]. 北京邮电大学学报（社会科学版），2015，17（6）：13-18.

[2] 祝智庭，俞建慧，韩中美，等. 以指数思维引领智慧教育创新发展[J]. 电化教育研究，2019，40（1）：5-16，32.

[3] TU C-H. On-line learning migration: from social learning theory to social presence theory in a CMC environment [J]. Journal of network and computer applications, 2000, 23 (1): 27-37.

[4] 张立国. 虚拟学习社区交互结构研究[D]. 西安：陕西师范大学，2008.

同的社区意识与文化，以构成完整的生态系统。2022年3月，中央网信办、教育部、工业和信息化部、人力资源社会保障部联合印发《2022年提升全民数字素养与技能工作要点》，强调要"提升高校数字化应用能力，打造智慧学习社区"。信息技术为智慧学习社区的形成和发展提供了物质基础，而情感依托与交流则为智慧学习社区的快速发展提供了根本动力。在"后疫情时代"，线上学习已经成为教育的必选手段，而线上孤独的学习个体由于交互体验的缺失、情感交流的匮乏，严重影响了学习效果。"元宇宙时代"的兴起使得"社区"的概念又进一步得到重视与重新审视。学习社区能够为学生提供作为社会人获得教育的模拟环境，而智慧学习社区将重构大学生线上群体的学习方式与场域，交互产生的认同感与归属感能够强烈地满足大学生在学习与实践过程中的精神需求与价值体验。

第一节 智慧学习社区的技术生态概览

中共中央办公厅和国务院办公厅发布的《关于促进移动互联网健康有序发展的意见》里提到"加紧人工智能、虚拟现实、增强现实等新兴移动互联网关键技术布局，尽快实现部分前沿技术、颠覆性技术在全球率先取得突破"，随后，国务院关于印发《国家教育事业发展"十三五"规划》的通知里提到"要全力推动信息技术与教育教学深度融合……综合利用互联网、大数据、人工智能和虚拟现实技术探索未来教育教学新模式"。从国家政策中能够看到以区块链、交互、游戏、人工智能、网络、物联网为代表的信息技术已经占领了当下教育的主流市场，也必然成为智慧学习社区的重要支撑。智慧学习社区是一个自由、开放、融通且复杂的技术性综合场域。通过梳理教育教学中历时演进与共时共生的信息技术，全方位展现了信息技术的特征与结构形态对智慧学习社区的赋能过程。

一、信息技术的历时演进轨迹

随着时间的推移，信息技术在教育中的应用越发智能化、智慧化，情感与交流成为教育历时演进中的重点。从关注教学设计的线下教学到关注教学资源的线上教学，再到关注教学互动的线下＋线上混合式教学，教育改革多发生在由信息技术引发的方法与模式上的革新。从开发教育场景的远程教育到集成教学创新的智慧化教育，再到渲染教学体验的智慧学习社区，教育改革已然将改革方向锚定于信息技术对教育理念与体验的突破。应运而生的实践方式也从外在感性、外在理性、元认知等知识关注型实践，迁移至社会认知、创新创造、情感等体验型实践。

单纯的线下、线上教学因时间地点相对固定，教师授课效能的影响力极大，即明确了以劳动为核心的教育价值观。混合式教学将"互联网＋"的思维运用于教育中，尤其关注网络文化圈层的影响力，因此奠定了以文化为核心的教育价值观。而智慧化教育与智慧学习社区不再刻意区分人与人工智能、现实与虚拟，而是聚焦于感受共同体间的关系与创新的热情，这种精神层面上的认同决定了价值。智慧学习社区中的学习者以一种新的数字形态徜徉在沉浸式的教育世界中。由此可见，教育改革中的价值观并不是简单的转换，而是一种超越式的螺旋上升。

二、共时共生中的技术景观解析

智慧学习社区是一个拥有超大容量的系统空间，其内部因素之间在共时性的基础上相互联系、相互影响且彼此支撑，信息技术的组合进化则成为隐形的纽带，连接着真实世界的"此岸"与虚拟世界的"彼岸"。智慧学习社区是智慧化教育在区块链技术、交互技术、游戏技术、网络及运算技术、人工智能技术、物联网等技术下的概念具化。

智慧学习社区的技术框架是由物理层、软件层、数据层、规则层与应用层共同搭建的。物理层作为智慧学习社区的基础设施与环境，支撑着整个场域空间的生态运转；软件层作为物理层的系统延伸与各种传感设备连接，推动着数据信息的流动；数据层作为人机交互信息的载体，一方面释放智慧学习社区的教学活动信号，另一方面收集学习者的体验反馈；规则层为智慧学习社区的整体运行制定明确的规范；应用层作为智慧学习社区的"接口"，激励并引导学习者进入该场域进行实践。在五层技术框架下，相关的信息技术具有持久性（Persistent）、交互性（Interactivity）、全感知性（Total Perceptual）和沉浸性（Immersive）等特征。[①]具体的支撑技术分为六大模块，包括能够夯实智慧学习社区底层数据基础、提供个体知识安全保障的区块链技术，夯实网络层面的网络及运算技术，推进交互技术迭代、提供共同体验接口的交互技术，提供交互内容、生成智慧学习社区场景、打造共创平台的游戏技术，提供虚拟场域的人工智能技术，构建虚实共生链接的物联网技术等（见表9-1-1）。XR、5G、云计算、机器学习、全息影像等20余项技术均可成为六大技术模块中的细分技术。由信息技术支撑的智慧学习社区不仅是一种教学场景的存在，而且是一个全新的生态系统，等待着其成员的群智创新、情感认同。

---

① PEACHEY A, CHILDS M. Reinventing ourselves: contemporary concepts of identity in virtual worlds [M]. London: Springer, 2011.

表9-1-1 智慧学习社区的信息技术

技术框架	物理层	软件层	数据层	规则层	应用层	
技术特征	持久性		交互性	全感知性	沉浸性	
支撑技术	区块链技术	网络及运算技术	交互技术	游戏技术	人工智能技术	物联网技术
技术细分	哈希算法及时间戳技术、分布式账本、数据传播及验证机制、共识机制、智能合约等	5G/6G网络、云计算、边缘计算等	VR、AR、MR、XR、全息影像技术、脑机交互技术、传感技术等	游戏引擎、3D建模、实时渲染等	计算机视觉、机器学习、自然语言处理、智能语音等	识别和感知技术、网络与通信技术、数据挖掘与融合技术等
技术功能	夯实底层数据基础，提供个体知识安全保障	夯实网络层面的基础	推进交互技术迭代、提供体验的接口	提供交互内容、生成教育场景、打造共创平台	提供虚拟场域	构建虚实共生的链接

第二节 技术拓展下的智慧学习社区体验场域特性

美国人类学家玛格丽特·米德在《文化与承诺——一项有关代沟问题的研究》（1987）一书中将教育发展以文化传递的视角划分为前喻教育、并喻教育和后喻教育。前喻教育，即长对幼的知识传授，这与教育的线下形态相同，如东亚传统社会的"私塾"、共和早期罗马的"家庭教育"等，包括现当代的学校教育都是学生以组群的形式划分，在固定的时间和地点封闭式地自上而下传道授业解惑。并喻教育，即不同年龄层的知识获取源自同龄人之间的传递，这与教育的线上形态相似，如线上社交平台中的教育圈层，突破时间与空间的限制，由观念相似或相互认同的群体平等地交换信息与资源。而后喻教育则强调在信息技术革命高速发展的场域下，长向幼学习，长幼协同发展，建立一个有生命力的未来。这与智慧学习社区的期望形态相似，在虚实融生的氛围中实现教与学的贯通与涌动。而后喻教育或可成为智慧学习社区独特的文化传递方式（见图9-2-1）。

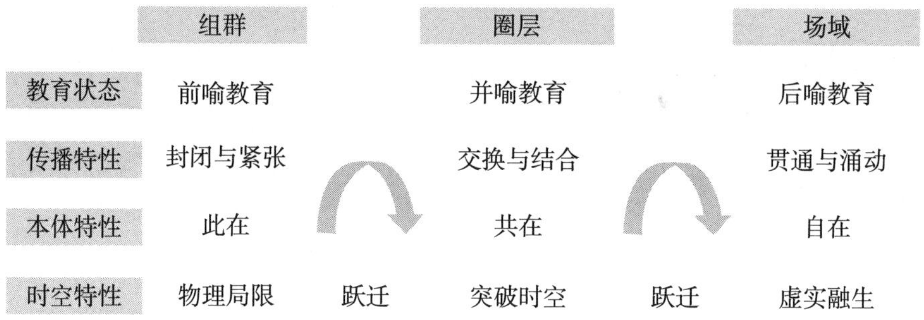

	组群		圈层		场域
教育状态	前喻教育		并喻教育		后喻教育
传播特性	封闭与紧张		交换与结合		贯通与涌动
本体特性	此在		共在		自在
时空特性	物理局限	跃迁	突破时空	跃迁	虚实融生

图 9-2-1　教育发展文化传递的跃迁阶段

一、智慧学习社区的传播特性分析

扎克伯格在《创始人的信：2021》(*Founder's Letter, 2021*)说："实体化的互联网，你是亲身经历者，而不只是观看者。""经历"贯通了智慧学习社区与现实教学时空，使教学的现实世界映射于智慧学习社区，而智慧学习社区也改变了现实世界的教学。智慧学习社区是信息技术对麦克卢汉所提出的"重新部落化"的再演进。新部落带有明显的去中心化，人在社区中的多维涌动成为智慧学习社区的传播特性之一。智慧学习社区作为现实教学时空的虚拟映射社会与空间媒介，其中的人、机与人工智能作为传播者兼受传者进行教与学的共创性体验实践，通过信息技术为智慧学习社区中各种复杂信息的传递赋予真实感，并在交互过程中实时反馈。在整个传播过程中，虚拟与现实世界、人与机、教与学、信息的传递与反馈相互贯通、多维涌动，形成了一个发散又闭合的传播场域。

二、智慧学习社区的本体特征阐述

海德格尔的本体论提出了本体的四种形态，分别为"存在"、"此在"、"共在"与"自在"。在教育的不同状态中，前喻教育对应着"此在"，即在限定的时间内，个体与固有空间发生了联系，强调传统教育中学习者的单向本体性。并喻教育对应着"共在"，即在相同的一段时间里，个体间交替产生关系，但限定在一个网络虚拟环境内，强调线上教育中学习者的互动本体性。而智慧学习社区所呈现出的后喻教育状态则对应着"自在"，即从时间角度而言主体自身无法替代性的存在，强调智慧学习社区中学习者的具身本体性。"自在"的本体特性使得身处智慧学习社区中的学习者体验到自由，在个人专属时间里创造属于自己的虚拟学习场域。

三、智慧学习社区的时空特性探索

加拿大哲学家查尔斯·泰勒曾提出，人获得最大化的权利与自由，需要基于个人自主性的现代文化，而社会的历史性转变则为其提供了巨大的动力，并带来了个人拥有全新的自我理解的机遇。智慧学习社区所提供的场域则是对教育组群与圈层的再开发，是对现实教学单位的"数字化孪生"，[①]是现实人与虚拟世界的融合，是一个虚实融生的时空载体，即对教学时空的颠覆性创新。从传统教育的物理局限到线上教育的突破时空限制，再到智慧学习社区的虚实融生，每次时空变化的跃迁都为教育的创新带来极强的势能。而智慧学习社区中所蓄积的能量则激发着学习者不断感知新

---

① 刘革平，王星，高楠，等. 从虚拟现实到元宇宙：在线教育的新方向 [J]. 现代远程教育研究，2021，33（6）：12-22.

时代的脉搏、挖掘新方向的机遇、体验新时空的觉醒。

第三节　技术赋能智慧学习社区的多层次体验激发

  《朱子语类》这样定义"体验","讲论自是讲论,须是将来自体验……体验是自心里暗自讲量一次",即体验是人亲身感受过的历程,且影响着人们观念的形成。智慧学习社区构建起一个独特的数字化空间,在这里,每位学习者都如同 居民 般,借助信息技术搭建的桥梁,沉浸式体验多元且丰富的交互场景。通过这种方式,智慧学习社区打破了传统学习的时空界限,让知识的传递与交流变得更加灵活、高效,为学习者创造出一个充满活力与互动性的学习生态环境。这些交互体验使得学习者认为自己完全是智慧学习社区的一员,并自发地学习或与他人产生交互。这是对智慧学习社区最高层次的认可。而得到这些体验的基础是由信息技术和相关设备的普及应用与万物互联给人们带来持久性的体验。除了持久性体验的产生,还有信息技术的交互性、全感知性与沉浸性,这些使得学习者通过信息技术与设备嵌入智慧学习社区场域,激发出社会存在感、共情感与认同感等多层次体验。

一、交互性增强社会存在感

  Garrison 在英国的法尔墨构建 21 世纪在线教育框架时指出,可以通过认知存在、社会存在与教学存在之间的相互作用来了解教学交互的结果和质量。国内外大量的学者通过各种实验方法得到相关的数据,证明了社会存在感与教学交互之间的因果关系。与此同时,社会存在感又是实现学习者进行交互的基础与条件保障。Oztok 根据建构主义学习理论，概括出社会存在感是交互的先决条件，学习者的行为与社会存在感呈正相关的态势。也就是说，存在感能够激发交互的运行，即使学习者体验到自己属于社群的一员，便会更主动与其他学习者、教学组织者、学习内容、学习资料发生交互，体验效果越真实；且社会存在感的体验越强，交互进行得就越为顺畅与有效。

学习者在智慧学习社区中产生社会存在感离不开沉浸感强劲的信息技术。比如，混合现实技术在智慧学习社区的发展与应用让学习者感受到了前所未有的感知世界、感知自我的新体验。混合现实技术在智慧学习社区中的应用已经逐渐开启。佛罗里达大学教育与人类学院教授迈克·哈尼斯在汲取了前人对于教育心理学成果的基础上领衔开发了由比尔和梅琳达·盖茨基金会支持的混合现实教学实训系统（TeachLivE）。该系统中设计了在虚拟实境中能够与学习者互动的人物化身 Avatar。以 Avatar 为技术和互动核心，通过实训室考察（Early Fieldwork）、差异化合作教学（Differentiated Instruction and Collaboration）、教育实习（Student Teaching）三个课程完成"认识你"、"我来做"、"我们来做"、"实时指导"、"小组合作"、"合作教学"和"课程评估"等学习环节。这种"类游戏"（Game-like）式的学习体验使得学习者在游戏化的学习进程中获得了社会存在感的体验。

二、全感知性触发共情感应

钱学森早在 1940 年就提出："一个教育机构中的从容的学术氛围肯定能够引导人们思索：什么是获得智慧的最重要的也是唯一的途径"，[1] 智慧学

---

[1] 李佩. 钱学森文集：1938—1956 海外学术文献 [G]. 上海：上海交通大学出版社，2011：395.

习社区与学习者的感知融合度和学习者开拓创新的智慧和能力紧密关联。[①] 根据艾森伯格对共情的定义，它是一种由于了解或理解他人的情绪状态或情况而产生的与他人的感觉或预期的感觉一样或者相似的情感反应。智慧学习社区作为一种由信息技术深度介入的教学模式，需要重新审视学习者在学习过程中所相伴产生的共情体验。智慧学习社区中的学习预设与生成与这种体验紧密关联，即在教学过程中，学习者通过共情产生对自我认知的调试，获取学习的经验。在智慧学习社区中，通过共情可以使人机交互变得具有意义。

信息技术以视觉特效为主的五感渲染技术（包括视觉、听觉、触觉、嗅觉、味觉等）能够让学习者在智慧学习社区中沉浸于情感的参与。游戏技术在刺激全感知方面，能够很好地为学习者打造身临其境的情境，智慧学习社区通过采用突破时间、空间的信息技术打通了学习者立体化、全方位的感知，并引发了共情感的体验。应用此类技术已经在世界教育范围内引起了普遍的关注，并产生了大量的解决方案、培训项目与体验性试验，如英国牛津大学研发的虚拟法律场景平台。该平台基于俄克拉何马州的虚拟学术实验室（OVAL）系统，通过Oculus Rift和Leap Motion体感控制器使人自由进入真实犯罪现场，并在法学图书馆的镜像世界里遨游，部分实现了智慧学习社区的功能。身在其中的学习者由于信息技术带来的全感知，激发了共情感，以物我共生的体验揭开法律事件的面纱。

三、沉浸性共鸣认同感体验

马尔库斯认为自我图式是关于自我的认知结构和自我的认知总结。它来自过去的经验，并在个人的社会经验中组织和指导了自我相关的信息处

[①] 郑海昊，刘韬.数字交互技术视域下的智慧学习元认知体验研究之一：共我体验突破交互边界［J］.中国电化教育，2018（12）：96-103.

理。个人自我图式的形成对认同感的形成具有十分重要的意义。自我图式包括两种认知表现，一种是在特定的事件或情况下的认知表现（如"我在早上的数学课上时注意力不集中"），另一种是在一般情况下来自本人或其他人评价的认知表现（如"我是正直的"）。自我图式是由个体处理的信息构成的，它影响着与自我有关的信息的输入和输出。智慧学习社区中的信息技术在教学过程中对自我图式模型进行了激活，更好地实现了知识的获取。究其本质，自我图式模式的运转与调节源自学习者的认知，而能够与信息技术进行深度关联的是学习者的认同感体验。

物联网与人工智能技术作为科技界两个最大的 IP 联手，打造了"未来物语"生成的"深脑链"，通过其沉浸性将智慧学习社区提升至"智慧"的顶点。它能够在智慧学习社区中渐进性、层次化地辅助学习者获得前所未有的审视世界、审视自我的新体验。信息技术的发展与创新不断加深社区场域的沉浸性，提升着学习者的认同感体验。比如，《华盛顿邮报》通过 3D 渲染技术将数千张图像组合输出成完整空间模型，还原了 19 世纪中叶美国移民涌入纽约时的生活景象。通过这样的技术复原空间具有强烈的沉浸性，带给人们真实的认同感，能够在历史教育中唤起人们的历史记忆，并实现马斯洛需求理论中实现自我的高峰体验。

第四节　技术赋能下的智慧学习社区多重体验价值

在信息技术的激发下，学习者在智慧学习社区中产生社会存在感、共情感与认同感的体验，而每种体验都能引发相应的价值（见图9-4-1）。这些价值对于智慧学习社区的稳定与和谐发展具有十分重要的作用。

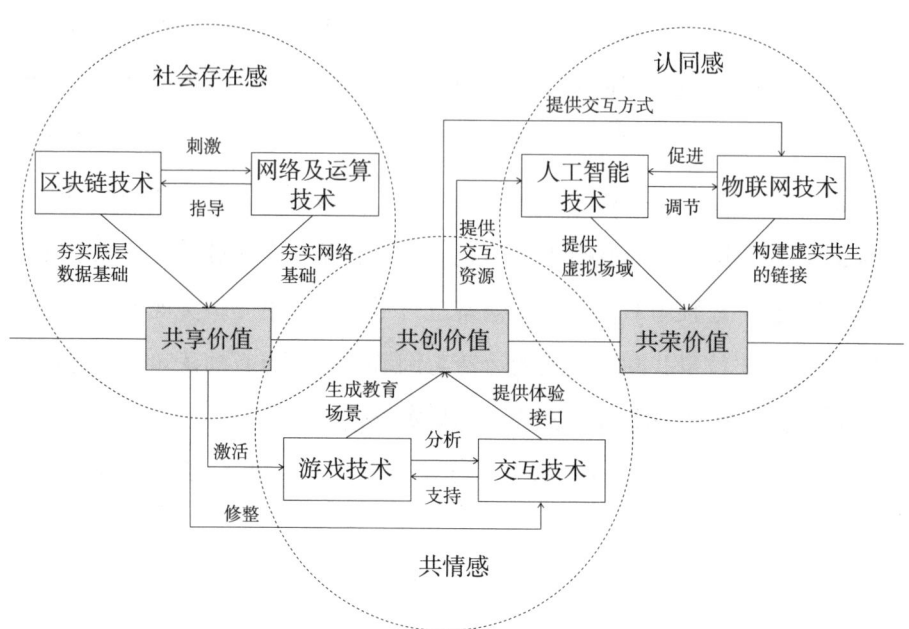

图 9-4-1　教育元宇宙场域下学习体验的价值创新

一、社会存在感：共享价值的基石

"共享价值"这一概念是由迈克尔·波特等于 2011 年在《哈佛商业评论》上提出的，强调了企业经济价值与社会价值间的互推作用。共享价值追求个人创造价值与企业创造价值的结合，是扩大经济和社会的总价值。对应到智慧学习社区，共享价值是由学习者以社会存在感为体验基础嵌入教学场域中，并与其共同创造的价值总和。如果说智慧学习社区的产生源于技术与场域的协同演进，那么它的发展则需要基于其打造独特的体验优势，而最为关键的即共享价值的创造。智慧学习社区通过构建社会存在感体验价值链实现共享价值，对链上各环节的价值创造活动展开深度解构，精准挖掘潜在的共享价值，以规则体系为驱动引擎，激活价值潜能，推动价值总量持续增长，实现多方共赢的协同发展格局。根据哈姆斯等人在对社会存在感五个维度的划分方式,可将智慧学习社区的体验价值链分为五个节点,包括共同存在、参与关注、情绪蔓延、理解交流和行为依赖。通过以上五个节点的价值链传导,能够为智慧学习社区创造出共享价值;而这些创造共享价值的体验,形成了智慧学习社区所必需的动态价值创新过程,即体验价值链。处于智慧学习社区中的学习者相互协调配合、信息互通,进行体验价值链上的共享价值创造。

经由信息技术赋能,智慧学习社区将成为一个更有益于学习者获得知识与体验的场域。首先,智慧学习社区应结合学习者在虚实融生的场域对教育和学习的体验需求,以发现的视角,不断构想更具趣味性、探索性的教育产品,开拓更舒适、更细分的教学场景。通过区块链技术夯实智慧学习社区的底层数据基础,提供学习者知识安全保障。其次,智慧学习社区应加速学习者间的"涌动",刺激学习者在场域内部的交流与众创。通过网络及运算技术夯实网络层面的基础,为大数据的传输提供有力保障。最后,区块链技术与网络及运算技术的发展能够互相影响,通过刺激与指导等手段促使彼此不断升级,以期为满足学习者的体验需求构建坚实的底层基础。

二、共情感:共创价值的源泉

"共创价值"是由 21 世纪初管理大师普拉哈拉德首先提出的,是一种未来企业竞争依赖的新理论,同样适用于智慧学习社区生态系统的自我完善。在智慧学习社区中,"共创价值"指通过共情感将学习者置身于虚拟时空场域,并与整个场域共同实践教学活动,以谋求共同发展的体验,将为联合创造价值开辟新的路径。智慧学习社区的共创价值分为教育共创价值和学习共创价值。智慧学习社区作为一种新媒体生态,在其场域中存在着互动仪式链。①

---

① 柯林斯.互动仪式链[M].林聚任,王鹏,宋丽君,译.北京:商务印书馆,2009:35.

智慧学习社区中的互动仪式链包括同时在场、局外人设定、关注点的聚集和情绪体验分享四个要素。同时在场是互动仪式链得以存在的基本条件，指学习者通过全感知的技术支持感受到彼此的存在，实现共同在场的关系。局外人设定是互动仪式链得以启动的重要条件，指学习者明确自我与他人的身份。关注点的聚集是互动仪式链运行的关键，指智慧学习社区通过提供有效的关注点，以实现影响场域中学习者的体验与认知的效果。情绪体验分享是互动仪式链的核心特征，指通过信息技术调动场域中学习者的全感知，从而引发共情共鸣，进而实现学习者与智慧学习社区的价值共创。

因信息技术的赋智，教育元宇宙将成为一个学习者释放情感、体验共鸣的场域。首先，游戏技术被共享价值激活，为智慧学习社区提供了教学所需的交互内容，生成共鸣感强烈的教育场景，打造以共情体验为驱动力的共创平台。其次，交互技术为共享价值修整后，为智慧学习社区推进了交互技术的迭代，为学习者提供了共情体验的接口。最后，游戏技术通过对学习者的体验更深入地分析了交互技术的匹配性，而交互技术也相应地支撑着游戏技术的开拓，以期为满足学习者的体验需求搭建人性化的平台与接口。

三、认同感：共荣价值的驱动力

在信息技术的支撑下，学习者在智慧学习社区场域中与其他学习者彼此适应、相互帮助，形成对自我的认同感，进而衍生出与智慧学习社区的共荣。这种共荣所带来的价值不仅使学习者获得了存在于智慧学习社区中的权利，也实现了学习者与智慧学习社区共享发展的权利。智慧学习社区的共荣价值强调通过对个体的认同实现利己和利他相融合的伦理准则。学习者作为具有自主能动性的个体，能够充分借助学习技术与智慧学习社区实现互动，并对其进行适应或改造，进而更好地在智慧学习社区中学习。

而智慧学习社区则在不断完善的过程中与学习者协作,共同进化与发展。智慧学习社区的共荣价值包括个体与个体的共荣价值、个体与群体的共荣价值。个体与个体的共荣价值基于学习任务的共同完成并取得优异的成绩,个体与群体的共荣价值基于共建项目的团队实践。两种共荣价值的实现均基于学习者认同感的衍生。当学习者在智慧学习社区中体验了认同感,实现了个体与群体间的精神共振,即可转化为推动智慧学习社区发展的助推力。

由信息技术赋能,智慧学习社区将成为一个具有凝聚共同体能力的超级自组织场域。首先,人工智能技术根据共创价值生成交互资源,并提供与此相适应的教学虚拟场域。其次,物联网技术根据共创价值提供的交互方式构建了虚实共生的链接。最后,人工智能技术能够调节物联网技术的适应性,而物联网技术又可以促进人工智能技术的推演,进而完成整个智慧学习社区生态系统价值创新的设置。

智慧学习社区为智慧教育的发展带来了新的探索,充满着诱惑。在智慧学习社区中,学习者可能会面临过度自我、感知放纵、认同模糊、发展失衡等危机。智慧学习社区的建设、发展与保护都建立在学习者是否能够得到更好的体验。唯有智慧学习社区拥有持久稳定的体验价值,才会成为长期存在的生态系统,而非短期的认知反应。因此,将智慧学习社区的意义锚定在深层而丰富的体验价值的研究之上,才能有机会构建一个比现实教育世界更有广度、更有温度的虚拟场域。最后,借用 C. 赖特·米尔斯对"快乐机器人(cheerful robots)"的比喻,智慧学习社区是一所无限延伸且被信息技术不断赋智的体验型学校,愿参与其中的学习者都将成为"快乐的学生"。

本章小结

智慧学习社区的蓬勃发展,标志着教育领域的一场深刻变革,其核心在于教学场域的虚拟化重构与重塑。通过信息技术的精妙编织，智慧学习社区构建了一个超越物理界限的虚拟映射场域，这一创新不仅拓宽了学习的边界，而且促使我们以价值的棱镜重新审视学习体验的每一个维度。

回顾智慧学习社区的技术演进历程，从单一技术应用到多元技术共生共荣，其技术景观日益丰富多彩，展现了科技与教育深度融合的无限可能。这一过程中，智慧学习社区体验场域的特性得以全面拓展，传播特性上实现了信息的无缝贯通与动态涌动，本体特性上则体现了学习者作为主体的自在与自由，而时空特性的虚实融生则打破了传统学习环境的限制，构建了一个既真实又超越现实的独特生态系统。

更为重要的是，信息技术的深度介入，为学习体验注入了新的灵魂，极大地增强了社会存在感、共情感与认同感。学习者在虚拟与现实的交织中，不仅获取知识，而且在情感与价值的共鸣中茁壮成长。基于此，智慧学习社区进一步演绎出社区共享价值、共创价值与共荣价值的深刻内涵，这些价值不仅引领着教育理念的革新，还为学习型社会的构建提供了强大的动力与支撑。

第十章
智慧化教育在教育扶贫中的创新实践

2020年作为脱贫攻坚的决胜之年，中国在资源、机会、能力和权力等维度[①]开展了扶贫脱贫的攻坚战，决心在物质-人文多项维度、复合相生的层面上真正阻断贫困的代际传递模式，以"扶贫同扶志、扶智相结合"的多种创新方式从精神层面上真正实现代际的跨越。中国在实现全面建成小康社会之后将消除绝对贫困，但相对贫困仍将长期存在，针对相对贫困的日常性帮扶措施与方式应及时出台。2016年国务院颁布的《"十三五"脱贫攻坚规划》中将"教育扶贫"列入与"保障兜底、社会扶贫"同等重要的扶贫方式，证明了其在精准扶贫中的重要性。

教育是阻断贫困代际传递、拔除穷根的治本之策。[②] 教育扶贫所具备的内生动力既能"扶教育之贫"，又能"依靠教育扶贫"，这种具有双重内涵的扶贫方式[③]能够真正撬动贫困亚文化的劣根，从文化观念层面逐步形成自主与自救意识，进而带动贫困地区的平衡与充分发展。智慧化教育是智慧教育发展到当下的一个过渡性阶段，它通过运用智能化理念、技术手段、

---

① 谭诗斌.现代贫困学导论[M].武汉：湖北人民出版社，2012：74.
② 潘安琪.教育精准扶贫的价值内涵、现实问题及对策建议[J].宏观经济管理，2020（4）：58-63.
③ 刘军豪，许锋华.教育扶贫：从"扶教育之贫"到"依靠教育扶贫"[J].中国人民大学教育学刊，2016（2）：44-53.

方法和策略，成为具有智慧化趋向的新教育形态。①作为互联网时代的创新教育模式，智慧化教育以其环境氛围、媒体、技术、资源、手段和方法的智慧化，推动着智慧社会的进程、引领着智能经济的发展。可以说，智慧化教育是当下教育脱贫攻坚的有力推手，也是"十四五"期间在相对贫困地区实现教育精准性与公平性的重要手段。

第一节 智慧化教育：教育扶贫的价值内涵与实现路径

教育扶贫的核心价值就是实现教育的公平性。我国教育学者褚宏启曾提出教育公平的价值内涵，他认为真正的教育公平应包含教育资源配置的三种合理性原则，即平等原则、差异原则及补偿原则。平等原则包括受教育权平等和教育机会平等；差异原则，即"不同情况不同对待"的教育个性化；补偿原则，即对社会、经济、地位、处境不利的学习者在教育资源配置上予以补偿。②这些对于教育公平价值内涵的深度剖析，从理论层面指引着教育扶贫创新的基本思路。教育扶贫的确需要创新，需要智慧化教育的助推。所谓智慧化教育，是指具有教育资源去中心化、以学习者为中心、由信息技术进行共同体协作、在虚拟环境中构筑教学体验等特征的知识构建活动。③在逐步实现网络强国、数字中国、智慧社会、智能经济的今天，智慧化教育作为教育扶贫的创新模式，能更好地贴合教育公平的价值内涵，并通过教育资源配置的合理原则实现教育的公平性。

---

① 王运武，彭梓涵，张尧，等.智慧教育的多维透视：兼论智慧教育的未来发展[J].现代教育技术，2020，30（2）：21-27.
② 褚宏启.关于教育公平的几个基本理论问题[J].中国教育学刊，2006（12）：1-4.
③ 钟志贤，张琦.论分布式学习[J].外国教育研究，2005，32（7）：28-33.

一、拉起教育平等的地平线

教育平等是教育公平的基本要求。党的十九大报告明确指出，中国特色社会主义进入新时代，我国社会主要矛盾已经转化为人民日益增长的美好生活需求和不平衡不充分的发展之间的矛盾。因地域差异、贫富差距、物质基础、人力资源等各个方面不平衡不充分的发展，已然形成教育不平等的客观现实。其中，教育资源配置的不平等尤为显著，包括教育权利的不平等和教育机会的不平等。

智慧化教育具有强大的时空包容性与人力资源集成性。经由互联网与移动互联网的传递，智慧化教育能够使身处教育贫困地区的学生与其他的学生站在同一起跑线上。通过智慧校园、智慧课堂、智慧实验室、智慧黑板等一系列智慧化资源的链接，让专业知识走近学生，让优秀教师靠近学生。在由智慧化教育打造的教育扶贫创新模式下，学生既行使着接受教育的权力，又享受着同样的学习机会，充分实现了教育资源配置的平等。可以说，智慧化教育为教育的平等拉起了一条宝贵的地平线。

二、延长教育差异的平行线

孔子最早提出了"因材施教"一词，它仍然适用于智慧化教育的理念。学习者本身具有明显的个体差异性，教育者应直面这些差异，根据差异提供个性化、多样化教学，最终实现教育公平的目的。应该说，教育的差异化是必然的、不分对错的，就像一条条不相交的平行线，虽然各不相同，但发展的方向是一致的——人的全面培养。如果将这些平行线强行汇聚到一点，那么势必违反了教育的初衷。因此，延长这些平行线并不断地靠近终点，才能充分体现教育的本质。

随着信息技术的演进，智慧化教育也在向"智慧"不断延伸。由人工智能、大数据、虚拟现实、增强现实、幻影成像技术、数字孪生技术等"智慧"技术所构建的虚拟化空间、碎片化时序的智慧教育生态，能够实现多源教育信息的融合、交互式教学行为和学习行为仿真的教育功能，使每个学生都能在该环境中感受到真实贴近并参与其中。教学环境在与之相融合的过程中，通过教学内容个性化制定、教育方法的多元化设计、教育模式的多样化匹配，最终实现每个学生的自我生长、自我更新。[①] 智慧化教育的智慧性使教育突破了人作为教师主体的局限，拟态的教育新主体能够更科学地识别差异化，并给予较为合理的反馈与解决方案，进而延长教育差异的平行线，更好地服务于教育的公平。

三、收紧教育补偿的抛物线

所谓教育资源配置的补偿原则，是指对社会、经济、地位、处境不利的学习者在教育资源配置上的补偿。城市中，智慧化教育的应用逐步完善。但囿于过剩的师资、齐全的物质设备等现有优势条件，目前，学校与教师在主观上很难全面实现智慧化教育与传统课堂教学的无缝融合。而经济上处于弱势地位的贫困地区在教育方面虽然存在不计其数的短板与困难，但正因如此，才为智慧化教育的全面实施提供了广阔、自由的空间。教育贫困地区在网络资源供给的硬保障下，有条件大刀阔斧地开展智慧化教育，以超前的教育资源配置对其进行补偿，即通过不平等的补偿实现教育的公平。

如果用一条抛物线来描述教育资源配置与不同地区教育补偿之间的关系，那么可将教育资源配置作为 y 轴变量，抛物线的顶点所对应的 x 轴坐标为教育最贫困地区，抛物线的两端向 x 轴的两边无限延伸，两侧尽头均

[①] 郑海昊，刘韬. 数字交互技术视域下的智慧学习元认知体验研究之一：共我体验突破交互边界[J]. 中国电化教育，2018（12）：96-103.

为教育富庶地区。根据补偿原则，越贫困的地区，补偿的教育资源越多。智慧化教育的连通性、融合性与开放性[①]等特点能够有效地收紧这条抛物线，使得教育资源更好、更快、更多地补偿给贫困地区，进而实现教育的公平。

第二节 智慧化教育：教育扶贫创新的内生动力

教育本身是一个要求不断发展和创新的过程。《国家中长期教育改革和发展规划纲要（2010—2020年）》中明确提出截至2020年基本实现教育现代化的目标。《关于打赢脱贫攻坚战的决定》中还强调，在贫困地区优先实施《教育信息化2.0行动计划》，深入开展网络扶贫，实施网络扶智行动，创新"互联网+"的扶贫模式。以互联网和信息技术为基础的智慧化教育正是这样一种创新模式，并从技术创新、媒介创新、理念创新等三个方面引领着教育扶贫的创新，成为教育扶贫创新的内源引擎。

一、技术创新：从"大水漫灌"到"精准滴灌"

教育扶贫的创新要求开发路径的创新，即能够实现由"大水漫灌"向"精准滴灌"的转变。传统的教育扶贫主要依托基础设施的增设与改善，如学校的建设、课堂环境的完善、师资的引进等。一方面，多年来"大水漫灌"式的教育扶贫虽见一定成效，但相较于大范围的贫困与深层次的贫困问题，依然显得捉襟见肘、杯水车薪。另一方面，"大水漫灌"式的传统教

---

① 叶宇平，何笑.智慧教育引领教学方式新变革[J].高教发展与评估，2020，36（4）：87-96，111-112.

育扶贫在一定程度上无法真正实现教育的公平，既无法体现个性化教育，又可能造成资源的浪费，没有做到有的放矢。所谓"扶教育之贫"，应覆盖"扶教育之缺"的显性支撑与"扶教育之短"的隐性支撑两个方面，前者是对教育实体资源的空缺填补，后者是对教育成效的精准化帮扶。教育扶贫的创新就是要实现教育成效的精准化帮扶，也就是"扶教育之缺""扶教育之短"。

智慧化教育能够启动教育扶贫的精准化实施，实现"扶智"的功能。"智慧化教育"中的"智慧化"并不是通常认为的"人的智慧化"[①]，而是感知、联通和智能化相融合的教育。[②] 由此可见，智慧化教育的技术创新在扶知识、扶技术、扶思路、提升贫困地区学习者的综合素质等方面具有绝对的优势。在国家大力实施网络扶智工程、实施学校联网攻坚行动、深化宽带卫星联校试点的大环境下，智慧化教育通过技术创新搭建的深度融合的虚拟教学环境、不受局限的教学时空实现了"扶教育之缺"的目标，与此同时，通过技术创新打造的重视体验的个性化教学设计、增强参与感的远程互动实现了"扶教育之短"的目标，进而提升了教育扶贫精准化的成效，最终实现"扶教育之贫"。

二、媒介创新：从多头分散到统筹集中

教育扶贫创新要求将创新扶贫资源的使用方式由多头分散向统筹集中转变。传统的教育扶贫主要依托政府、社会、企业和机构等得到各种各样的教育资源。而源头的不统一，导致在使用这些教育资源时，常常出现不

---

① 陈琳，孙梦梦，刘雪飞.智慧教育渊源论［J］.电化教育研究，2017，38（2）：13-18.
② 陈琳，李佩佩，华璐璐.论智慧校园的八大外部关系［J］.现代远距离教育，2016（5）：3-8.

吻合、不配套、不连贯的现象，容易形成各说各话、各办各事的状态。比如，教室与设备的不吻合、设备与教辅的不配套、教辅与课程的不连贯等现实问题，均暴露出多头分散式的弊端。教育资源的优势整合、统筹集中需要通过一定的创新途径来实现。媒介在发展的历程中，经历了从大众传播走向分众传播、从多媒介共存走向跨媒介融合，实现了内容上的差异化与个性化、平台上的集成化与融合化。而教育扶贫创新就是将知识的蓝海经由标准化平台无差别地传递给学习者。其中，最为关键的是标准化平台的构建。智慧化教育恰恰就能够提供这样一个标准化平台，即融合媒介创新平台，以实现教育资源的统筹集中式管理与使用。

智慧化教育的媒介创新包括多媒介融合、智能媒介引领、媒介终端演进等方面。媒介创新不仅在"扶教育之贫"的层次上能够实现教育资源的优化，还能够在"依靠教育扶贫"的层次上演变为新时期扶贫的方法和工具。一般而言，教育贫困地区多为经济贫困地区，且多因"走不出""看不远"而局限了经济活动。但在媒介融合的创新时代，媒介的创新能够让贫困地区的人们通过互联网"走出去"并"看得远"，在触手可及之间与世界连通。中央网信办、国家发展改革委、国务院扶贫办、工业和信息化部联合印发《2019年网络扶贫工作要点》中强调，要通过"扎实推进农村电商工程，深化电商扶贫频道建设"等实现扶贫。而发展电商的关键就在于对媒介的运用与理解。智慧化教育的媒介创新为学习者提供了接触、理解、运用媒介的机会，从而使其在接受教育之后能够依靠教育"扶智"与"扶志"，进而实现彻底扶贫。

三、理念创新：从"输血"到"造血"的转变

《教育扶贫蓝皮书：中国教育扶贫报告（2016）》中指出，教育扶贫的目的是让贫困地区和贫困人口获得自我发展、自主脱贫的能力，从被动的

"输血"转向主动的"造血",是一种内生式的扶贫脱贫方式。要想让贫困地区和贫困人口切实感受到教育扶贫所带来的获得感,发自内心地愿意接受教育、积极参与教育,就要使教育扶贫具有针对性和可操作性。根据现行的教育扶贫任务政策,已经为教育贫困人口建立了专门的数据信息库,这些信息与国家扶贫的指标与标准一一对应。① 但就教育维度上的扶贫而言,这种简单的对标并不足以帮助贫困人口产生内生动力。

2015年国务院颁布的《促进大数据发展行动纲要》中全面展示了新时代下大数据的价值与意义。智慧化教育的理念创新就在于如何更有效地运用大数据,具体体现在对信息数据的有效重组与能效释放两个层面上。智慧化教育在与学习者的链接过程中,在进行信息数据化、数据可视化、动态数据分析、数据人像绘制等方面具有开拓性的作用,能够聚焦扶贫对象的知识、技能、能力、素质、人格等各项指标信息,集中优势力量进行精心诊断、精准教育,持续不断正本清源、根除"贫困亚文化"的病根。② 创新扶贫开发模式由偏重"输血"向注重"造血"转变,智慧化教育首当其冲。智慧化教育的理念创新包括两方面的信息重组与一方面的能效释放。重组包括学生教育信息与素养信息的重组、信息技术与教学全过程的重组;能效释放指学生创造能力的释放。通过智慧化教育的介入与接入,贫困人口在理念创新的带动下,逐渐了解自己、认识中国与世界,进而改变自己、融入世界,做"具有现代特性的中国人"③,这就是"造血"的过程,也是打破贫困亚文化怪圈的有效途径。

---

① 司树杰,王文静,李兴洲.教育扶贫蓝皮书:中国教育扶贫报告(2016)[M].北京:社会科学文献出版社,2016:1-89.
② 郝文武.农村教育现代化与教育精准扶贫的精准对接[J].教育与经济,2020,36(4):3-8.
③ 孙喜亭.民族素质与教育[J].北京师范大学学报(社会科学版),1987(6):10-17.

第三节　智慧化教育在教育扶贫中的模式创新探索

信息技术与互联网的发展，使教育资源的形式由传统的纸质媒介转化成数字媒介，便于分享与传播；使教育场所的类型由固定的教室演变成虚拟课堂，将时间与空间解锁；使教育过程的设计由递进式串联进化成交互式并联，把学习与生活进行了深度融合。由此，教育的模式发生了巨大变化。智慧化教育的理念与技术手段可以更好地推进教育扶贫的落实和发展。智慧化教育模式应既具备稳定可复制、升级可迭代的良好基因结构，又要具备能够解决教育过程中实际问题的技术指标，以达到知识的组织、流动、转移与共享[1]，进而通过突破学习者的层层体验，实现教学模式的联动创新。

一、三维螺旋模式：构建教育扶贫的基因结构

智慧化教育具有"信息技术+信息平台+创新思维"的三维螺旋稳定式基因结构。目前，智慧化教育正处于人机交互的第四个阶段，即多通道、多媒体的智能人机交互阶段。[2] 在这个阶段，由人机交互衍化生成三个重要因子，分别为信息技术、信息平台和创新思维。信息技术是以感知技术、虚拟空间、3D打印、二维码等时下流行的技术为前端，为智慧化教育中人机交互提供了效能高、体验丰富的技术手段。信息平台是进行智慧化教育

---

[1] 吕堂红. 知识服务导向下高校网络教学模式创新研究[J]. 情报科学，2020，38（9）：69-74，95.

[2] 董士海，王衡. 人机交互[M]. 北京：北京大学出版社，2004：35-37.

的媒介介质,可分为互联网、移动互联网和物联网,平台之间往往可以互通链接、功能共享。创新思维是智慧化教育中的灵魂因子,包括一直在实践的人工智能、近几年热议的大数据和"互联网+"等,都是在数字时代思维创新的产物。这三个因子相互关联、相互影响、相互支撑,形成一个三维螺旋基因结构。

二、多元共生指标:技术引领的扶贫新生态

《教育信息化十年发展规划(2011—2020年)》提出将信息技术和智能技术深度融入教育全过程。如果以技术为衡量指标,可以把教育划分为传统的线下教育、融合的线上/线下教育、多向延伸的智慧化教育,以及面向未来的大成智慧教育等四个阶段(见表10-3-1)。当前,中国教育正处于第二阶段与第三阶段的过渡期,而教育的后扶贫时期也将在持续完善智慧化教育各项指标的进程中发展。根据北京师范大学智慧学习研究院公布的《2016中国智慧学习环境白皮书》,智慧化教育技术包括面向教学时空、教学活动、学习活动、学习内容等方面的情境感知和学习适应技术、环境感知技术、教学评价技术、学习支持技术、动态跟踪技术、学习分析技术、组织技术、重构技术等技术内容。具体技术指向为人工智能、数据挖掘、增强现实、虚拟现实、3D打印、动作捕捉、情感计算、物联网、文本分析与挖掘等。

表10-3-1 教育四个阶段的特征及技术指标

教育四个阶段	传播特征	环境支持	教学情境	技术内容	技术支持
线下教育	传统、单向	传统课堂	以时间为线索进行课堂教学	授课技巧、情感交流	教师的教学技术等

续表

教育四个阶段	传播特征	环境支持	教学情境	技术内容	技术支持
线上/线下教育	融合、双向	多媒体、计算机教室	以空间为线索进行协作式教学	授课技巧、情感交流、"互联网+"、云计算	教师的教学技术、意见领袖的影响等
智慧化教育	延伸、多向	网络学习终端	不以时间、空间为线索，而以人为中心进行由点到面的探究式教学	学习适应技术、教学评价技术、学习支持技术、动态跟踪技术、学习分析技术、组织技术、重构技术等	人工智能、数据挖掘、增强现实、虚拟现实、3D打印、动作捕捉、情感计算、物联网、文本分析与挖掘等
大成智慧教育	汇聚、发散	智慧学习终端	不以时间、空间为线索，而以人为中心进行由点到面、再由面到点的自主式教学	情境感知技术、学习适应技术、环境感知技术、教学评价技术、学习支持技术、动态跟踪技术、学习分析技术、组织技术、重构技术等	扩展现实、人工智能、全息投影技术、数据挖掘、3D打印、动作捕捉、情感计算、物联网、文本分析与挖掘等

三、真我-共我-新我体验：扶贫教育的层次递进

正如尤瓦尔·赫拉利在《未来简史：从智人到智神——打开人类认知未来之窗》一书中提出的公式所表述的一样：知识＝体验 × 敏感度。[①] 在知识获取的过程中，体验是至关重要的。通过信息技术与互联网可以实现智慧化教育的"量智"，而"性智"的达成需要经由良好的用户体验方能实现。由信息技术创建的共同学习或个人自主适应性学习的智慧化教育虚拟环境，为学习者提供了感官体验和认知体验。学习者在该环境中首先感受

---

① 赫拉利. 未来简史：从智人到智神——打开人类认知未来之窗[M]. 林俊宏，译. 北京：中信出版社，2017.

到自己在虚拟时空的真实存在性，且参与其中，实现学习者真实自我的体验；随后，学习者在智慧化教育中不由自主地与学习环境相融合，移情于他物，沉浸式地将知识的认知、活动的参与、情感的调节通过体验转移到自我本身，实现物我统一，即共情自我体验；最后，学习者实现从"当下的自我"到"可能的自我"，再到"全新的自我"的自我生长、自我更新的过程，这是学习者更新自我的体验。真我－共我－新我的体验层级分别实现了马斯洛需求层次中真实感、归属感和自我实现三个层次，并形成强烈的对应关系，从理论层面证明了智慧化教育体验层级的合理性。

四、联动创新教学：促进教育资源的共享与流动

智慧化教育不仅仅是技术上的更新，还是一次教育理念的转型升级，是一种全新的教育业态。[①]智慧化教育通过对概念、构架、功能、操作四个方面的创新形成了联动创新教学模式。黄怀荣认为智慧化教育是由学校或国家提供的高效学习体验系统[②]，由此可见体验已经成为教育目标和教学效果的衡量标准。通过智慧化教育系统，学习者能够从真我－共我－新我的体验中拾起真实感、归属感，最终达成自我实现的最高需求，对"教育何为"在概念上进行了颠覆式创新。在明确的概念指引下，智慧化教育要区别于传统教育、远程教育、数字教育，就需要在系统构架方面进行创新。其中包括对学习者个性化学习体验模块、实时优化教学管理模块，以及对海量数据的收集、存储与分析模块的构建。这三个模块分别从学习者、虚拟教育者和虚拟平台三个方面进行综合性考察与计算，最终为学习者提供

[①] 叶宇平，何笑.智慧教育引领教学方式新变革[J].高教发展与评估，2020，36（4）：87-96，111-112.

[②] 黄荣怀.智慧教育的三重境界：从环境、模式到体制[J].现代远程教育研究，2014（6）：3-11.

最优化的解决方案。解决方案是通过智慧化教育的功能特性来驱动的。智慧化教育所具有的独特性、确定性、关联性、故事性、可信性、可实现性、情感化与空间性，将智慧化教育系统在功能层面进行了创新性实现。功能与操作存在对应关系。在功能创新驱动下，智慧化教育系统的操作亦实现革新，从学习者视角、交互深度分层、感性线索激发、环境因素考量等四个维度进行操作引导，增强学习者学习代入感，使知识传授更具生动性与差异性。与此同时，在该模式中，用户体验与反馈也将作为重要的联动因子参与整个环节，稳固了该教学模式创新的稳定性与可持续性。

第四节　智慧化教育在教育扶贫创新中的具体应用

2020年之前，中国教育从在线教育向智慧化教育的过渡并不迅速，学者和教师多以一种观望和不愿尝试的态度看待教育的模式创新。直至新冠肺炎疫情期间，人们才真正地看到了过渡到智慧化教育的必然性与可行性。尤其对于广大的贫困地区而言，智慧化教育的落地更具有重要的社会价值和现实意义。具体到应用与实践中，可以通过环境氛围、交互媒体、教师角色、知识库等的智慧化为贫困地区的教育发展与脱贫致富提供有效、可行的逻辑支持与技术保障。

一、环境氛围的智慧化改造

教育环境氛围的打造能够深刻地影响着学习者的体验和学习的效果。在国内，已经有很多学校将全息投影技术、裸眼3D技术、Kinect等技术融入课堂教学中，并发挥着重要的作用。比如兰州四中的3D教室，通过数字投影系统和声光电的结合提升了学习的参与度；河北工程大学附属学校的 3D 教育示范基地，用 3D 技术与设计营造沉浸氛围；湖州职业技术学院的 3D 影视仿真数字学习平台，提供了一种全新的体验式、创新型、交互式、实践型教学模式[①]；西溪中学的航天动力研究室，使用 3D 打印和激光雕刻机的技术支撑，打造创新课堂等。贫困地区学习者综合素质的局限与教师资源的匮乏限制了教育的生动性与体验性，因此根据补偿原则，可以加大在教育硬件资源上的帮扶力度，通过智慧化教学环境氛围的实现来解决教育体验失衡的问题。

二、交互媒体的智慧化升级

交互媒体的不断智慧化，能够帮助解决贫困地区的学习者上不齐课、上不好课的问题，并在智慧化教育的过程中实现学习者的自我认同。比如，安徽省电教馆为了帮助农村学生获得更好的教育资源实现了智慧化媒体课堂的常态化教学。其智慧化媒体课堂由主讲课堂和接收课堂构成，在中心校区或城区优质小学设立主讲媒体课堂，在教学点设立 1046 间接收教室，帮助教学点开设英语、美术、音乐等课程。主讲教师在主讲课堂授课，教学点学生在接收课堂通过交互媒体收看，并与主讲课堂教师进行教学互动，实现双向同步教学。在教学组织管理上，主讲学校和教学点要统一教学计划、课表、教学进度。主讲教师和辅助教师课前共同备课，重点把握教学点学生的学习状况，合理安排教学内容。主讲教师面对交互媒体显示器内的学生授课，根据需要切换教师、交互媒体及教学点学生的画面，掌控课堂教学环节。学校可以通过交互媒体的智慧化，针对贫困地区学习者的实际情况，结合本校师资的实际水平，开设既符合贫困地区学习者认知层次

---

① 罗雨. 3D 视影仿真数字平台在旅游英语教学中的应用［J］. 宁波大学学报（教育科学版），2013，35（1）：99-102.

又符合当地教育现状及需求的交互媒体课堂，以此来解决教学质量失衡的问题。

三、教师角色的智慧化转型

教师作为教育过程中的重要角色，从传统教育的主导者到线上教育的推进者，再到线上线下融合教育的协调者，其角色的比重正在逐步减少与弱化。以学生为本、以学生为中心的教育导向将教师这一角色逐渐虚拟化、智慧化。在国内，对于教育机器人的关注逐步升温。比如，北京师范大学智慧学习研究院与网龙华渔教育联手研发的"未来教师"机器人、北京紫光优蓝机器人技术有限公司研发的"爱乐优"家庭亲子机器人、智能机器人"小胖"等均为国产团队研发的幼儿、青少年教育类人工智能产品，集合了机器人的外观设计、听觉视觉识别技术、RFID 技术、口说能力、同理心与情绪侦测技术、长期互动技术等。这些人工智能教师能够在很大程度上解决知识的普及与辨真伪等工作。随着智慧性的不断深入，未来人工智能教师不但能够与学生进行自由的情感交流，还可以根据每个学习者不同的个性与能力进行因材施教的高效教育，解决了教育效率失衡的问题。

四、知识库的智慧化构建与管理

构建教育信息的知识库是智慧化教育持续发展和价值提升的重要途径。通过共建共享的机制，由政府、研究机构、学校和社会协同共建共享知识库，并在贫困地区普遍推广知识库数据服务。在国内，各个年级与等级的教育信息数据已经通过各大 App 推向市场，分散混乱、良莠不齐、缺乏统一标准是目前教育信息数据化面临的重大问题。在国外，美国的亚拉巴马州经过多年的努力，打造了一整套教育信息的知识库。亚拉巴马州地域广阔，与中国中西部地区学校相似性很大。为了解决学校存在的各种教学问题，该州教育部开展了"入口"项目，建设了全州范围内链接课堂教师与学生的在线交互视频系统，以便让农村地区的学生学习到原来学校所不能提供的课程。参与课程的学生都将按照同一套学习日程完成相应的内容，其间学生可根据自己的学习情况安排个性化学习。最终，亚拉巴马州历时10年建成了网络课程，内容包括高中、职业教育、大学入学教育的所有课程。后扶贫时代，如果能够将全国中小学生九年义务制教育、大学入学教育、职业教育等知识信息进行系统的、完善的整合，并生成一套智慧化的知识库系统，则会在极大程度上解决教育信息资源失衡的问题。

教育扶贫应是架起教育扶贫显性技能["志"（志气）和"智"（知识）]与隐性要求["心"（心向）和"行"（行动）]的桥梁。[①] 后扶贫时代，积极转换思路、客观认清长期相对贫困的现实，在总结宝贵经验的同时，更要注重创新所发挥的作用。在信息技术与互联网搭建的数字生活里，智慧化教育在教育扶贫领域的作用将越发凸显。将智慧化教育的各项创新应用到教育扶贫中，对信息教育现代化的实现具有重大意义。智慧化教育为教育扶贫带来了创新的技术、创新的平台和创新的思维，以创新的模式开启了学习者的全新体验。智慧化教育将以更突出的技术优势与更丰富的内涵潜质被广泛应用于教育扶贫创新的各个领域，在我国的教育扶贫事业中发挥无与伦比的作用。

---

① 袁利平，姜嘉伟.教育扶贫的作用机制与路径创新［J］.西北农林科技大学学报（社会科学版），2020，20（2）：35-43.

本章小结

智慧化教育作为新时代教育扶贫的利器，深刻契合了教育公平与均衡发展的价值追求，其内在的创新动力为教育扶贫工作开辟了新路径。技术创新作为智慧化教育的核心驱动力，不仅优化了教育资源的分配与利用，还通过媒介创新实现了教学方式的多样化与个性化，极大地拓宽了贫困地区学生的知识视野与学习渠道。理念创新则是智慧化教育在教育扶贫中的灵魂，它倡导以学生为中心，强调学习的自主性与合作性，为贫困地区的教育带来了全新的教学理念与思维方式。

智慧化教育与教育扶贫的深度融合，构建了一种"联动创新"的教学模式，这种模式通过精准对接贫困地区的教育需求，以良好的基因结构和科学的技术指标为支撑，层层深入，逐步突破学习者的认知与体验障碍，激发了他们的学习潜能与创造力。智慧化教育在环境氛围、交互媒体、教师角色及知识库等方面的全面智慧化，为贫困地区的教育发展提供了全方位、多层次的保障与支持，不仅改善了教学条件，还提升了教学质量与效果，为贫困地区的孩子铺就了一条通往知识殿堂的康庄大道。

结　语

早在 1997 年，钱学森院士就提出了"大成智慧学"的概念，最先把智慧和网络空间相结合，提出自然与科技、逻辑与形象、哲学与科学技术、微观与宏观集合成一体大智慧教育。[①] 教育界的学者与数字技术的专家都在试图营造能够让学习者真正沉浸其中的交互式体验，这些探索不断冲击着阻碍学习者获得良好元认知体验的边界，也获得了理论界广泛的关注与讨论。数字交互技术的普及与演进引发的数字体验革命，给教育领域的技术、平台和思维等方面带来了全方位的变革。学习者在智慧学习过程中产生的交互式体验进一步走进了公众的视野。毋庸置疑，我们正生活在一个充满变革的数字时代，一个更加注重体验的情感世界。

在变革与发展的过程中，智慧学习交互体验的理论研究与实践也存在着一些问题。数字技术在教育领域的广泛应用既丰富了交互形式，又在一定程度上存在交互性泛滥的问题。许多数字交互技术在智慧学习平台中的设计与应用都没有发挥出原发性的功效，同时还存在着大量的同质化现象。而在研究潮流的驱使下，很多研究浮于表面，并没有深入到交互设计的本质与源头的追问。智慧学习的发展形式大于内容，令人担忧。

为了探索智慧学习交互设计的本质与源头，本书在研究中引入"边界"

---

① 黄荣怀.智慧教育的三重境界：从环境、模式到体制[J].现代远程教育研究，2014（6）：3-11.

的概念，构建了一条理解交互如何影响学习者元认知体验的边界，并对其中包含的体验模型及模型内涵、内部结构进行了分析与阐述，从而系统化、结构化地阐释了数字交互设计引爆学习者元认知体验的发生过程。相较于以往针对数字交互设计的研究而言，在本书所建立的研究框架之下，将其放置于具体的交互情境之中，即专门用于突破交互体验边界，因此更具有针对性。同时，在交互体验边界构建的过程中，将其他学科的理论置于体验模型与边界的框架中重新审视与运用，系统化地将其与研究对象整合在一起，为我所用。从研究对象内涵的多样性而言，本书的研究结论适用于分析数字时代下多种教育类型的交互体验，从而可以为慕课、智慧教室、智慧学校等关于学习者体验的交互设计提供一种交互体验边界的理论认知，对数字交互体验设计的具体实践与理论推进也将具有一定的指导性意义。综上所述，本书的研究具有一定的理论价值与实践价值。

本书的研究重点在于构建出在交互过程中学习者的交互体验模型及阻碍学习者实现元认知体验的边界，涉及数字交互设计的内容尚处于基础阶段的研究，相关章节的内容有待进一步深入挖掘。由于个人能力所限，在本书的体验模型研究中也存在不足之处。例如，其中，对心理、社会、技术等制约因素的影响没有进行更为具体的说明，而只是在分析模型要素时进行了简要的说明。再比如，对于智慧学习中体验情境所涉及的空间、时间、个体等方面的具体内容，还有待进一步深入研究。这些问题都需要在今后的研究中予以解决与深化。

借助技术与设计的合力，智慧学习的发展需要不断地挖掘如何提高交互体验，教育和数字技术研究者也在持续探索交互的潜力。智慧学习者元认知体验交互体验边界作为数字体验新探的一个阶段性研究的结果，现有的结论是否具备全面适用性与理论有效性，还需要经历时间与实践上的双重检验。

附录1
社会网络平均距离

GEODESIC DISTANCE

Output distance: GeodesicDistance

For each pair of nodes, the algorithm finds the # of edges in the shortest path between them.

Average distance (among reachable pairs) = 2.167

Distance-based cohesion ("Compactness") = 0.269

(range 0 to 1; larger values indicate greater cohesiveness)

Distance-weighted fragmentation ("Breadth") = 0.731

Frequencies of Geodesic Distances

    Freque Propor

    ------ ------

1 36.000 0.214

2 76.000 0.452

3 48.000 0.286

4   8.000 0.048

Geodesic Distances

```
                    1 1 1 1 1 1 1 1 1
  1 2 3 4 5 6 7 8 9 0 1 2 3 4 5 6 7 8 9
  1 2 3 4 5 6 7 8 9 1 1 1 1 1 1 1 1 1
  -------------------
 1  1  0 1 2 2 1 1 2 1      1  2 3
 2  2  1 0 1 1 2 2 3 2      2  3 2
 3  3  2 1 0 2 3 3 4 3      3  4 1
 4  4          0
 5  5  1 2 1 3 0 2 1 2      2  1 2
 6  6  1 2 1 3 2 0 3 2      2  3 2
 7  7  2 3 2 4 3 1 0 3      3  4 3
 8  8  1 2 1 3 2 2 3 0      2  3 2
 9  9  1 2 3 3 2 2 3 2 0 1  2  3 4
10 10                    0
11 11  1 2 2 3 1 2 2 2      0 2 2 3
12 12  1 2 1 3 2 1 3 2      0 3 2
13 13  1 2 2 3 1 1 2 2      2 0 2 3
14 14  1 2 3 3 2 2 3 2      2 0 4
15 15  1 2 1 3 2 2 3 2      2 3 0 2
16 16  1 2 3 3 2 2 3 2      2 3 0
```

```
17 17  1 2 3 3 2 2 3 2      2  3   4 0 1
18 18                       0
19 19  1 2 3 3 2 2 3 2      2  3  4   0
```

Distance matrix saved as dataset GeodesicDistance

Running time: 00:00:01

Output generated: 20 9月 15 15:08:00

Copyright（c）1999-2005 Analytic Technologies

附录 2
特征向量中心度

BONACICH CENTRALITY

Method: Slow

EIGENVALUES

FACTOR	VALUE	PERCENT	CUM %	RATIO
1	4.814	37.3	37.3	2.731
2	1.763	13.6	50.9	1.137
3	1.550	12.0	62.9	1.408
4	1.101	8.5	71.4	1.101
5	1.000	7.7	79.2	1.245
6	0.803	6.2	85.4	1.529
7	0.525	4.1	89.4	
8	0.000	0.0	89.4	1.659
9	0.000	0.0	89.4	
10	−0.000	−0.0	89.4	
11	−0.000	−0.0	89.4	

```
        12： -0.000   -0.0     89.4
        13： -0.492   -3.8     85.6
        14： -0.872   -6.7     78.9

======== ======== ======== ======== ========
                  12.922            78.9
```

Bonacich Eigenvector Centralities

```
                 1         2
             Eigenvec  nEigenvec
             --------- ---------
     1  1     0.538    76.045
     2  2     0.190    26.925
     3  3     0.339    47.989
     4  4     0.040     5.593
     5  5     0.337    47.644
     6  6     0.313    44.231
     7  7     0.135    19.083
     8  8     0.182    25.763
     9  9     0.117    16.507
    10 10     0.024     3.429
    11 11     0.182    25.692
    12 12     0.247    34.950
    13 13     0.247    34.879
    14 14     0.182    25.692
    15 15     0.182    25.763
    16 16     0.182    25.763
```

附录2 特征向量中心度

```
17  17   0.117  16.507
18  18   0.024   3.429
19  19   0.112  15.795
```

Descriptive Statistics

		1 Eigenvec	2 nEigenvec
1	Mean	0.194	27.457
2	Std Dev	0.122	17.284
3	Sum	3.689	521.680
4	Variance	0.015	298.753
5	SSQ	1.000	20000.000
6	MCSSQ	0.284	5676.301
7	Euc Norm	1.000	141.421
8	Minimum	0.024	3.429
9	Maximum	0.538	76.045
10	N of Obs	19.000	19.000

Network centralization index = 67.10%

Running time：00:00:01

Output generated：20 9月 15 14:52:42

Copyright（c）1999-2005 Analytic Technologies

附录3
接近中心势

CLOSENESS CENTRALITY

Method: Geodesic paths only（Freeman Closeness）

Closeness Centrality Measures

	1	2	3	4
	inFarness	outFarness	inCloseness	outCloseness
1 1	74.000	168.000	24.324	10.714
4 4	83.000	342.000	21.687	5.263
6 6	84.000	173.000	21.429	10.405
3 3	86.000	178.000	20.930	10.112
5 5	86.000	169.000	20.930	10.651
2 2	86.000	171.000	20.930	10.526
8 8	88.000	173.000	20.455	10.405
12 12	88.000	172.000	20.455	10.465

7	7	98.000	180.000	18.367	10.000
16	16	98.000	175.000	18.367	10.286
14	14	99.000	176.000	18.182	10.227
18	18	324.000	342.000	5.556	5.263
10	10	324.000	342.000	5.556	5.263
11	11	342.000	155.000	5.263	11.613
13	13	342.000	154.000	5.263	11.688
15	15	342.000	156.000	5.263	11.538
17	17	342.000	142.000	5.263	12.676
9	9	342.000	142.000	5.263	12.676
19	19	342.000	160.000	5.263	11.250

Statistics

		1 inFarness	2 outFarness	3 inCloseness	4 outCloseness
1	Mean	193.158	193.158	14.145	10.054
2	Std Dev	123.321	65.358	7.623	2.211
3	Sum	3670.000	3670.000	268.746	191.022
4	Variance	15208.027	4271.606	58.111	4.887
5	SSQ	997842.000	790050.000	4905.403	2013.367
6	MCSSQ	288952.531	81160.523	1104.118	92.862
7	Euc Norm	998.920	888.848	70.039	44.871
8	Minimum	74.000	142.000	5.263	5.263
9	Maximum	342.000	342.000	24.324	12.676

附录 4
调查问卷

各位参与者,这份问卷是关于智慧学习交互体验效果的调查,问卷中不会涉及大家的隐私,希望大家能帮助我完成这次调查,谢谢!

第 1 题　年龄　[单选题]

选项	小计	比例
15—20	220	70.74%
21—25	68	21.86%
26—30	11	3.54%
31—35	3	0.96%
36—40	9	2.89%
本题有效填写人次	311	

第 2 题　性别　[单选题]

选项	小计	比例
男	109	35.05%
女	202	64.95%
本题有效填写人次	311	

第3题 专业 [填空题]

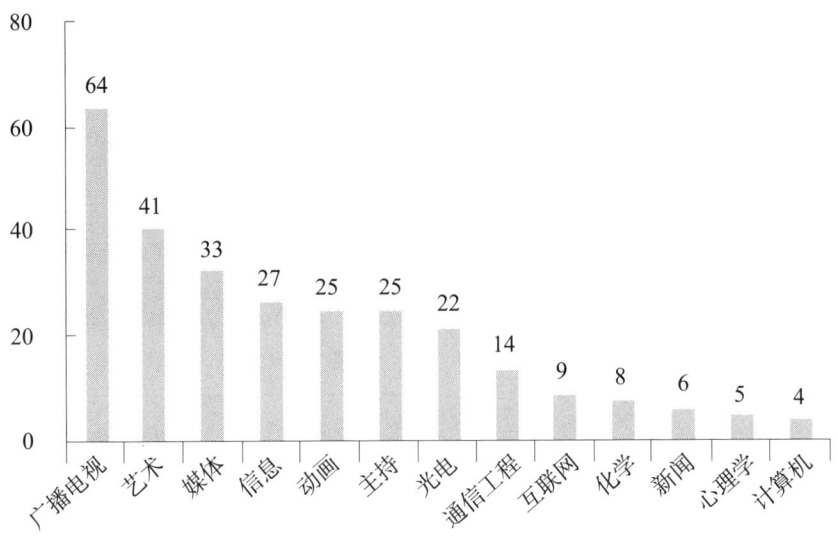

第4题 学位 [单选题]

选项	小计	比例
学士	274	88.1%
硕士	37	11.9%
本题有效填写人次	311	

第5题 在学习中,我习惯于使用哪些媒体终端? [多选题]

选项	小计	比例
电脑	240	77.17%
智能手机	267	85.85%
iPad	50	16.08%
其他	33	10.61%
本题有效填写人次	311	

第 6 题　每天上网平均多长时间？　［单选题］

选项	小计	比例
未满 1 小时	12	3.86%
1—3 小时	50	16.08%
3—5 小时	105	33.76%
5—7 小时	72	23.15%
7—9 小时	31	9.97%
9—11 小时	17	5.47%
11 小时以上	24	7.72%
本题有效填写人次	311	

第 7 题　每天上网平均用多长时间进行学习？　［单选题］

选项	小计	比例
未满 1 小时	88	28.3%
1—3 小时	153	49.2%
3—5 小时	41	13.18%
5—7 小时	15	4.82%
7—9 小时	8	2.57%
9—11 小时	2	0.64%
11 小时以上	4	1.29%
本题有效填写人次	311	

第 8 题　教师在课堂教学中常使用哪些数字媒体终端与你互动？［多选题］

选项	小计	比例
电脑	246	79.1%
电子白板	122	39.23%
手机	82	26.37%
iPad	12	3.86%
其他	40	12.86%
本题有效填写人次	311	

第 9 题　使用数字媒体终端时能够提升我的学习兴趣　［量表题］

本题平均分：2.85

选项	小计	比例
非常同意	77	24.76%
同意	42	13.5%
中立	103	33.12%
不同意	28	9%
非常不同意	61	19.61%
本题有效填写人次	311	

第 10 题　使用数字媒体终端会分散我的学习注意力　［量表题］

本题平均分：3.17

选项	小计	比例
非常同意	36	11.58%
同意	41	13.18%
中立	128	41.16%
不同意	46	14.79%
非常不同意	60	19.29%
本题有效填写人次	311	

第11题　我喜欢使用这些数字媒体终端的原因是？　［多选题］

选项	小计	比例
视听体验更丰富	238	76.53%
有即时交互功能	184	59.16%
自主操控性强	185	59.49%
便携性	189	60.77%
能够与其他社交工具链接	149	47.91%
其他	34	10.93%
本题有效填写人次	311	

第12题　我希望周围的同学跟我采用同一种终端一起学习　［量表题］

本题平均分：2.5

选项	小计	比例
非常同意	87	27.97%
同意	48	15.43%
中立	131	42.12%
不同意	23	7.4%
非常不同意	22	7.07%
本题有效填写人次	311	

第13题　我会给其他同学推荐更好用的数字媒体终端进行学习　［量表题］

本题平均分：2.35

选项	小计	比例
非常同意	92	29.58%
同意	65	20.9%
中立	121	38.91%

续表

选项	小计	比例
不同意	19	6.11%
非常不同意	14	4.5%
本题有效填写人次	311	

第14题　我认为微视频学习能够让我更有效地利用零碎时间　[量表题]

本题平均分：2.4

选项	小计	比例
非常同意	93	29.9%
同意	61	19.61%
中立	116	37.3%
不同意	23	7.4%
非常不同意	18	5.79%
本题有效填写人次	311	

第15题　通过网络或移动互联网进行学习时，我会有身临其境的感觉　[量表题]

本题平均分：2.54

选项	小计	比例
非常同意	74	23.79%
同意	56	18.01%
中立	137	44.05%
不同意	26	8.36%
非常不同意	18	5.79%
本题有效填写人次	311	

第 16 题　我希望在学习时有"身临其境"的体验　[量表题]

本题平均分：2.22

选项	小计	比例
非常同意	118	37.94%
同意	52	16.72%
中立	110	35.37%
不同意	17	5.47%
非常不同意	14	4.5%
本题有效填写人次	311	

第 17 题　通过网络或移动互联网进行学习时，我会忘记时间的存在　[多选题]

选项	小计	比例
经常有	81	26.05%
偶尔有	187	60.13%
很少有	51	16.4%
没有	21	6.75%
本题有效填写人次	311	

第 18 题　我觉得在学习过程中达到"忘我"的状态有利于知识的学习　[量表题]

本题平均分：2.21

选项	小计	比例
非常同意	122	39.23%
同意	54	17.36%
中立	98	31.51%

续表

选项	小计	比例
不同意	23	7.4%
非常不同意	14	4.5%
本题有效填写人次	311	

第19题 智慧学习时,如果我和好朋友在同一门课程中学习与互动,我会觉得彼此很陌生 [量表题]

本题平均分:3.16

选项	小计	比例
非常同意	46	14.79%
同意	34	10.93%
中立	118	37.94%
不同意	51	16.4%
非常不同意	62	19.94%
本题有效填写人次	311	

第20题 智慧学习时,如果我和好朋友在同一门课程中学习与互动,我会觉得彼此存在竞争关系 [量表题]

本题平均分:3.05

选项	小计	比例
非常同意	44	14.15%
同意	40	12.86%
中立	131	42.12%
不同意	50	16.08%
非常不同意	46	14.79%
本题有效填写人次	311	

第 21 题　智慧学习中，我喜欢同其他学习者在线交流　[量表题]

本题平均分：2.52

选项	小计	比例
非常同意	79	25.4%
同意	50	16.08%
中立	140	45.02%
不同意	24	7.72%
非常不同意	18	5.79%
本题有效填写人次	311	

第 22 题　智慧学习的交流过程中，我能够清晰地知道其他学习者的观点　[量表题]

本题平均分：2.58

选项	小计	比例
非常同意	63	20.26%
同意	67	21.54%
中立	137	44.05%
不同意	26	8.36%
非常不同意	18	5.79%
本题有效填写人次	311	

第 23 题　智慧学习的交流过程中，我能够清晰地阐述自己的观点　[量表题]

本题平均分：2.49

选项	小计	比例
非常同意	68	21.86%
同意	71	22.83%

续表

选项	小计	比例
中立	137	44.05%
不同意	22	7.07%
非常不同意	13	4.18%
本题有效填写人次	311	

第 24 题　智慧学习的交流过程中，我能判断出自己对知识掌握的情况　[量表题]

本题平均分：2.56

选项	小计	比例
非常同意	64	20.58%
同意	61	19.61%
中立	147	47.27%
不同意	25	8.04%
非常不同意	14	4.5%
本题有效填写人次	311	

第 25 题　我觉得能够在讨论区中发言，就意味着能够掌握本节的内容　[量表题]

本题平均分：2.96

选项	小计	比例
非常同意	41	13.18%
同意	47	15.11%
中立	141	45.34%
不同意	48	15.43%
非常不同意	34	10.93%
本题有效填写人次	311	

第 26 题　我觉得对本节内容要完全掌握，才能够在讨论区中发言　[量表题]

本题平均分：2.97

选项	小计	比例
非常同意	49	15.76%
同意	44	14.15%
中立	132	42.44%
不同意	40	12.86%
非常不同意	46	14.79%
本题有效填写人次	311	

第 27 题　智慧学习中，我曾经历过被其他学习者关注或点赞　[单选题]

选项	小计	比例
是的	132	42.44%
没有	38	12.22%
没注意过这个问题	141	45.34%
本题有效填写人次	311	

第 28 题　智慧学习中，我希望自己被其他学习者关注或点赞　[单选题]

选项	小计	比例
是的	167	53.7%
没有	30	9.65%
没考虑过这个问题	114	36.66%
本题有效填写人次	311	

第 29 题　如果我特别被关注，我会觉得是对我自身价值的认可　［单选题］

选项	小计	比例
是的	202	64.95%
没有	26	8.36%
没考虑过这个问题	83	26.69%
本题有效填写人次	311	

第 30 题　网络学习中，我希望在本门课程的运行中担任一定的管理职务（如班长）　［单选题］

选项	小计	比例
是的	96	30.87%
没有	86	27.65%
没考虑过这个问题	129	41.48%
本题有效填写人次	311	

第 31 题　智慧学习中获取较好的成绩时，我有什么感觉？　［单选题］

选项	小计	比例
很开心	168	54.02%
有点开心	94	30.23%
理所应当	42	13.5%
惊讶	7	2.25%
本题有效填写人次	311	

第32题　智慧学习中成绩较差时，我有什么感觉？ ［单选题］

选项	小计	比例
我本来学习就不好，很正常	21	6.75%
这次没发挥好，下次再努力	219	70.42%
无所谓	41	13.18%
埋怨自己	28	9%
抱怨其他	2	0.64%
本题有效填写人次	311	

第33题　我使用智慧学习是为了拓展以下方面的知识 ［多选题］

选项	小计	比例
学科课外辅导	208	66.88%
兴趣爱好、特长类辅导（如美术、英语、舞蹈等）	209	67.2%
只是想了解一下相关网站	65	20.9%
学习其他技能	191	61.41%
其他	37	11.9%
本题有效填写人次	311	

第34题　智慧学习中，我是否会按照课程设计的流程进行学习 ［多选题］

选项	小计	比例
是的，会的	180	57.88%
不会，我会根据兴趣自己选择进度	117	37.62%
没有考虑过这个问题	43	13.83%
本题有效填写人次	311	

第35题 我曾使用过下列哪些数字交互设备进行学习？ ［多选题］

选项	小计	比例
电脑	258	82.96%
手机	260	83.6%
虚拟现实设备	32	10.29%
增强现实设备	24	7.72%
其他智能交互设备	32	10.29%
本题有效填写人次	311	

第36题 我更喜欢通过数字技术与老师互动，而不是一味地听老师说 ［量表题］

本题平均分：2.28

选项	小计	比例
非常同意	98	31.51%
同意	67	21.54%
中立	118	37.94%
不同意	17	5.47%
非常不同意	11	3.54%
本题有效填写人次	311	

第37题 当老师使用数字技术产品（如 iPad、微信、视频、虚拟现实）时，我能更加集中精力于课堂 ［量表题］

本题平均分：2.58

选项	小计	比例
非常同意	69	22.19%
同意	54	17.36%
中立	145	46.62%

续表

选项	小计	比例
不同意	24	7.72%
非常不同意	19	6.11%
本题有效填写人次	311	

第38题 在虚拟环境下学习能够激发我的学习动机 ［量表题］

本题平均分：2.58

选项	小计	比例
非常同意	63	20.26%
同意	68	21.86%
中立	134	43.09%
不同意	28	9%
非常不同意	18	5.79%
本题有效填写人次	311	

第39题 智慧学习平台中，下列哪项更能够引起我学习的兴趣？［多选题］

选项	小计	比例
本文资料分享	145	46.62%
视频教学	218	70.1%
在线视频互动	159	51.13%
虚拟现实功能	102	32.8%
增强现实功能	92	29.58%
动画教学	154	49.52%
能够与社交网络绑定（如微信、微博等）	98	31.51%
讨论区	84	27.01%
本题有效填写人次	311	

第 40 题　智慧学习平台能够引导我反思自己的学习　[量表题]

本题平均分：2.55

选项	小计	比例
非常同意	63	20.26%
同意	60	19.29%
中立	155	49.84%
不同意	20	6.43%
非常不同意	13	4.18%
本题有效填写人次	311	

第 41 题　与传统的线下面对面教学相比，我认为智慧学习具有以下优点：[多选题]

选项	小计	比例
不受地域和地理位置的限制	223	71.7%
可自由安排学习时间	236	75.88%
网络学习资源丰富、全面	228	73.31%
网络学习资源可反复利用	204	65.59%
通过智慧学习平台，我可以找到心仪的老师	112	36.01%
通过智慧学习平台，我可以实现与老师的充分交流	101	32.48%
智慧学习的课堂互动性更高	96	30.87%
通过智慧学习平台，学习的效率更高	93	29.9%
智慧课堂更有课堂氛围	74	23.79%
智慧教学工具丰富，有利于对知识的理解	120	38.59%
互动的方式能够提升我的学习效果	93	29.9%
本题有效填写人次	311	

第42题　智慧学习平台提供的交互功能提高了我的学习成绩　[量表题]

本题平均分：2.58

选项	小计	比例
非常同意	53	17.04%
同意	70	22.51%
中立	156	50.16%
不同意	18	5.79%
非常不同意	14	4.5%
本题有效填写人次	311	

第43题　以前接触过的智慧学习平台，哪些交互功能是我常用的？　[多选题]

选项	小计	比例
教师与学生的交互	181	58.2%
学生与学生的交互	135	43.41%
学生与智能平台的交互（如大数据的测算、对你兴趣爱好的预估）	168	54.02%
其他	43	13.83%
本题有效填写人次	311	

第44题　智慧学习平台的相关功能可以帮助我监控自己的学习过程　[量表题]

本题平均分：2.58

选项	小计	比例
非常同意	60	19.29%
同意	67	21.54%

续表

选项	小计	比例	
中立	141		45.34%
不同意	30		9.65%
非常不同意	13		4.18%
本题有效填写人次	311		

第45题 其他同学愿意在智慧学习平台中和我分享信息、观点、问题及答案 [量表题]

本题平均分：2.46

选项	小计	比例	
非常同意	64		20.58%
同意	74		23.79%
中立	151		48.55%
不同意	11		3.54%
非常不同意	11		3.54%
本题有效填写人次	311		

第46题 智慧学习平台提供的各种评价方式能够帮助我进行自我评价 [量表题]

本题平均分：2.5

选项	小计	比例	
非常同意	61		19.61%
同意	71		22.83%
中立	152		48.87%
不同意	15		4.82%
非常不同意	12		3.86%
本题有效填写人次	311		

第 47 题　在智慧学习平台上我能够容易地得到其他同学的反馈　[量表题]

本题平均分：2.52

选项	小计	比例
非常同意	64	20.58%
同意	64	20.58%
中立	152	48.87%
不同意	20	6.43%
非常不同意	11	3.54%
本题有效填写人次	311	

第 48 题　通过智慧学习平台我能够实现知识的获取　[量表题]

本题平均分：2.4

选项	小计	比例
非常同意	79	25.4%
同意	69	22.19%
中立	133	42.77%
不同意	20	6.43%
非常不同意	10	3.22%
本题有效填写人次	311	

第 49 题　通过智慧学习平台我能够激励自己继续学习其他内容　[量表题]

本题平均分：2.4

选项	小计	比例
非常同意	73	23.47%
同意	80	25.72%

续表

选项	小计	比例
中立	132	42.44%
不同意	14	4.5%
非常不同意	12	3.86%
本题有效填写人次	311	

第 50 题　通过智慧学习，我觉得自己比以前懂得更多知识了　[量表题]

本题平均分：2.31

选项	小计	比例
非常同意	78	25.08%
同意	92	29.58%
中立	117	37.62%
不同意	14	4.5%
非常不同意	10	3.22%
本题有效填写人次	311	

第 51 题　通过智慧学习，我觉得自己的综合能力比以前更强了　[量表题]

本题平均分：2.41

选项	小计	比例
非常同意	69	22.19%
同意	85	27.33%
中立	128	41.16%
不同意	19	6.11%
非常不同意	10	3.22%
本题有效填写人次	311	

第 52 题　如果将新的数字交互技术运用到智慧学习平台上，我会更喜欢智慧学习　[量表题]

本题平均分：2.43

选项	小计	比例
非常同意	67	21.54%
同意	82	26.37%
中立	138	44.37%
不同意	10	3.22%
非常不同意	14	4.5%
本题有效填写人次	311	

第 53 题　你是否认为在课堂中用数字交互技术能让你在课堂中有更多的收获和更好的表现？为什么？[填空题]

第 54 题　智慧学习中相关活动（如小组讨论）能够给我更多机会与同学深入讨论某一问题　[量表题]

本题平均分：2.42

选项	小计	比例
非常同意	68	21.86%
同意	86	27.65%
中立	129	41.48%
不同意	14	4.5%
非常不同意	14	4.5%
本题有效填写人次	311	

第55题 智慧学习中相关活动（如小组讨论）提供给我更多机会与同学交流各自看法，从而获得更多信息 ［量表题］

本题平均分：2.46

选项	小计	比例
非常同意	70	22.51%
同意	73	23.47%
中立	136	43.73%
不同意	20	6.43%
非常不同意	12	3.86%
本题有效填写人次	311	

第56题 在这些讨论的过程中，我能充分表达自己观点，体现个人价值 ［量表题］

本题平均分：2.47

选项	小计	比例
非常同意	60	19.29%
同意	86	27.65%
中立	136	43.73%
不同意	17	5.47%
非常不同意	12	3.86%
本题有效填写人次	311	

第 57 题　在讨论过程中，我经常能够运用自己在生活中学到的知识，将生活中的知识与课堂中的知识相结合　[量表题]

本题平均分：2.49

选项	小计	比例
非常同意	58	18.65%
同意	83	26.69%
中立	141	45.34%
不同意	18	5.79%
非常不同意	11	3.54%
本题有效填写人次	311	

第 58 题　如果老师在使用交互式白板播放视频时没有介绍相关背景知识，那么这个过程将没什么作用　[量表题]

本题平均分：2.67

选项	小计	比例
非常同意	57	18.33%
同意	59	18.97%
中立	141	45.34%
不同意	37	11.9%
非常不同意	17	5.47%
本题有效填写人次	311	

第59题　如果老师在使用交互式白板播放视频时没有给出相关需要讨论解决的问题，那么这个交互技术的运用过程将没什么作用　[量表题]

本题平均分：2.74

选项	小计	比例
非常同意	49	15.76%
同意	55	17.68%
中立	152	48.87%
不同意	37	11.9%
非常不同意	18	5.79%
本题有效填写人次	311	

第60题　如果我不知道如何操作这些数字交互技术，这将会影响我对参与相关活动的热情　[量表题]

本题平均分：2.5

选项	小计	比例
非常同意	65	20.9%
同意	75	24.12%
中立	136	43.73%
不同意	19	6.11%
非常不同意	16	5.14%
本题有效填写人次	311	

第61题　我觉得有些老师太频繁地运用数字交互技术　[量表题]

本题平均分：2.86

选项	小计	比例
非常同意	38	12.22%
同意	50	16.08%
中立	164	52.73%
不同意	34	10.93%
非常不同意	25	8.04%
本题有效填写人次	311	

第62题　有时候课堂上播放的视频等与学习内容无关　[量表题]

本题平均分：3

选项	小计	比例
非常同意	39	12.54%
同意	42	13.5%
中立	148	47.59%
不同意	43	13.83%
非常不同意	39	12.54%
本题有效填写人次	311	

第63题　下面哪些选项描述了我在在线教育平台或教育App上学习中遇到的困难和问题的感受，请根据实际情况选择最符合的选项。[矩阵多选题]

题目/选项	非常同意	同意	中立	不同意	非常不同意
我有繁重的学习任务，没有足够的时间参与线上教学	41（13.18%）	78（25.08%）	165（53.05%）	47（15.11%）	13（4.18%）

续表

题目/选项	非常同意	同意	中立	不同意	非常不同意
我缺乏网络学习的经验，不能有效利用网络环境支持学习活动	29（9.32%）	68（21.86%）	143（45.98%）	74（23.79%）	29（9.32%）
我不能有效利用线上学习资源（如教学课件、视频、备考资料等）进行学习	25（8.04%）	61（19.61%）	144（46.3%）	85（27.33%）	28（9%）
我不会安排自己的学习活动，难以控制学习的进度	26（8.36%）	66（21.22%）	137（44.05%）	72（23.15%）	28（9%）
我缺乏自主学习能力，不适应独立学习的步伐	29（9.32%）	46（14.79%）	142（45.66%）	85（27.33%）	31（9.97%）
网上老师的质量参差不齐，我不知道怎么选择适合自己的老师	36（11.58%）	91（29.26%）	141（45.34%）	51（16.4%）	17（5.47%）
老师不能清晰地传达课程任务，难以提高学习成绩	25（8.04%）	64（20.58%）	162（52.09%）	63（20.26%）	18（5.79%）
网站老师缺乏责任心，不能有效解决学习中遇到的问题	26（8.36%）	59（18.97%）	164（52.73%）	65（20.9%）	17（5.47%）
网上学习资料不能匹配我的实际情况，影响了我对知识的掌握	29（9.32%）	63（20.26%）	165（53.05%）	55（17.68%）	16（5.14%）
我感觉使用技术手段（如手机、E-mail等）向老师请教问题时没有言传身教的感觉	29（9.32%）	65（20.9%）	151（48.55%）	61（19.61%）	20（6.43%）
我在网络上向老师请教问题时，常常没有得到反馈	27（8.68%）	60（19.29%）	178（57.23%）	50（16.08%）	18（5.79%）

续表

题目/选项	非常同意	同意	中立	不同意	非常不同意
网站或App上提供的教学媒体资源非常少，不能有效支持我的学习活动	23（7.4%）	56（18.01%）	158（50.8%）	73（23.47%）	20（6.43%）
我的电脑或手机配置有限，不能很好地支持网络学习活动	22（7.07%）	45（14.47%）	166（53.38%）	58（18.65%）	32（10.29%）
我对网络学习平台上的许多功能不知道如何使用	23（7.4%）	58（18.65%）	171（54.98%）	57（18.33%）	19（6.11%）

第64题 下面的项目描述了我在参与网络学习时教育网站或App提供的服务项目，请根据实际情况选择它们在哪种程度上反映了我的感受。[矩阵多选题]

题目/选项	非常满意	满意	中立	不满意	非常不满意
网络公开课	43（13.83%）	91（29.26%）	173（55.63%）	14（4.5%）	10（3.22%）
名师课程	36（11.58%）	106（34.08%）	161（51.77%）	14（4.5%）	9（2.89%）
测试、答疑	37（11.9%）	73（23.47%）	185（59.49%）	21（6.75%）	10（3.22%）
教辅资料、学习资源	44（14.15%）	97（31.19%）	162（52.09%）	19（6.11%）	8（2.57%）
咨询服务	36（11.58%）	67（21.54%）	181（58.2%）	29（9.32%）	12（3.86%）
1对1辅导	36（11.58%）	80（25.72%）	176（56.59%）	23（7.4%）	12（3.86%）
即时通讯	35（11.25%）	70（22.51%）	193（62.06%）	21（6.75%）	8（2.57%）

续表

题目/选项	非常满意	满意	中立	不满意	非常不满意
学习群组	36（11.58%）	80（25.72%）	180（57.88%）	22（7.07%）	10（3.22%）
其他	32（10.29%）	52（16.72%）	224（72.03%）	13（4.18%）	13（4.18%）